变电运检“一岗多能”专业人才培养

主　编　傅　进
副主编　周　刚　胡海平　汤晓石

中国电力出版社
CHINA ELECTRIC POWER PRESS

内 容 提 要

本书基于变电“运检合一”人才培养，一方面为新员工以及变电跨岗位学习的员工搭建起知识结构平台，有计划、有针对性地学习多岗位知识；另一方面，也为“一岗多能”主管部门提供一个规范、标准的培训依据。

全书内容共分六章，第一章介绍了变电运检的发展模式、变电“运检合一”的背景以及变电“一岗多能”专业人才培养意义，其余五章分不同变电专业详细介绍了“一岗多能”专业人才培养的专业背景、预期目标、培训内容、实践案例。书中内容丰富，案例翔实、贴近实际，解析细致、便于掌握。

本书立足于变电“一岗多能”专业人才培养实际，可供电力系统变电运检技术人员、相关管理人员学习、参考，还可作为其他兄弟单位开展变电“运检合一”过程中“一岗多能”专业人才培养模式的参考借鉴。

图书在版编目（CIP）数据

变电运检“一岗多能”专业人才培养 / 傅进主编. —北京：中国电力出版社，2022.3
ISBN 978-7-5198-6412-5

Ⅰ. ①变… Ⅱ. ①傅… Ⅲ. ①变电所–电气设备–教材 Ⅳ. ①TM63

中国版本图书馆 CIP 数据核字（2022）第 008493 号

出版发行：中国电力出版社
地　　址：北京市东城区北京站西街 19 号（邮政编码 100005）
网　　址：http://www.cepp.sgcc.com.cn
责任编辑：邓慧都
责任校对：黄　蓓　马　宁
装帧设计：张俊霞
责任印制：石　雷

印　　刷：三河市百盛印装有限公司
版　　次：2022 年 3 月第一版
印　　次：2022 年 3 月北京第一次印刷
开　　本：787 毫米×1092 毫米　16 开本
印　　张：15.25
字　　数：337 千字
定　　价：78.00 元

编 委 会

编 写 组

前　言

随着变电“运检合一”工作的逐步深入推进，采用“运检合一”的创新工作模式，可以有效支撑运检业务发展，同时，由于存在现有运检人员技能不能满足新工作模式的情况，人才多技能培养成为现阶段的关键性任务，而建立“一岗多能”人才培养机制是深入开展变电“运检合一”的必经之路。通过变电各专业融合度需进一步提升，调整优化生产关系、突破提升生产力，创新人才培养模式，搭建人才发展平台，激发员工自我成长的内驱力，培养出、管理好一批“一岗多能”的变电岗位技能人才，是实现“运检合一”创新工作模式的有力支撑。以“一岗多能”专业人才的培养为抓手，进而推进设备责任逐级落实，基层设备主人的主人翁意识逐步增强，班组和个人的工作热情和技能水平逐渐提升，最终构建起更加“扁平、高效、智能、精益”的生产管理体系。

本书通过对青年员工开展“阶梯式”培训为抓手科学培养“一岗多能”专业人才，首先整体介绍了变电“运检合一”工作模式下“一岗多能”专业人才培养的整体模式和思路，再进一步细分变电运维、变电检修、电气试验、继电保护、自动化五个主要变电运检专业，简要介绍了各专业的发展背景，并以第一年、第三年、第五年三个阶段，分第一岗位第二岗位两个层面，罗列出各需掌握的知识点作为预期目标，并在后续的内容中对每一个知识点进行展开，最后通过实际工作中的案例，将上述所列知识应用到实践工作中，从目标、学习、应用三个阶段，有逻辑性地逐步深入学习掌握各专业知识。

本书将理论与案例相结合，内容翔实，语言平实，从变电“运检合一”的实践实施需要出发，系统地介绍“一岗多能”专业人才的培养模式、系统思路和具体实践，用实际可行的“一岗多能”专业人才培养方式，让公众更好地借鉴和学习。

由于时间和水平所限，书中难免存在疏漏和不妥之处，敬请读者指正。

编　者

2021 年 1 月

目 录

第一章

概　述

第一节　变电运检的发展

一、发展背景

（一）发展战略变革

国家电网公司“三集五大”后，运检专业面临着一些问题和挑战。随着设备规模的增加和智能运检技术的发展，“大检修”体系已不能完全适应新形势下电力公司发展需求。为了达到降低电网运行成本、减少电网工作重叠内容、提高电网运行效率的目的，需要在原有生产组织体系上做一些优化提升，这对运检专业管理带来了挑战。

2018 年以来，某省电力公司逐步推进“1+1+*N*”智能运检体系建设。根据“大检修”体系碰到的问题和挑战，规划建设“1+1+*N*”体系，即一个生产指挥中心、一个智能运检管控平台、*N* 个智能运检技术应用。通过该体系建设，达到“结构好、设备好、管理好、技术好”的设备本质安全管控要求，切实挖掘、提升运检业务实施的潜力和效益。

（二）传统管理效益损耗严重

传统的变电运维、变电检修两个专业分属变电运维室、变电检修室垂直管辖，使得设备运检的业务链条过长、对生产资源的利用率不高、人财物集约程度不够，造成运检组织管理工作中的效率和效益损耗。在传统的运维、检修专业过于明确的职责界限下形成了原发性壁垒，两个业务的问题协调需上升至上级管理部门，不利于运维一体化和运检一体化业务的推进，有限的电网运维检修资源效能得不到有效利用。

（三）设备状态管理不足

传统的设备状态管理分散在运维和检修两个单位，客观上造成责任不集中、状态管控不全面、统筹度不够等问题。现场巡视人员对设备状态的管理仅停留在表面，对缺陷、隐患等状态的深度分析不足。检修业务统包、精力分散，难以在状态管理上充分发挥专业优势，易形成设备状态管理真空，埋下安全隐患。

（四）人力资源挖掘受限

随着变电站数量增加，设备增长与人力资源矛盾日趋突出，生产岗位人员增量与业务增量不相匹配，出现整体性、结构性缺员现象，在分配人员总体不增加的基调下，如何适应未来电网运检需求的发展，是亟须研究和实践的课题。

分析发现，发现新进运维人员学历、素质普遍较高，但由于仅从事运维业务的局限，存在“技能吃不饱”的境况，员工个人潜能的挖掘受到限制。而原设备主人工作仍以运维人员为主体，受限于专业纵深，在独立开展全面见证工作方面有先天局限，本质上仍然依托“二元”设备主人完成工作。与此同时，在变电设备检修高峰时，很多工作环节仅由一两人肩负，而综合检修现场往往“点多面广周期长”，导致检修人员对工程的管控较碎片化，综合管理能力和专业技术水平提升难度高，很多员工不具备解决复杂或需要动用较大装备等“疑难问题”的能力，青年员工的快速成长和成才受到制约。

二、发展理念与预期目标

通过对需求的分析、现状的调研，某地市公司从“组织、人、体系”三个着力点出发，实施运检合一。

（一）主要理念和路径

1. 主要理念

“运检合一”新体系，主要内涵包括了“一个核心、一个中枢、三个层面”，如图1–1所示。以运检合一设备主人为核心，依托生产指挥体系的支撑，在组织、班组、个人层面同步实施，达到提升安全质量效率效益和管理集约化、扁平化的作用。

一个核心——运检合一设备主人。运检合一设备主人有三个定位，既是现场设备的状态管理师、数据分析师，又是实施运检合一项目的主体。

一个中枢——生产指挥体系。建立跨专业、跨部门，集约化程度更高、专业融合性更强、应急指挥更高效的基于智能运检的生产指挥体系，高效完成设备状态在线研判、检修计划过程管理、电网应急抢修协调以及专业管理支撑协同工作。

三个层面——组织、班组和个人层面。组织层面上，将运维、检修设备主人合并到同一个单位进行管理，在市公司、县公司层面统一实施，实现全电压等级序列运检合一。在班组层面上新设立变电运检班，厘清与检修班组的工作职责，实施设备状态管理和运检一体项目。在个人层面上，强调运检专业“全科化”、检修专业“专科化”，激发设备主人工作热情，发挥设备主人的主人翁精神，逐步实现专业融合、一岗双能以及一岗多能，充分挖掘个人潜能。

2. 主要路径

一是通过运检班的运作，做强“运检合一”设备主人，发挥新型设备主人优势（原运检模式对比见表1–1）。

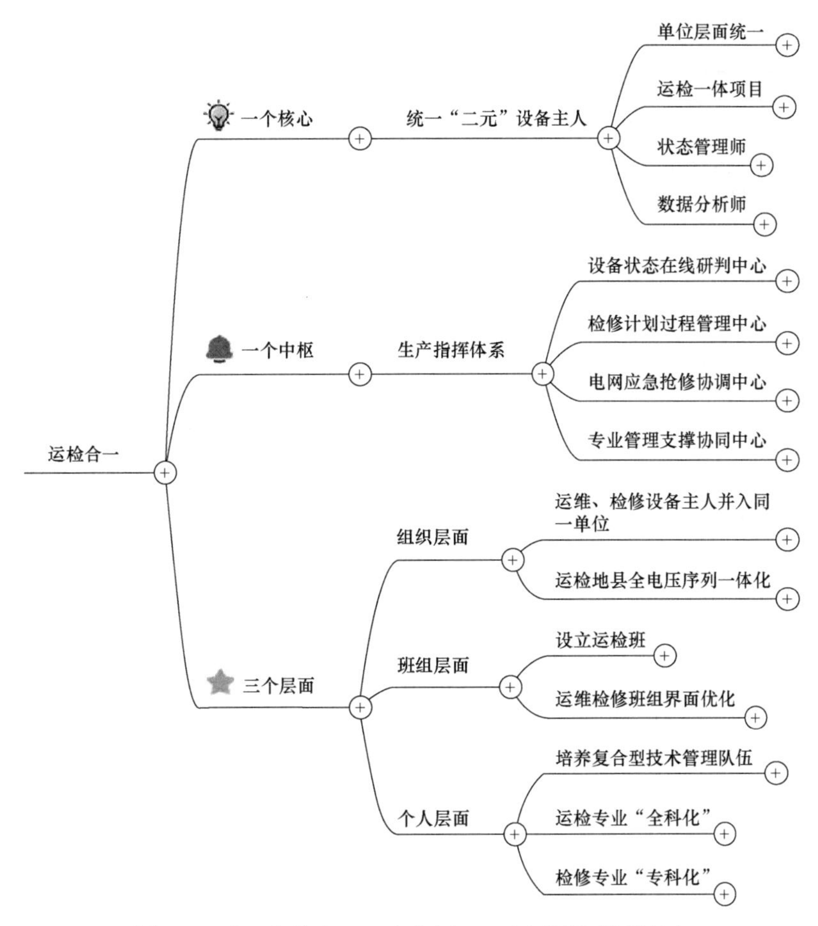

图 1-1 “一个核心、一个中枢、三个层面”管理理念

表 1-1 “运检合一”设备主人与原设备主人对比

设备主人对比	运维设备主人	检修设备主人	“运检合一”设备主人
优势	1. 分布在运维站，贴近设备 2. 管辖站点相对固定 3. 变电站包干至运维主人	1. 设备检修技术技能相对全面 2. 设备缺陷、隐患分析相对更深入	1. 具备较全面的设备运维、检修专业技术技能 2. 分布在各运维站，贴近设备 3. 更全面、细致的管理设备状态 4. 更全面、细致的监管检修质量 5. 实施“运检一体”项目，相同的工作，更少人实施
弱项	1. 检修技术技能和经验相对不足 2. 专业面相对局限 3. 个人潜能得不到充分发挥	1. 管辖站点过多 2. 检修业务大、小统包，专业化不够突出	1. 对个人综合技术技能要求更高 2. 对运维、检修、运检三个专业的关系要合理处理
评估	在统一了“二元”设备主人单位的基础上，做强“运检合一”设备主人，对设备状态管理、运检效率效益、个人技术技能提升都起到了很好的作用		

二是通过生产指挥体系优化，建立基于智能运检生产指挥中心，发挥设备运检业务管控、状态管理、应急处置优势。

三是组织、班组、个人层面，全电压等级序列“运检合一”，变电运检班“做强、做宽”，专业班组“做精、做专”，个人业务一岗多能、专业融合（新运检模式对比见表 1-2）。

表 1-2　“运检合一”新模式与传统运检模式的对比

模式对比	运维、检修分离模式	运维一体模式	“运检合一”模式
优势	1. 业务模式相对成熟 2. 管理体系相对完备	1. 缓解部分检修承载力 2. 运维人员潜能得到一定释放	1. 统一运维、检修“二元”职责至一个运检单位 2. 运维、检修两者业务和人员达到互通 3. 提升个人和组织效率效益
弱项	1. 设备状态管理职责分离 2. 运维人员潜能发挥不充分 3. 运维检修协调效率损耗	1. 状态管理职责依旧分离 2. 实施项目有限 3. 运维检修专业间通道依旧不畅	1. 部门运检管理和个人技术技能要求更高 2. 运检一体项目稳步推进，由少到多、由易到难
评估	将运维、检修两个专业统一纳入同一个单位管理，设备运维、检修主人统一至同一个单位，有利于设备状态的全面管理，有利于提高运维、检修两个专业的业务扁平化和协同发挥的效能		

（二）预期目标

随着变电运检合一“一个核心、一个中枢、三个层面”工作的逐步深入推进，设备责任逐级落实，基层设备主人的主人翁意识逐步增强，班组和个人的工作热情和技能水平逐渐提升，最终构建起更加“扁平、高效、智能、精益”的生产管理体系。通过有针对性的现场调查和分析，团队预期的运检合一组织体系架构如图 1-2 所示。

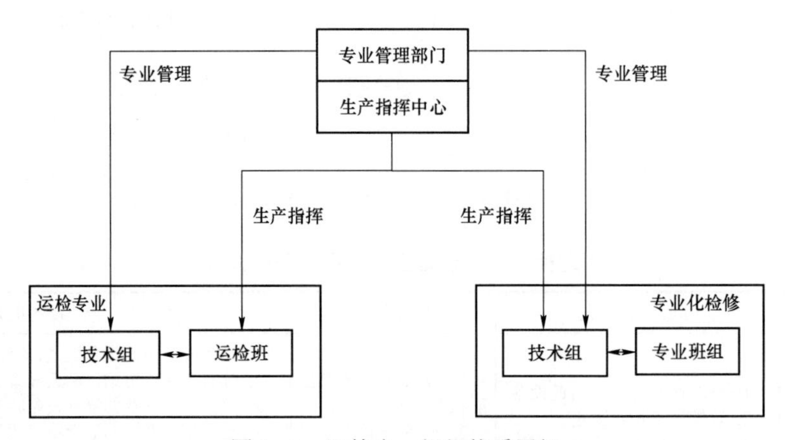

图 1-2　运检合一组织体系展望

1. 运维专业——运检合一

运维班向运检班发展，定位为设备主人，是设备的“全科医生”，除传统变电运维业务以外，还负责消除设备缺陷。相比于原来的运维班，运检班应对设备的原理、内部构造更加了解，具备承担设备状态管理的综合能力和设备缺陷、故障应急处置的分析判断能力。

2. 检修专业——专业化检修

检修班组向技能专精发展，是设备的“专科医生”，拥有技术和装备优势，应具备解决复杂或需要动用较大装备等“疑难问题”的能力，是综合检修主力队伍，同时是承担缺陷、异常处理的第二梯队，当缺陷、异常处理的力量不足时可借助输变电检修中心等单位的力量支撑。

3. 专业管理和生产指挥——管干分离

运检部作为主管部门，负责离线业务专业管理，由其“定方向、定策略、定方案”。生产指挥中心负责实时业务指挥管控，在做深做实“管控业务”的基础上，做细“指挥业务”。保留部门技术组，在部门层面指导专业技术管理工作。

4. 生产指挥体系——集约扁平

生产指挥中心业务进一步拓展，除负责制定生产计划、消除缺陷、应急指挥等工作以外，还需考虑与监控业务集约合并。实现生产指挥扁平化，对于缺陷、故障处置等业务直接指挥到运检班，缩短指挥工作业务链条，提升指挥效率。

（三）存在的问题

21 世纪以来，以电力为中心的新一轮能源革命拉开序幕。作为我国国民经济发展基础的电力行业，电力需求呈现出高速增长的态势。电网技术的快速发展，带动了新设备、新材料、新技术、新工艺在电网的广泛应用，快速提高电力运检人员技术技能水平的需求日益凸显。而变电在电网发、输、变、配、用等环节起到承上启下的重要作用，是实现电能分配、传输和调度的关键节点。传统上，变电运检包括了变电运维、变电检修两个专业，分属变电运维室、变电检修室管辖。但随着电力改革逐步深化以及电力市场供求关系的不断变化，传统的变电运检方式暴露出一些亟待解决的问题。

一是电网设备增长与人力资源矛盾日趋突出。随着变电站数量的不断扩张，该地市人均检修站点数量不断增加，变电检修人员业务周期性过载，而变电运维人员中高学历人员存在技能不饱和、发挥不充分等问题。通过将变电运维工作和变电检修工作进行协调整合，即“运检合一”，打破变电运维、检修两个专业分属不同单位的现状，将其纳入同一单位进行管理，通过对增量人员进行专业调整，对存量人员进行业务优化，实施“运检合一”，进一步挖掘个人综合潜能，能较好地处理电网设备数量不断增长与人力资源之间的矛盾。

二是电网设备运检质量和效率效益需进一步提升。传统的变电运维、变电检修两个专业分属变电运维室、变电检修室管辖，由于变电运维与检修专业职责划分过于分明，造成了设备“运维主人”和“检修主人”的“二元”分离，导致在专业的交界面上存在效率的衰减与损耗，在开展电网检修工作时需要花费大量的时间在工作许可和状态交接等环节，造成设备状态全过程、全面性管理的内生动力的不足，对个人综合技能提升和专业融合也带来影响。通过“运检合一”，实现将设备运维和检修主人纳入同一单位管理，运维和检修责任更集中，两个同等规模、同样业务的运检单位相互对标学习，在安全质量和效率效益上均能进一步提升。

三是电网公司人员贡献和能力导向等环境变化。在社会城市化不断发展的进程中，电网的供电可靠性要求不断增加，在分配人员总体不增加的基调下，如何通过“设备主人制”提升设备本质安全水平、如何建设专业化检修力量缓解主业检修压力、如何进一步挖掘县公司运检管理潜力以推进“地县一体”、如何进一步增强生产指挥体系对运检业务的管控能力和穿透能力等问题，是构建“运检合一”新体系需要面对和解决的问题。

四是多元化人才后备梯队培养机制亟待匹配。专业融合度需提升，目前还需要建立“一岗多能”人才培养机制，借助生产指挥中心和“设备主人制”建设，在专业人才基础上努力培养“设备管理师”“设备数据分析师”，通过设备主人培养“一岗多能”综合人才，创造高效实施运检一体项目条件的同时，为后续的完善打下基础，实现“人”这一层面的“运检合一”。

随着供电可靠性要求的逐步提升，国家电网公司和省公司对于运检队伍组织和个人技能的要求也随之提高。因此，在构建“运检合一”新体系过程中，重点抓住“组织”和“人”两个重要着力点，向着“组织关系优化、人员生产力突破”的目标来提升安全质量和效率效益。

第二节　变电“运检合一下”的“一岗多能”

一、供电企业加强“一岗多能”人才培养的必要性

一是加快推进“两个转变”的迫切需要。在建设具有中国特色国际领先的能源互联网企业的战略目标下，不仅需要“高、精、尖”的各类专门人才，更需要具有双重任职经历、双重资格证书、双重技职能力等复合型技能人才。为此，供电企业必须审时度势，积极拓展复合型技能人才培养的新途径。按照科学发展观的要求，努力通过人才的轮岗交流、双师培养和拓展打造等，逐步建立培训、考核、聘用、待遇一体化的激励机制，实现“人尽其才、才尽其用”的复合型技能人才培养方略，以适应和满足加快推进“两个转变”对复合型技能人才的迫切需要。

二是优化技能人才结构的迫切需求。当前，供电企业改革发展进入了关键时期，改革与发展的任务十分艰巨和繁重。在新的历史条件下，供电企业对技能人才的需求已由单一型向复合型转化，这就需要供电员工应具有多种专业知识和业务技能，才能适应当今社会的发展要求。因此，必须在供电企业现有技能人才队伍建设的基础上，深入挖掘技能人才结构的综合性、交叉性和异质性，建立健全衡量技能人才“复合”程度的考核评估体系，努力在“培”和“育”上下功夫，着力打造供电企业复合型技能人才成长的绿色通道。

某地市公司系国有大型供电公司，近年来，该地市公司坚定不移地推进“一强三优”（电网坚强、资产优良、服务优质、业绩优秀）现代供电公司建设，成效显著。在国家电网公司“以安全质量效率效益为中心”建设国际一流能源互联网公司等战略目标的指示下，该地市公司着力实施变电“运检合一”，有效支撑运检业务发展，有力支撑公司建设国际一流现代能源公司。

当前，现有人员技能不能满足新工作模式的需求，人才多技能培养成为现阶段的关键性任务。创新人才培养模式，搭建人才发展平台，激发员工自我成长的内驱力，加速“一岗多能”技能人才管理培养，有效提升设备本质安全与效率效益。

二、变电运检“一岗多能”专业人才培养的现状

在供电企业人才队伍建设和发展中，由于在技能人才使用培养方面缺乏长远观念，育人和用人互动性不强，致使复合型技能人才数量和质量相对不足，主要表现为以下几点。

（1）“一岗多能”的复合程度较低。一些技能人员不能适应岗位高素质要求，技能单一化，知识面较窄，动手能力较弱。有些人通过努力，虽然取得了学历文凭等证书，但由于没有真正地扩展自己“一岗多能”的业务技能，往往只是增加了企业人才数量比例，却未能提升“一岗多能”的复合程度，复合型技能人才的效益难以真正地显现出来。

（2）培养机制不完善。公司没能建立系统规范的“一岗多能”型人才队伍的培养机制，在培养模式、培养方式、培养方向、培养阶段和培养层次上，更是缺乏整体规划和定位，未能实现有规划、有计划的有效培养。

（3）数量短缺。由于受传统用工模式的影响，目前公司内部绝大部分仍是“一岗一能”的单一型职工，“一岗多能”的复合型人才在数量上严重匮乏，远远不能满足公司转型发展的需求。

（4）技能人才开发形式单一。近年来，供电企业通过后续学历学习、技能鉴定、专业培训等形式，投入了大量的培训资金，在很大程度上提高了广大职工的理论素养和操作技能，缓解了部分用工的紧张程度。但仍有部分职工虽然经过培训取得了高级工、技师证书等，其业务技能水平却没有实质性提高，很大原因在于技能人才开发机制缺乏创新性，致使员工参加培训为的就是取证，只注重考试结果，而不是培训过程，过多关注理论灌输，而不是业务技能水平的有效提高。

（5）任用机制不够灵活。由于供电企业一般都是垄断的国有企业，内部市场化程度相对较低，员工的岗位流动性较少，一般技能人员缺少多样化实践锻炼的机会，其应变能力和“一岗多能”比较弱。加之一些企业在技能人才的使用和培养上存在着重使用、轻培养的倾向，“一岗多能”的技能人才相对短缺，大大降低了供电企业发展中人员的配置效率。

（6）薪酬激励不到位。公司内部未能针对“一岗多能”型人才建立有效的分配激励机制，未能从收入上和普通员工拉开差距，充分体现出这部分“特殊”人才的价值，很大程度上挫伤了员工的学技术提技能的积极性。

在“一体两翼”能源综合服务公司的目标指引下，通过调整优化生产关系、突破提升生产力，采用“运检合一”的创新工作模式，可以有效支撑运检业务发展。同时，由于存在现有运检人员技能不能满足新工作模式的情况，人才多技能培养成为现阶段的关键性任务。创新人才培养模式，搭建人才发展平台，激发员工自我成长的内驱力，培养出、管理好一批“一岗多能”的变电岗位技能人才，是实现“运检合一”创新工作模式的有力支撑。

第三节 培养体系方法

一、变电运检“一岗多能”专业人才培养理论基础

1. 岗位序列理论

岗位序列是一系列职责领域相似、技能及能力要求类似的角色的集合。序列有纵向层级之分，需要明确组织内可划分为多少个层级、不同层级间的关键区分要素有哪些。

岗位序列的本质，在于对部分工作职责相近、任职者能力与绩效存在明显差异的岗位，分别通过“横向合并、纵向分层”的方式，组合成岗位序列。可以说，岗位序列更加关注相近职责背后的能力与绩效差异。

岗位序列管理是一种中观层面的管理方法，关注岗位多层面的共性，兼顾战略与宏观层面的差异性，以及管理应用的趋同性；它不是简单的合并工作，而是为了提高管理的投入有效产出率。

2. 任职资格理论

任职资格是指在特定的工作领域内，根据任职标准对员工工作活动能力的证明。任职资格管理是为了实现公司战略目标（包括公司财务指标和非财务指标），根据公司组织（包括业务模式、业务流程和组织结构特点），对员工的工作能力（包括知识、经验和技能要求）、工作要求（包括工作活动、行为规范和工作质量等）实施的系统管理。

公司中的任职资格有以下三个方面的特点：任职资格一是指员工在现实工作环境中完成任务的能力，二是指员工能按公司标准来满足业绩要求的能力；三是任职资格既体现了组织需要，也体现了任职者的职位胜任能力，是决定个人绩效的关键所在。任职资格是动态的，随着公司的发展而发展。

3. 能力素质模型

能力素质从组织的战略需要出发，是一种比较独特的人力资源管理思维模式、工作方式和操作流程，它以强化组织核心竞争力，提高组织绩效为目标。

能力素质模型主要指员工担任某一特定任务角色所需要具备的知识、技能、品质和工作能力等能力素质的结构化组合；对能力素质内容和判定资质水平高低等级有明确的描述和界定。能力素质模型是帮助公司真正从实现组织目标、提高组织业绩角度出发，提高人员选拔、培养、聘用、绩效等方面工作效率的先进工具，在人力资源管理与开发中起着基础性和决定性作用。

4. 人–职匹配理论

人–职匹配，体现着个人兴趣和从事职业的相关度、个人特征同职业环境的协调情况，以及人的价值观、能力、气质、性格同职业的匹配度。人–职匹配理论，影响较大的是特性——因素论和人格类型论，其基本理念是基于个体差异与职位差异，在实施职业决策及职业生涯规划过程中，坚持人的特征与职业性质相一致的原则，熟悉自身个性类型与职业的切合度，掌握职业及对人的客观要求，使个性心理倾向、心理特征，以及

员工的素质、能力、知识、性格等要素与工作环境、岗位性质与任务相一致，进而有针对性地选择职业种类。

5. 职业生涯理论

职业生涯共设自我剖析、目标设定、目标实现策略、反馈与个性等四个环节，深入客观地分析和了解自我，设立明确的职业目标，采取各种积极的行动，并对自我认知及职业目标进行界定。从组织的层面看，公司帮助员工选择好职业发展道路，使其确定职业目标及职业角色，增强职业素质，找到实现理想的通道，进一步提升核心竞争力，采取教育培训或技能训练的方式，开展职业生涯设计、评估、反馈、修正等工作。职业生涯规划从个人的维度分析，通常是指根据自身的专业知识、理论、经验、技能、兴趣、爱好、性格，以及心理素质，对个体及客观因素进行综合分析与权衡，并根据评估调整情况制订培训实施计划，选择职业发展道路，确定职业目标。

6. 学习地图

学习地图（Learning Maps）是指公司从战略目标出发，结合员工个人的职业生涯发展规划，所构建的基于岗位能力要求的员工职业成长路径图，它展示了一个员工在公司中从一名底层员工成长为领导者的学习规划蓝图。

学习地图能为公司提供一个从战略的角度定位培训内容及方式的新视角，并通过不同角度获得各方资源的支持。同时，通过系统学习包括需求分析、计划制订、实施控制及效果评估这四个培训管理的关键工作方法与工具，为公司人力资源管理提供明确的基石和平台，提升培训的效益性，成为组织中发展的推动者和员工学习培训的教练。

二、研究方式与方法

在国家电网公司战略目标的统领下，结合国网该地市供电公司现状，全面融合实地调研法、头脑风暴法、德尔菲法、四象限分析法、层次分析法、5W2H 分析法等先进方法或管理工具开展研究，构建岗位任职资格体系。

1. 实地调研法

实地调研法，是指在没有理论假设的基础上，研究者直接参与活动并收集资料，然后依靠研究者本人的理解和抽象概括，从经验资料中得出一般性结论的研究方法。实地调研所收集的资料往往不是数字而是描述性的资料，而且研究者对现场的体验和感性认识也是实施研究的特色。与人们在社会生活中的无意观察和体验对比，实地调研是有目的、有意识和更系统、更全面的观察和分析，是一种直接调查法，直接深入现场、进入一定情景中去，用自己的感官或借助观察仪器直接“接触”所研究的对象，调查正在发生、发展，且处于自然状态的社会事物和现象。它能收集到较真实可靠的一手材料，比较直观、具体、生动。实地调研法有以下四个特征：

（1）综合多种方法收集资料。这些方法包括观察法、访谈法、问卷法、文件收集法、心理测验法等。

（2）该方法非常强调研究者在实地定性研究时，需要广泛地运用自己的经验、想象、智慧和情感。

（3）采用定性分析方法整理收集到的资料。实地调研法更多的是对研究对象和现场气氛的感悟和理解，没有实证性依据，研究者根据一定的逻辑规则对资料实施定性分析。

（4）研究结论只具有参考性质。实地调研法结论并不是探究的最终结果，往往用于指导研究者进一步的研究，以便获得更深刻、更新颖的资料，得出新的结论或改善先前的结论。

2. 头脑风暴法

头脑风暴法又称智力激励法、BS 法、自由思考法，是由美国创造学家 A•F•奥斯本于 1939 年首次提出、1953 年正式发表的一种激发性思维的方法。此法经各国创造学研究者的实践和发展，至今已经形成了一个发明技法群，深受众多公司和组织的青睐。根据调研的结果和所发现的问题，通过外部专家与内部员工共同激发头脑风暴的方法找出问题的根源。头脑风暴法可以激发内外部专家的创造性，不仅可以分析问题的根源，也可能产生更为创新的解决方案。

3. 德尔菲法

德尔菲法又称专家规定程序调查法。该方法主要是由调查者拟定调查表、按照既定程序，以函件的方式分别向专家组成员进行征询；而专家组成员又以匿名的方式提交意见。经过几次反复征询和反馈，专家组成员的意见逐步趋于集中，最后获得具有很高准确度的集体判断结果。

德尔菲法是一种利用函询形式进行的集体匿名思想交流过程。它有三个明显区别于其他专家预测方法的特点，即匿名性、反馈性和统计性，一般用来构造团队沟通流程，应对复杂任务难题的管理技术。

4. 四象限分析法

时间“四象限”法是美国的管理学家科维提出的一个关于时间管理的理论，他把工作按照重要和紧急两个不同的程度进行了划分，基本上可以分为四个“象限”（见图 1–3）：A 既紧急又重要（如客户投诉、准备明天会议发言稿、时间马上截止的重要项目等）、B 重要但不紧急（如人员培训、职业规划、制订预防措施等）、C 紧急但不重要（如电话铃声、可参加可不参加的活动等）、D 既不紧急也不重要（如阅读报刊杂志、上网等）。

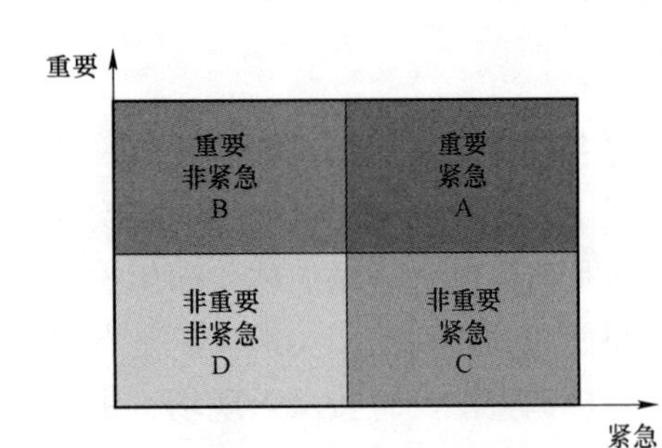

图 1–3　四象限分析法

按处理的先后顺序划分：先是 A，接着是 B，再到 C，最后才是 D。“四象限”法的关键在于 B 和 C 的顺序问题，必须非常小心地区分。另外，也要注意划分好 A 和 C，因为都是紧急的工作，区别就在于 A 能带来价值，实现某种意义上的重要目标，而 C 则不能。

5. DACUM 方法

DACUM 是通过团队共创的方式，如图 1–4 所示，系统全面地描述所分析岗位的职责与步骤以及胜任该岗位所需要的知识 K、技能 S、态度 A 等。

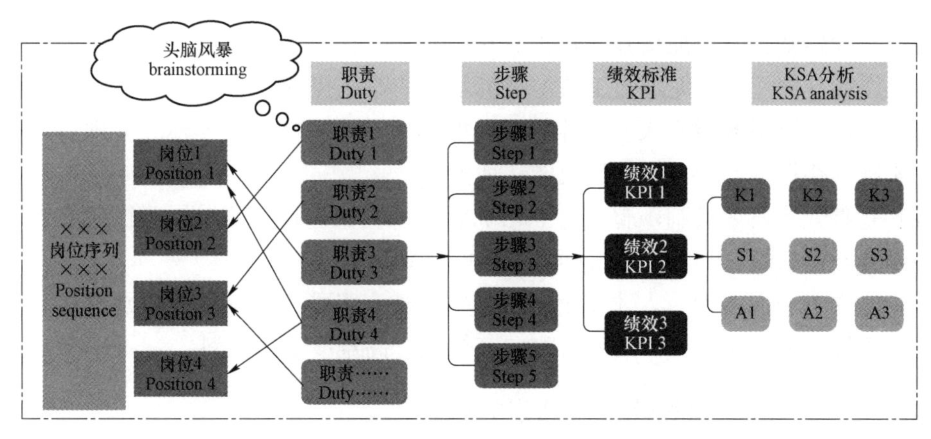

图 1－4 DACUM 方法

6. FIDES 工具

FIDES 工具综合评价工作任务频繁度、重要性、难度、需要经验的程度和标准化要求程度等五个因素衡量和筛选关键任务；通过 KSA 分析，将工作环境下的要求转化为学习目标，完成从工作环境向学习环境的转变。

7. 层次分析法

层次分析法（AHP 方法）是一种将较为复杂的问题、要素等进行分解分析的有效方法，应用于标杆管理可帮助确定指标之间的相对重要性和权重，主要操作步骤包括：① 建立问题评价的（层级）指标体系；② 利用调查问卷要求决策人对任意两个指标进行比较，从极端重要、明显重要或稍微重要等九个级别中做出选择回答，在提取出指标两两比较结果基础上，构建出所有指标两两比较的相对重要性对应关系；③ 进行一致性检验，计算比较矩阵的特征根求得权重系数；④ 通过综合指数法完成（层级）指标的综合。

8. 5W2H 分析法

5W2H 又称七问分析法，发明者用五个以 W 开头的英语单词和两个以 H 开头的英语单词进行设问，发现解决问题的线索，寻找发明思路，进行设计构思，从而形成新的发明项目。如图 1－5 所示，5W2H 分别是：WHY（为什么）、WHAT（做什么）、WHO（何人做）、WHEN（何时）、WHERE（何地）、HOW（如何）、HOW MUCH（多少）。

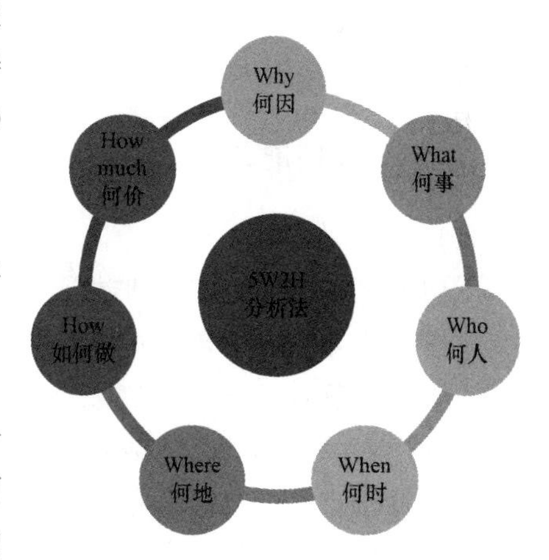

图 1－5 5W2H 分析法

5W2H 分析方法简单方便，易于理解、使用，富有启发意义，广泛用于公司管理和技术活动，对于决策和执行性的活动措施也非常有帮助，也有助于弥补考虑问题的疏漏。

三、预期目标

通过对青年员工开展“阶梯式”培训，以第一年、第三年、第五年三个阶段应当掌握的运维和检修知识及技能要点为培训目标，使员工能胜任所在岗位各阶段的工作，以及第二岗位的基础业务，促进员工技术技能水平的有序提升。

（1）优化“一岗多能”人才培养模式。明确“一岗多能”人才标准，规划“一岗多能”人才培养路径，设计“多能”技能认证方式。

（2）完善人才发展机制，整合专业培训资源。同步建设职业发展路径与能力发展路径，整合专业内部教材、案例、讲师、专家等培训资源。

（3）建立“一岗多能”人才使用激励机制。建立多能人才使用、激励机制，按照认定的技能等级分配相关工作，绩效薪酬向高技能、高难度工作倾斜。

四、“一岗多能”培养体系整体研究思路

基于人才生命周期理论，遵循人才开发规律，以“建标准、明路径、促成长、担重任、重激励”为主要思路，建立图 1–6 所示的“一岗多能”人才培养机制，搭建人才成长平台。加速“一岗多能”人才队伍建设。系统规划人才培养方案，打通技能人才职业发展通道，构建多元化的人才评价体系，配套合理的用人和分配制度，充分调动“运检合一”技能人才的积极性。

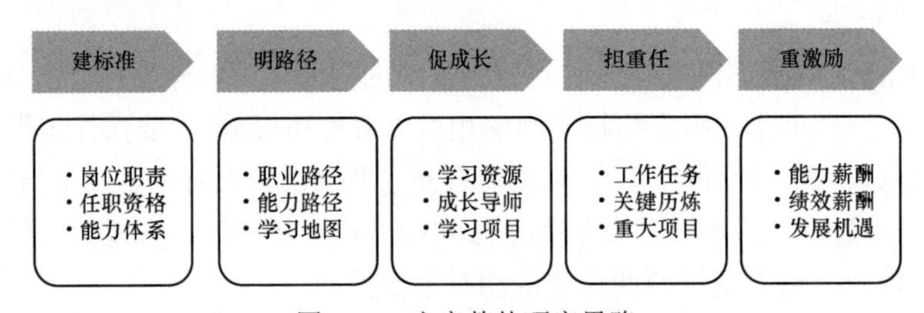

图 1–6 方案整体研究思路

（一）前期准备

1. 组织准备

（1）制订工作方案和推进计划。

工作方案包含四部分内容：工作目标及工作原则；工作方法，即明确推广应用的范围，建立合理的工作方法；项目阶段划分及具体工作内容；预期成果。研究典型公司“一岗多能”人才培养体系的成熟做法和先进经验，作为本项目研究参考。

制订合理的项目整体推进计划，并以周为时间单位推进，明确每周工作内容，以及客户方需配合的工作内容。

（2）建立工作组织机构。

图 1–7 为“三级”项目组织机构图，包含项目领导组、推动组、实施组自上而下三级式的组织架构，确定项目组成员，召开项目启动会宣贯项目的目标与内容。

2. 业务模式调研

调研某地市公司“运检合一”模式实施现状，分析现阶段运检人才技能水平，明确“运检合一”人才的技能发展需求。

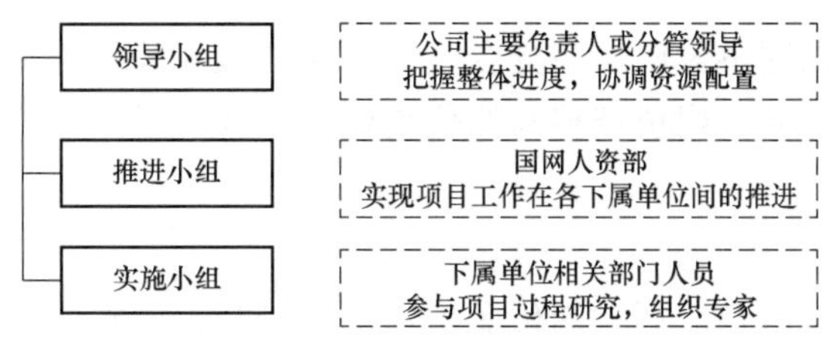

图 1－7 “三级”项目组织机构

通过调研发现，该地市公司完成了变电运维、变电检修两个专业生产资源重组优化，实现了变电运维检修“组织层面运检合一”和“个人技能层面运检一体”的新模式，调查研究其发展现状。

通过实地现场调研，了解运检业务目前存在哪些方面的问题，从专业、经验、能力等方面了解“运检合一”新业务模式对人才技能发展的影响。同时，收集能力素质模型和任职资格标准等方面的信息和资料，为形成科学系统的“一岗多能”人才培养体系提供参考和依据。

3. 人才培养调研

依据国家电网公司人才培养现有制度、标准、管理办法，调研并诊断现阶段人才培养现状和问题，明确研究重点与路径。

首先，了解最新的岗位职责、能力素质、任职资格、职业发展通道、技能认证等相关人才管理标准与管理办法。

其次，通过实地现场调研，了解运检专业岗位设置、各班组人员配置情况，包括人员专业结构、年龄结构、专业技能与素质状况。调研了解人才培养模式，包括培训对象、培训内容、培训方式、近三年培训项目等方面内容。同时，收集岗位职责、技能要求、运检人才队伍规划等方面的信息和资料，为形成科学系统的人才培养体系提供参考和依据。

4. 综合诊断分析

采取定性与定量相结合的综合诊断分析法。

第一步：建立信息收集方案，收集所需信息与数据。

第二步：调研运检工作中存在的问题，多能人才需求集中在哪些岗位。

第三步：开展多维度的数据分析，为方案设计奠定基础。

第四步：现场访谈，进一步了解人才培养中存在的问题。

第五步：对现有问题进行深入分析。

（二）建立“一岗多能”人才标准

根据该地市公司“运检合一”新模式进行岗位调研，建立“一岗多能”人才标准，为人才培养体系建设奠定基础。

1. 优化岗位设置

梳理“运检合一”新模式下的核心工作业务，据此全面开展该地市公司运检业务典型岗位工作分析，根据因事设岗、整分合、最小岗位数和岗位不相容等原则设置岗位，实施岗位新增、岗位合并、岗位调整与岗位优化的方式，最终形成国网该地市供电公司运检工岗位库。

2. 梳理岗位职责

梳理运检业务岗位职责，通过岗位职责增加、删减、调整、优化等方式，理清不同岗位的核心工作与价值，形成国网该地市供电公司新增岗位的岗位职责说明文件。

3. 明确“一岗多能”人才标准

能力体系从岗位角色定位出发，明确岗位职责要求，以及基于职责履行所需要的各项能力。结合该地市公司运检工作人员的能力现状，从同类外部公司实践中吸取有益参考，设定运检岗位核心能力维度与人才标准。

（三）描绘人才培养路径

结合职业发展通道，同步设计能力发展路径，为员工成长描绘蓝图，激发员工自主学习的内驱力。

1. 展现学习发展路径

将多能岗位的能力标准、职业发展路径和现有学习资源有机结合，向员工清晰展示：成为“一岗多能”人才在能力发展过程中每一个阶段的标准、学习内容、努力方向和目标。

2. 整合专业培训资源

整合专业培训资源，发展培育专业培训师，由专业培训师肩负人才第一位岗位导师的重任，同时注重培训素材与案例开发，有效开展在岗训练和辅导工作。

五、“一岗多能”培养体系方案建立

（一）“一岗多能”培养有效途径

“一岗多能”人才不是简单地具有两种或两种以上性质不同的管理经历、获得两种或两种以上专业技术资格证、拿到高校毕业证和技能上岗证的拼盘式组合，而是需要供电企业将技能人才再加工、再磨砺、再培训、再教育，进行高端复合。在实际工作中，可以通过以下方式和途径，使不同的专业知识和业务技能有机地相互渗透、相互补充、相互衔接，从而达到有效的融合和共用。

1. 对相近工种班组复合重组，搭建造就”一岗多能”人才的平台

随着电力生产过程的优化和劳动组织扁平化，按专业工种对应设置生产作业班组的固定思维模式被逐步打破，这在客观上为供电企业相近专业工种班组的兼容复合重组提供了条件。因此，供电企业可通过兼容复合重组，对部分班组设置两个或两个以上相关工种，按照优化后的流程确定重组后班组的职责范围。如将修试中心开关班和变压器班的工作职责合并，整合成变电检修班；将输电中心线路运行班、线路检修班的工作职责合并，整合成输电运检班。重组后班组工作范围和内容的扩张丰富，使一线技能人员在

本班组工作范围内就有机会学习另一门专业技能，自觉地不断对新技能、新工艺进行交叉互补性学习，在工作实践中增长相关专业知识，促进自身业务技能复合及专业拓展，达到精一、懂二、会三的复合效果。

2. 开展职称和技能等级双取证，促进“一岗多能”人才良性发展

结合工作实际，一方面积极鼓励、扶持一线生产岗位的工程师、高级工程师凭借自身优势积极参加技师、高级技师技能等级的考试、考评，并在其取得资格后及时聘任，发放津贴；另一方面，积极创造条件，通过校企联办、个人自学和选派半脱产等形式，培养、帮助生产岗位的技师、高级技师参加学历教育学习，并制订相应的奖励办法，视学业成绩进行分级奖励，不断提高他们自身的学历层次和专业理论知识水平。在达到申报资格的前提下，优先安排他们参加工程师、高级工程师的专业技术资格评审，并及时落实相关待遇政策。通过交叉性和异质性的培训、考核、聘用、待遇等一体化激励，不断培育和扩建双证人才队伍，提升“一岗多能”的复合率，促进供电企业“一岗多能”人才的良性发展。

3. 实施轮岗实习导师带徒培养制度，加快“一岗多能”人才的健康成长

近些年，一批接一批高校毕业生不断地扩充到了电力企业生产一线，为使他们尽快成长为技术和技能均合格的人才，在基层班组会采用“一对一”的师父带徒弟的方式，选拔技术技能水平过硬的优质员工作为导师，并且签订师徒协议。在师父带徒弟学习的过程中，以现场实际工作为基础，边干边学，边学边练，干练结合，将新员工学生时期所学的专业知识和自身岗位的专业特点有机融合，理论联系实践，加快“一岗多能”人才的健康成长。

4. 开展复合工种技能竞赛，培育优秀“一岗多能”人才

复合工种技能竞赛是对专有工种技能竞赛内容的扩充，要求参赛选手必须同时参加两个专业工种的技能竞赛，选手以本专业工种为主，自选第二工种为辅。其分值权重比例按 6:4 形成综合总成绩。竞赛主要依据“供电企业岗位技能培训考核标准”，分类对供电企业各岗位技能人员应掌握的安全和业务知识技能进行考核，重点侧重于现场操作技能的竞赛。参赛选手通过主、辅两个工种的理论特别是技能的比拼，在每个主专业工种中，综合总成绩第一名的员工为本专业“复合工种最佳操作手”，并给予一定的月度奖励补贴。通过每年度各主专业复合工种最佳操作手常态竞赛评选，不断在技能员工中实施以赛促学、以学促培的技能评价复合机制，以此鼓励和引导供电企业员工跨专业学习钻研业务技能，培养和发现优秀的“一岗多能”人才。

5. 加强岗位交流和轮岗锻炼，不断增强“一岗多能”的实效性

在努力拓展内部人才市场，实行竞争上岗，促进供电企业“一岗多能”人才脱颖而出的同时，建立常态的岗位交流和轮岗制度。一方面将能力强、潜力大的机关专职管理人员释放到生产一线，创造条件使其学专业、钻技术、增长才干，以其丰富的岗位综合能力服务一线。另一方面，将一线岗位懂技术、会管理的技能人才充实到核心业务管理岗位，结合实际压担子、训练能力，不断加强他们的专业管理、组织协调和开拓创新能力。通过岗位交流和轮岗锻炼，有效地实现育人和用人的互动、专业和技能的复合、业

务与管理的衔接，丰富其实践经验，扩展其工作视野，提高其复合效率，不断增强“一岗多能”的实效性，促使他们尽快成为懂生产、会管理、精业务的高效能“一岗多能”人才。

6. 强化业绩考核管理，发挥业绩考核对“一岗多能”人才的激励作用

建立以技能人才多岗位工作标准为基础的复合型业绩评价体系，量化“德、能、勤、绩”四个维度的考核指标。其绩效数据主要通过“一岗多能”人才的年度业绩考核和能力评价表，以及他们对生产和经营管理的贡献率、个人的各类培训档案、取证等级、职称资格、工作总结等进行采集。在考核过程中，采用“月度考核，年终归积”的办法，按个人自评、直接主管评价、监督修正三个层次组织实施，并将业绩考核结果与薪酬分配、专业评审、人力资源配置、评优评先等相结合。在客观评价中引导技能人才跨专业、跨岗位、跨部门地拓展业务技能，在主观激励中促进专业技能队伍结构的进一步优化和复合。

（二）“一岗多能”培养体系方案

1. 培训对象

培训对象为年龄在 40 岁以下的全民制员工。目前暂时以入职 3～5 年的青年员工作为培训对象进行试点，将逐步推进 40 岁以下全民制员工的培训工作。

（1）愿意学习。学习是进步的源泉，也只有学习才能让自己更快地进步，作为员工，要想实现一岗多能，就必须要有一颗愿意去学习的心，愿意学习新的知识，愿意去做创新尝试，接受新的东西，充实自己，让自己不断进步，不断前行。

（2）主动性强。作为员工，要想实现一岗多能，就必须要有主动性，愿意去专研，愿意去努力，一切的努力和尝试都是自己自愿的，而不是迫于单位的压力之下，一个主动性强的员工，注定是一个优秀且能担负起“一岗多能”职责的员工。

（3）有责任心。作为员工，要想实现一岗多能，就必须要有责任心，身在其位，谋其政，既然选择了这份工作，就应该敢于负责、勇于担责。

（4）热爱工作。选择一份工作，就应该热爱这份工作，热爱这份工作，就应该坚持把它做好做完美，因为只有你爱上这份工作，你才会愿意去为这份工作而努力，去创新。

（5）认可单位。作为员工，要想实现一岗多能，那你还必须认同你的所在单位，愿意和单位共进退，愿意和单位共命运，以单位的荣誉为荣，以单位的利益为重，因为只有一个认同单位的员工，才会为了单位的前进和发展不断努力。

（6）期待成长。作为员工，要想实现一岗多能，那你还必须是一个有成长意愿的人，愿意让自己更优秀，期待自己能在岗位上做出成绩，因为只有这种上进的人，才会是一个愿意去努力的人。

2. 培训主体框架

随着公司的发展需求，变电运检室进入了“运检合一”的运作方式，对部分变电员工提出了“一岗多能”的发展目标。在新的工作运转中，如何对员工进行有效培训，是

部门急需应对的要事。

部门青工培养工作的核心在于构建正确的培养体系，引导青工发挥自身优势，立足生产实际开展培训活动，以此促进青工技能、技术和业务水平的全面提升，实现“运检合一”和“一岗多能”的培训目标。

首先，部门培训工作要把握全局，确定培训的整体目标和基本要求，制订按岗位层级、进单位年限划分的梯级技能技术培训计划，明确处于不同岗位的员工必须掌握的生产技能、技术和业务，在掌握第一岗位的技能课程的同时学好第二岗位的技能知识。其次，在组织构架上，青工培养方案的推进依托班组常规培训和部门集中培训，二者彼此协调、互为补充、相互促进，构成青工培养工作的组织基础。

3. 梯级技能技术培训计划

该计划由部门统筹规划，技术组负责专业能力分层定位，各班组补充完善，适用于运行值班员、副值、正值和值长等岗位，同时适用于各检修和运行工种的初级、中级、高级，技师、高级技师，技术员、助工、工程师、副高等专业技术等级人员，是班组常规培训和部门集中培训的基本依据，也是部门岗位定级考核通用标准、管控机制中评估培训效果的主要标准。

4. 培训组织架构

在培训工作的组织架构方面，班组常规培训、部门集中培训和青工创新活动三者协调互补、相互促进是保证项目全面、合理、稳步推进的基本要求。三者关系上，应当以班组常规培训为主，部门集中培训为辅，通过管控机制进行合并串联，而创新活动作为学有余力的青工业余学习的补充。同时三者在内容上应当彼此交叉，实现理论知识与生产实际的有机统一。为了保证培训效果，培训过程和结果评估纳入青工个人成长积分体系，与人才评价和选拔机制形成强关联。

（1）部门集中培训。充分发挥实训基地对人才培养工作的技术引领作用，通过解剖式的培训方式，帮助青工形象直观地了解现场生产设备和工作流程；其次，利用比武式特训班的封闭式、高强度训练，促使青工深入掌握生产技能；此外，充分利用仿真机培训，开展事故仿真处理等实践式培训活动，锻炼青工的事故分析和应急处理能力。三者在层级分别属于初级培训、中级培训和高级培训，因此培训时间节点的安排应当充分考虑青工的技能技术掌握情况，依次递进、逐步提高。

（2）班组常规培训。班组管理人员对青工的工作和学习进度进行监督和评估，根据实际情况开展定期考试，在确保完成部门制订的阶段性培养目标的前提下，对于技能知识掌握较好的青工，适当安排其承担调试、验收等工作负责人的岗位，培养其成为可以独当一面的技术骨干。此外，青工的工作表现和考试成绩将作为评估积分的主要依据，纳入个人成长积分系统。

（3）青工创新活动。制订以创新培训互促为原则的长效工作机制，建立领导团队、管理团队和核心团队“三位一体”的团队管理机构。领导团队负责在工作方向上指导青工创新工作，为创新工作提供各类资源支持；管理团队负责管理青工创新团队，由技术水平过硬及有丰富创新经验的内训师组成；核心团队则由从青工创新团队中选拔出的骨干力量组成，作为公司的人才培养梯队，在培训和创新活动中起标杆带头作用。

5.“一岗多能”培养体系实施步骤

（1）按照检修工种的工作需求及各自的特长，对青工合理定性配好第二工种，例如自动化继保:高试:一次分别为3:2:1的比例。

（2）对青年员工进行集中强化培训，在培训前充分做好思想工作，确保意识和行动上同时进行转变。

（3）针对性地对运行人员进行检修作业规范、流程、安全注意事项等内容的培训。

（4）针对性地进行基础知识培训，例如：日常检修工作的C检、线路的继保校验、开关的耐压试验、回路电阻测试等工作。

（5）针对性地开展现场实操培训，对每个项目反复强化操作练习。

（6）组织现场考试，包括理论考试和现场实操考试；考试合格人员进入相应工种的班组，跟班学习：一是对跟班学习人员指定跟班师父，师父与徒弟一一匹配；二是在完成跟班学习后进行考试，合格者进入高级工取证阶段。

6.“一岗多能”培养体系内容

在具体执行步骤方面，按照集中强化培训、实操培训、日常培训三个阶段来执行：

第一阶段，集中强化培训。由单位内训师组织检修安全注意事项、通用技能培训和工种专项培训。

青工入职一年后首先在实训基地开展为期一周的实训活动，通过解剖式培训将复杂的电气回路拆解，并通过仿真操作、二次接线等方式直观地呈现；其次，比武式特训班应当在青工取得副值班员资格、初步具备现场操作经验后进行，结合上级比武安排和生产需要，全面发动团队成员开展专题练兵；仿真机培训则安排在青工升为正值前开展，主要锻炼青工的事故分析和处理能力，提高青工的应急事件处理能力。

第二阶段，实操培训。根据青工的专长与意愿，针对性地开展第二岗位实操培训，并将针对性实操培训融入日常的第二岗位工作中。

第三阶段，日常培训。主要包括以下内容：

（1）运行人员根据张全员的《变电运行现场技术问答》，结合日常工作的知识点，组织每月一次的考试。

（2）检修人员根据高级工、技师、高级技能鉴定书，结合日常工作中需要掌握的知识点，组织每月一次的考试。

（3）对于日常典型的运行操作、典型检修工作、典型试验，做好视频拍摄工作，供青年员工常学习。

（4）厂家来本单位新装设备、消缺等工作时，在不影响日常工作情况下进行小班化培训，再由小班培训人员对其他人员进行培训。

（5）参与大型工作，例如：新变电站投产，组织青年员工积极参与，在培训的同时也解决了大型工作的人员短缺问题。

（6）专项培训。分理论培训和实操培训，由部门组织技术人员进行有专业针对性地培训，由浅及深地推进培训进程。

7. 职责分配

（1）部门职责。部门应做好组织工作，其对于青工培训的主要职责为：

1）组织培训师资力量，建立变电运检内训师队伍，由生技组专职、各班组技术员、国网及省公司专家、高级技师、高级工程师组成。

2）组织计划、培训、考核等一系列工作，各班组学习环境和管理方式的差异会导致青工技能水平的不平衡。因此，必须通过开展部门集中培训以弱化班组环境对青工成长成才的影响，通过创造共同学习的机会以全面提升青工的专业知识储备、技能水平和业务能力。

3）做好日常管控工作，建立合理的管控机制是保证青工培训体系正常、高效运转的关键。管控机制可有效监督方案的落实情况，并及时反馈方案的实施效果，促进青工培训体系的不断巩固和完善。

4）做好协调工作，集中培训工作存在一定的工学矛盾。近几年青工新进较多，已有部分担任正值、副值并参与班组倒班，由于变电运维员工工作时间的特殊性，集中培训与工作存在一定的冲突。针对工学矛盾，部门要发挥协调作用，调动班组内部培训的作用，在各班组技术骨干指导下实现工作与培训同步进行，并探索“小班化培训”等多种创新培训模式。

（2）班组职责。班组作为青工培训的主要载体、青工成长的基本环境，对青工专业知识储备、技能水平和业务能力的提升起主要作用。班组对于青工培训的主要职责为：

1）开展班组常规培训。班组常规培训依托师徒结对制和班组监督制，根据部门制订的应知应会生产技能技术表，让青工逐步参与到检修、试验等日常生产工作中，通过实际生产工作锻炼技能水平和业务能力。

2）落实对青工的监督与评估。班组管理人员对青工的工作和学习进度进行监督和评估，根据实际情况开展定期考试，确保完成部门制订的阶段性培养目标的前提下，对于技能知识掌握较好的青工，根据情况安排其承担调试、验收等工作的负责人，培养其成为独当一面的技术骨干。

3）强化青工培训过程管控。青工在班组的培训过程管控由各自班组技术人员负责。“技术、技能是靠工作干出来的”，只有日常工作多动手、多动脑，个人综合能力才能得到提升。班组相关负责人会对培训全过程进行管控，对技能技术成绩优异的人员、团队进行奖励，如优先参与团队创新工作等。

六、评估学习培训效果

基于“721”成人学习理论，以混合式学习项目为载体，综合使用线上微课、线下培训、岗位带教等形式，设计适合不同学习场景的多元化学习方式。阶段性评估项目培训效果，保证运检人员各项技能的实际提升。

1. 建立评价认证机制

基于多能岗位的人才标准，设定有针对性的评价方式，如评价对象、评价内容、评价工作与评价周期。设定评价维度的权重与计分方式，计算评价结果。定期开展“一岗多能”人才的技能等级评价结果认证工作，并在实际工作中考核人才技能掌握情况。目前比较经典且应用最广泛的培训效果评估理论和工具就是柯氏的四级评估模型（简称 4R 模式）。

（1）反应评估（Reaction）：评估学员的满意程度。

（2）学习评估（Learning）：测定学员的学习收获程度。

（3）行为评估（Behavior）：测定学员知识应用程度。

（4）成果评估（Result）：衡量培训带来的经济效益。

2. 建立鼓励激励机制

为提升运检人员学习新技能的积极性，建立鼓励掌握多项能力的激励机制。针对人才学习及工作情况建立配套的激励考核机制及“运检合一”量化指标评价机制，在合理进行“正、反激励”措施，鼓励“一岗多能”复合型人才队伍建设的同时，针对“运检合一”特点，制订包括设备缺陷、跳闸、反措执行、隐患整治、设备主人成效、检修计划执行、专项工作进度等项目的量化评价指标，并由生产指挥中心每月进行统计评价，从而为精益化生产指挥管控体系提供坚强的人才和队伍管理保障。

在技能人才使用方面，通过技能认证方可获得从事技能工作资格，按照认定的技能等级分配相关工作；定岗定级过程中，充分考虑人才技能等级与技能跨度进行定岗定级；绩效计算上，调整工作积分制的标准，在多劳多得的基础上，向高技能高难度工作适当倾斜。同时将业绩考核结果与薪酬分配、专业评审、人力资源配置、评优评先等相结合。在客观评价中引导技能人才跨专业、跨岗位、跨部门地拓展业务技能，在主观激励中促进专业技能队伍结构的进一步优化和复合。

第二章

变电运维“一岗多能”培养

第一节 专 业 背 景

近年来随着变电站规模的迅速增长，变电设备不断更新换代，变电站经历了从传统变电站到综合自动化变电站再到智能变电站的进化过程。现存的大部分变电站为综合自动化变电站和智能变电站，设备种类繁多，既有传统变电站的老旧设备，又有智能站的各种新型设备，且电网运行方式越发复杂，运维、检修工作压力日益增大。因此，需要对变电运检人员的专业技术水平提出更高的要求，单一专业的技术已经难以满足运检人员的工作需求，“运检合一、一岗多能”成为新时代运检人员需要具备的专业素质。

为了进一步提升电网设备可靠性，提高运维检修工作效率，解决电网规模快速增长和人力资源紧缺的矛盾，运维人员在学习运维知识时应当从专业知识点上更加深入，专业知识面上更加宽广，确保技能水平能够跟上电网的发展。这就要求运维人员对设备、对电网有更深层次的理解。除了完成日常运维工作外，还需提升对异常、事故的诊断及初步处理的能力，对常见的缺陷能开展消缺工作，使运检人员真正做到“运检合一、一岗多能”，保障电网安全稳定运行。与此同时，检修人员也应当掌握部分运维专业知识，把检修专业的点扩展到面，提升对整个变电系统的认知，有助于提高检修质量。在“运检合一、一岗多能”的新模式下，检修人员需要能够完成设备巡视、倒闸操作、定期切换等基础的运维业务，掌握基本的运维知识，在实际工作过程中，可以根据运维、检修的工作承载力合理地分配人员，优化运检工作流程，提升运检工作效率。检修人员能掌握基本运维知识对运检工作高质量开展起到促进作用。

通过实现“一岗多能”，打破传统模式上运维、检修的分工模式，优化运检工作业务流程，实现安全高效的新运检工作模式。“一岗多能”打破了运维、检修两个专业的壁垒，充分发掘各个员工的潜力，发挥各个不同专业的特长，实现专业互补，达到人力资源的优化，提升运检工作效率。

由于不同专业在学习运维知识时需要掌握的内容及深度有所区别，本章节对于第一岗位作为运维的人员，要求较高，需要掌握所有运维必备技术、技能。对于第一岗位是检修专业、第二岗位是运维专业的人员，只需要掌握部分基础技能，能完成简单的运维工作，并且掌握在开展第一岗位工作中会涉及的运维知识，以检修为主、运维为辅，通过运维知识的学习进一步提升检修工作的质量。本章节就变电运维专业技能分别作为第一岗位和第二岗位时开展五年期培养的预期目标及培训内容做了详细的介绍，可以为“一岗多能”人员运维技能培训提供参考。

第二节 预 期 目 标

对青年员工开展“阶梯式”培训，以第一年、第三年、第五年三个阶段应当掌握的运维知识及技能要点为培训目标。使员工能胜任所在岗位各阶段的工作以及第二岗位的基础业务，促进员工技术技能水平的有序提升。

一、第一年“一岗多能”培养目标

青年员工第一年“一岗多能”培养目标见表2-1。

表2-1 第一年“一岗多能”培养目标表

变电运维第一岗位预期目标	
精通	（1）掌握运维人员的职责，及运维工作中的安全生产知识。 （2）掌握变电站基本情况，包含的设备种类、地理位置等信息。 （3）掌握各类设备的日常巡视要点，会填写各项记录。 （4）掌握变电站交、直流系统相关知识。 （5）掌握倒闸操作规范，掌握微机五防系统使用方法。 （6）能对巡视中发现的缺陷进行基本定性。 （7）掌握各类变电站典型接线方式
熟悉	（1）熟悉变电站运行规程、变电站接线图、变电站主接线及运行方式。 （2）熟悉相关应用系统（尤其是PMS3.0系统）。 （3）熟悉安全工器具的使用方法和存放要求及送检周期
了解	（1）班组的日常运维工作内容、周期和人员分工情况。 （2）了解运维班所在相关设施、备品等存放情况。 （3）了解主要进线、出线对侧变电站和重要程度。 （4）了解各间隔主要一、二次设备厂家。 （5）了解防误操作管理规定，了解防误闭锁逻辑
变电运维第二岗位预期目标	
精通	（1）掌握运维人员的职责及运维工作中的安全生产知识。 （2）掌握各类设备的日常巡视要点。 （3）掌握变电站基本情况
熟悉	（1）熟悉变电站接线图。 （2）熟悉变电站包含的各类设备。 （3）熟悉各类设备的各项记录填写方法。 （4）熟悉倒闸操作规范。 （5）微机五防系统使用方法。 （6）熟悉缺陷，进行基本定性规定。 （7）熟悉各类变电站典型接线方式
了解	（1）了解主要进线、出线对侧变电站和重要程度。 （2）了解各主要一、二次设备厂家。 （3）了解变电站运行规程。 （4）了解各类应用系统。 （5）了解防误操作管理规定

二、第三年“一岗多能”培养目标

青年员工第三年“一岗多能”培养目标见表 2–2。

表 2–2　　第三年“一岗多能”培养目标表

变电运维第一岗位预期目标	
精通	（1）掌握各变电站主接线、正常运行方式、主设备的相关作用和原理。 （2）掌握操作票填写相关要求、熟练掌握合格的操作票的票面格式。 （3）掌握工作票填写相关要求、熟练掌握合格的工作票的票面格式。 （4）熟练掌握倒闸操作“六要”“七禁”“八步”。 （5）掌握微机五防系统使用方法。 （6）掌握各类设备操作要领。 （7）掌握班组各项日常工作、定期工作和各项工作流程。 （8）掌握运维一体化工作：掌握各项运维一体化工作项目。 （9）掌握外包单位开展的运维一体化项目的施工安全与验收标准
熟悉	（1）熟悉相关调度规程、变电站运维管理规范。 （2）熟悉设备异常处理相关流程，具备一般设备异常的处理能力。 （3）熟悉各类技改、基建工程的运维准备工作。 （4）熟悉大型工作前现场踏勘内容、清楚现场踏勘应做好哪些记录
了解	（1）了解复杂事故处理工作流程和汇报流程。 （2）了解防误闭锁逻辑及带电闭锁装置原理和作用
变电运维第二岗位预期目标	
精通	（1）掌握各变电站主接线、主设备的相关作用和基本原理。 （2）掌握操作票填写相关要求，熟练掌握合格的操作票的票面格式。 （3）掌握工作票填写相关要求，掌握合格的工作票的票面格式。 （4）掌握倒闸操作“六要”“七禁”“八步”。 （5）掌握微机五防系统使用方法。 （6）掌握各类设备正确操作方法
熟悉	（1）熟悉各类技改、基建工程的运维准备工作。 （2）熟悉变电站运维管理规范。 （3）熟悉设备异常处理相关流程，具备一般设备异常的处理能力。 （4）熟悉相关调度规程。 （5）熟悉运维一体化工作
了解	（1）了解事故处理基本工作流程和汇报流程。 （2）了解防误闭锁逻辑及带电闭锁装置原理和作用。 （3）了解各类技改、基建工程的运维准备工作。 （4）了解五类解锁的流程

三、第五年“一岗多能”培养目标

青年员工第五年“一岗多能”培养目标见表 2–3。

表 2–3　　第五年“一岗多能”培养目标表

变电运维第一岗位预期目标	
精通	（1）掌握变电站事故处理方法、重要缺陷的处理方法。 （2）能够监护复杂的倒闸操作，具备现场分析能力。 （3）掌握重要设备电气二次回路，能判断设备可能存在的问题。 （4）具备突发事件应急响应、信息报送、人员力量调配能力。 （5）能完成大型作业事前踏勘、危险点分析和预控。

续表

变电运维第一岗位预期目标	
精通	（6）具备编写新建变电站运行规程、典型操作票的能力。 （7）掌握保护的相关原理、各种光字牌亮时处理原则和方法。 （8）掌握 SF_6 断路器及液压操作机构闭锁及信号机理。 （9）掌握新变电站投产运维准备、工程验收的相关工作流程。 （10）掌握省公司、市公司各项管理规定和执行要求等。 （11）掌握重大事故处理方法、变电站设备所存在的问题和注意事项
熟悉	（1）熟悉常见的电气二次设备故障处理方法。 （2）熟悉各类设备常见的缺陷处理方法。 （3）熟悉各类电气一次设备故障处理方法
了解	（1）了解整个电网系统运行方式、各个变电站之间的配合方式。 （2）了解重大工程的统筹管理方法。 （3）了解各类一二次设备典型事故处理方法
变电运维第二岗位预期目标	
精通	（1）变电站事故处理方法、重要缺陷的处理方法。 （2）能够完成复杂的倒闸操作，具备现场分析能力。 （3）变电站设备间电气二次回路，能判断异常设备可能存在的问题。 （4）国家电网公司、省公司、市公司重要运维管理规定。 （5）掌握大型作业事前踏勘、危险点分析和预控的能力。 （6）掌握 SF_6 断路器及液压操作机构闭锁及信号机理
熟悉	（1）新变电站投产运行准备、工程验收的相关工作流程。 （2）省公司、市公司各项管理规定和执行要求等。 （3）班组各项工作的安排管理。 （4）重大事故的处理方法、变电站存在的问题和注意事项。 （5）编写新建变电站运行规程、典型操作票的方法
了解	（1）了解整个电网系统运行方式、各个变电站之间的配合方式。 （2）重大事故处理方法、班组考核及管理工作。 （3）变电站设备所存在的重大问题和注意事项、工区相关工作的最新要求实施。 （4）了解各类一二次设备典型事故处理方法

第三节　培　训　内　容

为使青年员工更好地适应变电运维岗位，全面深入掌握变电运维专业相关理论及技能水平，提高变电运维人员的业务素质，做好青工的“运检合一、一岗多能”的创新培训，本书从实际情况出发，对青年员工制订运维岗位的培训内容规划。

一、变电运维基础知识

（一）运维人员的职责及运维工作中的安全生产知识

运维班组的安全职责：① 负责所辖变电站的运行、检修与管理。② 对所辖变电站正确开展运维、检修相关业务。③ 负责所辖变电站设备台账、设备技术档案、规程制度、图纸资料等管理工作。④ 正确配备、使用安全工器具及劳动保护用品。⑤ 负责新、扩、改建工程的各项生产运行准备和验收工作。⑥ 修订与完善所辖变电站现场运行规程、典

型操作票、防全停预案等编制工作。⑦ 对班组员工开展业务培训。⑧ 定期开展安全检查、隐患排查和专项安全检查等活动。⑨ 负责运维班及所辖变电站消防、保卫、车辆的管理。

运维人员的基本职责：① 按照班长（副班长）安排开展工作。② 接受调控命令，填写或审核操作票，正确执行倒闸操作。③ 做好设备巡视维护工作，及时发现、核实、跟踪、处理设备缺陷，同时做好记录。④ 遇有设备的事故及异常运行，及时向调控及相关部门汇报，接受、执行调控命令，对设备的异常及事故进行处理，同时做好记录。⑤ 审查和受理工作票，办理工作许可、终结等手续，并参加验收工作。⑥ 负责填写各类运维记录。

详见具体规程：《电力安全工作规程（变电部分）》、国家电网公司“十不干”、《国家电网公司变电运维管理规定》等。

（二）变电站基本情况

学习 220kV 变电站、110kV 变电站主接线图，能识别各类主接线图上的各类设备，能够掌握各类不同的接线方式：220kV 变电站双母接线、双母双分段接线、双母单分段接线；110kV 变电站内桥接线、外桥接线等各自的特点。

对变电站交直流系统的接线方式有基本了解，清楚各个变电站的交直流系统的基本情况、接线方式；蓄电池、UPS 电源的配置情况等。

能绘制班组所辖范围内至少一座 220kV AIS 变电站、一座 220kV GIS 变电站的一次主接线图，并能绘制管辖范围内的任一 110kV 变电站内桥接线的一次主接线图和交直流系统的构架图。

（三）各类设备的日常巡视方法和要求，会填写各项记录

学习各类设备日常巡视方法、红外测温仪的使用方法，以及温度异常时缺陷判断标准。学习 PMS 系统运行日志的填写方法和规范。

运维班负责所辖变电站的现场设备巡视工作，应结合每月停电检修计划、带电检测、设备消缺维护等工作统筹组织实施，提高运维质量和效率。

巡视人员应注意人身安全，针对运行异常且可能造成人身伤害的设备应开展远方巡视，应尽量缩短在瓷质、充油设备附近的滞留时间。

巡视应执行标准化作业，保证巡视质量。运维班班长、副班长和专业工程师应每月至少参加 1 次巡视，监督、考核巡视检查质量。对于不具备可靠的自动监视和告警系统的设备，应适当增加巡视次数。巡视设备时运维人员应着工作服，正确佩戴安全帽。雷雨天气必须巡视时应穿绝缘靴、着雨衣，不得靠近避雷器和避雷针，不得触碰设备、架构。为确保夜间巡视安全，变电站应具备完善的照明。现场巡视工器具应合格、齐备。备用设备应按照运行设备的要求进行巡视。

例行巡视是指对站内设备及设施外观、异常声响、设备渗漏、监控系统、二次装置及辅助设施异常告警、消防安防系统完好性、变电站运行环境、缺陷和隐患跟踪检查等方面的常规性巡查，具体巡视项目按照现场运行通用规程和专用规程执行。一类变电站

每2天不少于1次，二类变电站每3天不少于1次，三类变电站每周不少于1次，四类变电站每2周不少于1次。配置机器人巡检系统的变电站，机器人可巡视的设备可由机器人巡视代替人工例行巡视。

全面巡视是指在例行巡视项目基础上，对站内设备开启箱门检查，记录设备运行数据，检查设备污秽情况，检查防火、防小动物、防误闭锁等有无漏洞，检查接地引下线是否完好，检查变电站设备厂房等方面的详细巡查。全面巡视和例行巡视可一并进行。一类变电站每周不少于1次，二类变电站每15天不少于1次，三类变电站每月不少于1次，四类变电站每2月不少于1次。需要解除防误闭锁装置才能进行巡视的，巡视周期由各运维单位根据变电站运行环境及设备情况在现场运行专用规程中明确。

特殊巡视指因设备运行环境、方式变化而开展的巡视。遇有以下情况，应进行特殊巡视：① 大风后；② 雷雨后；③ 冰雪、冰雹后、雾霾过程中；④ 新设备投入运行后；⑤ 设备经过检修、改造或长期停运后重新投入系统运行后；⑥ 设备缺陷有发展时；⑦ 设备发生过负载或负载剧增、超温、发热、系统冲击、跳闸等异常情况；⑧ 法定节假日、上级通知有重要保供电任务时；⑨ 电网供电可靠性下降或存在发生较大电网事故（事件）风险时段。

（四）熟悉安全工器具使用方法和存放要求，知道各类安全工器具送检周期

安全工器具的保管及存放，必须满足国家和行业标准及产品说明书要求。绝缘安全工器具应存放在温度−15～35℃、相对湿度5%～80%的干燥通风的工具室（柜）内。安全工器具应统一分类编号，定置存放。绝缘杆应架在支架上或悬挂起来，且不得贴墙放置。绝缘隔板应放置在干燥通风的地方或垂直放在专用的支架上。绝缘罩使用后应擦拭干净，装入包装袋内，放置于清洁、干燥通风的架子或专用柜内。验电器应存放在防潮盒或安全工器具存放架（柜）内，置于通风干燥处。核相器应存放在干燥通风的专用支架上或者专用包装盒内。脚扣应存放在干燥通风和无腐蚀的室内。橡胶类绝缘安全工器具应存放在封闭的柜内或支架上，上面不得堆压任何物件，更不得接触酸、碱、油品、化学药品或在太阳下曝晒，并应保持干燥、清洁。防毒面具应存放在干燥、通风，无酸、碱、溶剂等物质的库房内，严禁重压。防毒面具的滤毒罐（盒）的储存期为5年（3年），过期产品应经检验合格后方可使用。围栏、围网应保持完整、清洁，成捆整齐存放在安全工具柜内，防止严重磨损、断裂、霉变、连接部位松脱等；围栏杆外观醒目，无弯曲、无锈蚀，排放整齐。

（五）了解班组的日常工作内容、周期和人员分工情况

运维班值班方式应满足日常运维和应急工作的需要，运维班驻地应24小时有人值班，并保持联系畅通，夜间值班不少于2人，可采用以下两种值班模式。有条件的地区应逐步过渡到第二种值班模式。值班模式一：采用3班轮换制模式。除班组管理人员上正常白班外，其他运维人员平均分3值轮转，负责值班、巡视、操作、维护和应急工作。值班模式二：采用“2+*N*”模式。“2”为至少2名24小时值班人员，主要负责值班期间

的应急工作，采用轮换值班方式。“*N*”为正常白班人员，负责巡视、操作和维护工作，夜间不值班（必要时可留守备班），应急工作保持 24 小时通信畅通，随叫随到。计划工作提前安排相应人员。

运维人员未办完交接手续之前，不得擅离职守。交接班前、后 30min 内，一般不进行重大操作。在处理事故或倒闸操作时，不得进行工作交接；工作交接时发生事故，应停止交接，由交班人员处理，接班人员在交班负责人指挥下协助工作。

交接班主要内容：① 所辖变电站运行方式。② 缺陷、异常、故障处理情况。③ 两票的执行情况，现场保留安全措施及接地线情况。④ 所辖变电站维护、切换试验、带电检测、检修工作开展情况。⑤ 各种记录、资料、图纸的收存保管情况。⑥ 现场安全用具、工器具、仪器仪表、钥匙、生产用车及备品备件使用情况。⑦ 上级交办的任务及其他事项。接班后，接班负责人应及时组织召开本班班前会，根据天气、运行方式、工作情况、设备情况等，布置安排本班工作，交代注意事项，做好事故预想。

（六）了解运维班所在主要设施、备品等存放情况

站内有存放安全工具、工器具、仪表、备品备件、钥匙的专用器具，存放整齐。运维班应建立备品备件台账，备品备件合格证、说明书等原始资料应齐全，严格出入库管理并定期更新。运维班应设专人负责备品备件管理，严格按照相关规定和设备说明书进行存放，认真落实备品备件防火、防尘、防潮、防水、防腐、防晒等工作要求。应定期对备品备件进行检查、维护和试验，防止因保管、维护不当导致备品备件损坏，确保备品备件完好、可用，并做好记录。动态开展备品备件核查，不足时应及时补充，杜绝因补充不及时导致系统或设备长期停运。存放于变电站内的备品应视同运行设备进行管理。

（七）掌握倒闸操作流程规范，掌握微机五防系统使用方法

填写操作票：调度操作预令应由正值及以上岗位当班运行值班人员接令。对直接威胁人身或设备安全的调度指令，运行人员有权拒绝执行，并将拒绝执行命令的理由报告发令人和本单位领导。如调度发令时有调令号，也应复诵和记录。接令人或值长向拟票人布置开票，交代必要的注意事项，拟票人复诵无误。查对一次系统图，核对实际运行方式，参阅典型操作票。必要时应查对设备实际状态，查阅相关图纸、资料和工作票安全措施要求等。拟票人认真拟写操作票，自行审核无误后在操作票上签名，并交付审核。拟票人在填写操作票时发现错误应及时作废操作票，在操作票上签名，然后重新拟票。

审核操作票：当值人员逐级对操作票进行全面审核，对操作步骤进行逐项审核，是否达到操作目的，是否满足运行要求，确认无误后分别签名。审核时发现操作票有误即作废操作票，令拟票人重新填票，然后再履行审票手续。交接班时，交班人员应将本值未执行操作票主动移交，并交代有关操作注意事项。

危险点预控：由值长组织，查阅危险点预控资料，同时根据操作任务、操作内容、设备运行方式和工作票安全措施要求等，共同分析本次操作过程中可能遇到的危险点，提出针对性预控措施。

接受调度正令：调度操作正令应由正值及以上岗位当班运行值班人员接令，宜由最高岗位值班人员接令。开启录音设备时应同时扩音，相关人员应进行监听。调度直接发正令时应明确操作目的。

核对设备命名：操作人找到需操作设备命名牌，用手指该设备命名牌读唱设备命名。由监护人核对设备命名与状态与操作要求相符。

监护复诵操作：监护人按操作票的顺序唱票。操作人根据监护人唱票，手指操作设备复诵。监护人核对操作人复诵和模拟操作手势正确无误后，发出“对，执行”指令后，操作人进行操作。

操作汇报：操作结束后，监护人向值长汇报操作情况及结束时间，并将操作票交给值长。格式：××时××分，××变电站××操作结束，情况正常。值长检查操作票已正确执行，向当值调度汇报操作情况。值长不在或没有值长，监护人可向汇报调度的运行值班人员汇报，也可自己直接向调度汇报。

签销操作票：操作人改正图板或将一次系统图对位，监护人监视并核查。如果使用电脑钥匙操作，应将钥匙内操作信息回传。全部任务操作完毕后，由监护人在规定位置盖“已执行”章。全部操作完毕后，值长宜检查设备操作全部正确。

五防系统使用方法学习：各变电站专用规程微机五防部分。

（八）掌握操作票填写相关要求、熟练掌握合格的操作票的票面格式

倒闸操作票填写规范：① 倒闸操作由操作人员根据值班调控人员或运维负责人安排填写操作票。② 操作顺序应根据操作任务、现场运行方式、参照本站典型操作票内容进行填写。③ 操作票填写后，由操作人和监护人共同审核，复杂的倒闸操作经班组专业工程师或班长审核执行。倒闸操作票填写规范如图 2-1～图 2-3 所示。

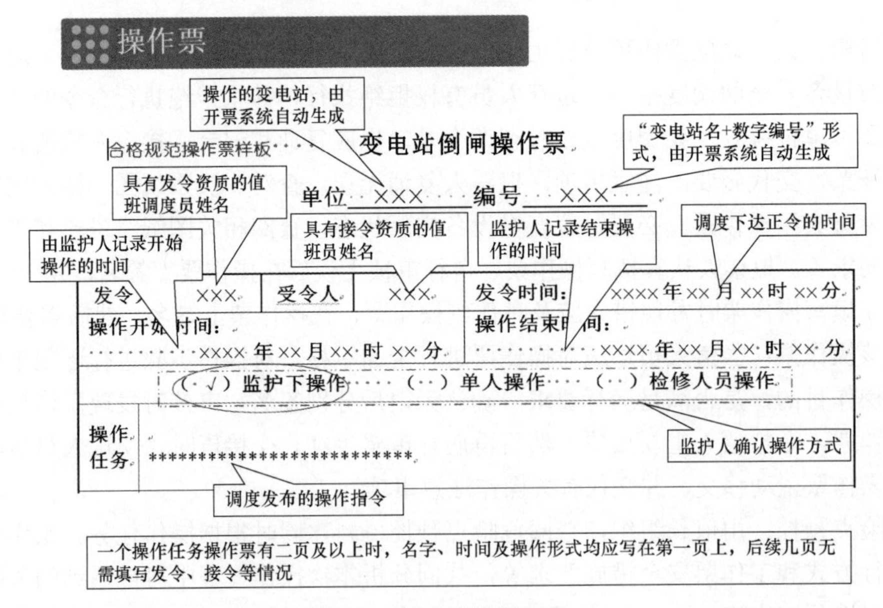

图 2-1　操作票填写规范一

操作票

顺序	操 作 及 检 查 项 目	√
1	……………………………………………………	√
2	……………………………………………………	√
3	……………………………	
	……………………………………	√
4	……………………………	√
5	……………………………	√
6	……………………………	√
7	……………………………	√
8	……………………………………………………	√
9	……………………………………………………	
	……………………………………	√
10	……………………………………………………	√
11	……………………………………………………	√
12	……………………………………………………	√

每执行一步操作后应在√格内打√

打√不允许出格

若操作项有二行及以上时，则打勾应打在该操作项的结束项的对应“√”栏内

图 2-2　操作票填写规范二

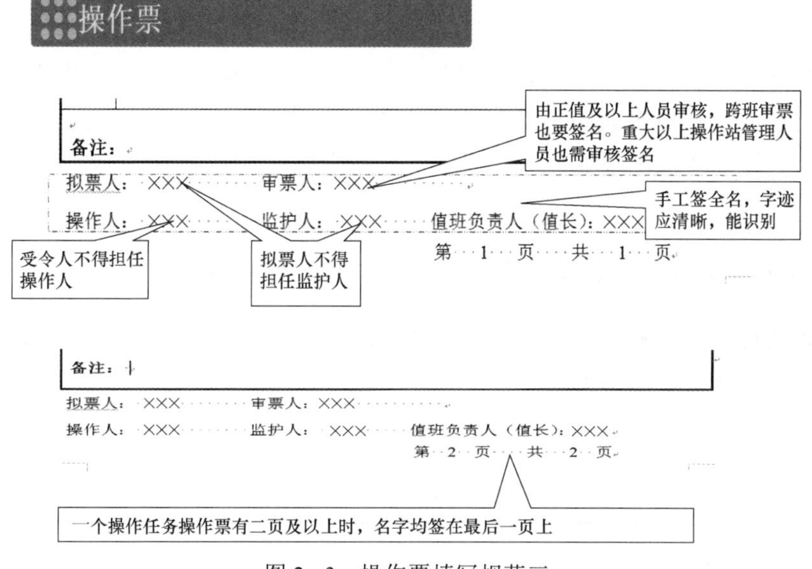

图 2-3　操作票填写规范三

（九）掌握工作票填写相关要求、熟练掌握合格的工作票的票面格式

工作票规范：学习《变电工作票作业规范》，重点掌握第一种工作票正确填写方法、各类停电工作的安全措施布置方法和规范、工作验收时的关键点及整个工作票许可至终结的流程。

收到审核：运行值班人员在收到工作票时，必须及时审核。如发现工作票不符合要求，确认无效，应立即通知工作票签发人重新签发；如确认工作票有效，填写收到时间并签名。变电第一种工作票应在工作前一日预先送达运行值班人员。在工作许可前，工作票重新填写后，收到人应按实际时间填写并签名。

调度许可：开启录音设备，互报所名（或站名）、姓名。将调度许可内容记录在运行日志中。

布置安措：运行值班人员按照工作票的安全措施要求悬挂标示牌、装设围栏等。值班负责人和工作许可人共同检查现场安全措施正确完备。工作许可人核对接地线编号后，在工作票上填写“已装接地线”编号。工作许可人按规定在工作票“补充工作地点保留带电部分和安全措施” 栏目中填写工作地点保留带电部分内容及安全注意事项。

工作许可：工作许可人会同工作负责人到现场共同检查所做的安全措施，指明具体设备的实际隔离措施，证明检修设备确无电压，并在工作票安全措施已执行栏逐项打√。工作许可人向工作负责人指明保留带电设备的位置和工作过程中的注意事项，交代清楚补充工作地点保留带电部分和安全措施内容。双方确认无误后，许可人填写许可开始工作时间，工作许可人和工作负责人在工作票上分别确认签名。

工作终结：运行值班人员随带工作票值班员联与工作负责人（或小班工作负责人）共同验收设备，检查有无遗留物，现场是否清洁，核对设备状态和安全措施恢复到工作许可时状态，并向工作负责人了解检修试验项目、发现的问题、试验结果和运行中注意事项，收回所借用的钥匙。运行验收人在检修记录中填写验收意见并签名。工作负责人在工作票中填写工作结束时间并签名，然后由工作许可人签名，宣告工作终结。

汇报记录：运行值班人员拆除工作票上的临时遮拦、标示牌，恢复常设遮拦和标示牌。将工作结束情况汇报调度（开启录音、互报所名和姓名），特殊情况应向调度汇报清楚。

（十）运维一体化工作：掌握各项运维一体化工作项目

呼吸器硅胶更换、避雷器泄漏电流仪更换、开关柜带电检测、主变压器铁芯夹件电流测试等，通过理论学习和实操培训相结合开展，呼吸器硅胶更换标准参考执行卡，见表2–4。

表2–4　　呼吸器硅胶更换一体化作业卡

站　名		日　期	年　月　日
内　容	硅胶更换	类型	运行维护
危险点分析	（1）运行中的变压器（油浸式电抗器）加补充油必须保持安规规定的安全距离，否则应停电进行。 （2）工作中若需使用绝缘梯，应使用符合安保要求的绝缘梯，梯子必须两人放倒搬运，并与带电部分保持足够的安全距离。 （3）使用的梯子应坚固完整，有防滑措施。梯子的支柱应能承受作业人员及所携带的工具、材料攀登时的总重量。 （4）梯子必须架设在牢固基础上，单梯应与地面夹角在60°～75°，人字梯应有限制开度的措施。 （5）梯上工作时必须有专人扶持，禁止两人及以上在同一爬梯上工作，人在梯子上时，禁止移动梯子		

执　行　步　骤

步骤	序号	工　作　内　容	结　果		
			√	×	○
准备工作	1	准备好呼吸器的技术资料			
	2	根据本次作业内容和性质确定运维人员			

续表

步骤	序号	工　作　内　容	结　果		
			√	×	○
准备工作	3	准备好工作所需工器具、材料、备品备件、垃圾筒等，并带到工作现场。相应的工器具应满足工作需要，材料应齐全			
	4	场地准备。工作场地应平整，便于安放梯子。作业现场按定置要求摆放器具、材料、备品备件、垃圾筒			
维护工作	5	变压器（油浸式电抗器）本体和有载呼吸器硅胶更换前，应将重瓦斯保护由投跳闸改为投信号			
	6	确认工作环境良好，无雨、湿度不大于85%			
	7	检查呼吸器外观。观察呼吸器外观是否完整，确认呼吸器内硅胶的变色情况是否正常。正常变色为由下往上逐步由蓝色变为淡粉色，如观察到呼吸器内硅胶由上至下变色，则需结合硅胶更换时检查呼吸器玻璃筒上部密封垫的密封性，不合格则更换密封垫			
	8	先将呼吸器下部的油杯从呼吸器上拆下，取下油杯时，应用毛巾将呼气嘴裹住，防止油渍滴落地面。对油杯进行清洗，并更换油杯中的变压器油			
	9	从油枕联管上拆下呼吸器筒体，用毛巾或棉布将联管口封住，防止油枕内外温度、湿度相差较大产生气体对流，潮气进入			
	10	将呼吸器玻璃筒内的硅胶倒出，检查、清洁玻璃筒，检查密封情况，呼吸器的密封胶垫应无渗气，注意防止玻璃筒破裂			
	11	更换硅胶，硅胶宜采用合格的变色硅胶；新硅胶颗粒直径在3～5mm，硅胶不应碎裂、粉化。把干燥的变公硅胶装入呼吸器内，并在顶盖下面留出1/5～1/6高度的空隙			
	12	呼吸器复装，使用合格的密封垫，密封垫压缩量为1/3（胶棒压缩量为1/2），呼吸器应安装牢固，不因变压器（油浸电抗器）的运行振动而抖动或摇晃			
	13	油杯装复，将油杯拧紧，油杯中油位应没过呼气孔，并处于上下油位线之间，以确保能形成“油封”，将油杯内的空气与外界空气隔开。对暂时没有反措的油杯（油杯螺纹件上没有缺口）拧紧后往回倒半圈，以提供空气流通气隙。安装后应保持呼吸器呼吸畅通			
结束工作	14	清场现场。呼吸器硅胶更换后应及时清理现场，确认作业现场无遗留物			
执行人			责任人（监护人）		
签发人			评价		

二、变电运维进阶知识

（一）变电站交、直流系统相关知识

交流系统巡视要点：站用电运行方式正确，三相负荷平衡，各段母线电压正常。低压母线进线断路器、分段断路器位置指示与监控机显示一致，储能指示正常。用交流电源柜支路低压断路器位置指示正确，低压熔断器无熔断。站用交流电源柜电源指示灯、仪表显示正常，无异常声响。站用交流电源柜元件标志正确，操作把手位置正确。站用交流不间断电源系统（UPS）面板、指示灯、仪表显示正常，风扇运行正常，无异常告

警、无异常声响振动。站用交流不间断电源系统（UPS）低压断路器位置指示正确，各部件无烧伤、损坏。备自投装置充电状态指示正确，无异常告警。

直流系统巡视要点：蓄电池室应使用防爆型照明、排风机及空调，开关、熔断器和插座等应装在室外。门窗完好，窗户应有防止阳光直射的措施。阀控蓄电池组正常应以浮充电方式运行，浮充电压值应控制为（2.23～2.28）V×*N*，一般宜控制在 2.25V×*N*（25℃时）；均衡充电电压宜控制为（2.30～2.35）V×*N*。

蓄电池室的温度宜保持在（5～30）℃，最高不应超过 35℃，并应通风良好。监控装置运行正常，无其他异常及告警信号。蓄电池壳体无渗漏、变形，连接条无腐蚀、松动，构架、护管接地良好。

（二）能对巡视中发现的缺陷进行基本定性

紧急缺陷：设备或建筑物发生了直接威胁安全运行并需立即处理的缺陷，否则，随时可能造成设备损坏、人身伤亡、大面积停电、火灾等事故。

重要缺陷：对人身或设备有严重威胁、暂时尚能坚持运行但需尽快处理的缺陷。

一般缺陷：上述危急、严重缺陷以外的设备缺陷，指性质一般、情况较轻、对安全运行影响不大的缺陷。

危急缺陷处理不超过 24h；严重缺陷处理不超过 1 个月；需停电处理的一般缺陷不超过 1 个检修周期，可不停电处理的一般缺陷原则上不超过 3 个月。

（三）熟悉变电站运行规程、各类设备信息、变电站主接线及运行方式

学习变电站运行规程中的一次部分，包含一次设备种类、基本知识、地理位置等信息；掌握主变压器型号的含义、接线组别、额定容量等基本参数；掌握断路器（特别是西门子液压机构）型号含义及铭牌主要参数；掌握变电站一次设备的主要结构及部件名称。例如：主变压器配置情况、断路器、闸刀类型，各类设备运行维护的注意事项等。能识别各类设备铭牌上代表的含义，例如主变压器型号为：SFSZ－240000/220 中第一个 S 表示三相变压器、F 表示风冷、第二个 S 表示三线圈、Z 表示有载调压、240000 代表容量、220 代表电压等级 220kV。

学习变电站运行规程中的二次部分，熟悉变电站重要设备的保护及自动装置的配置情况，掌握自动化设备的配置，了解基本功能及基本知识。

（四）了解主要进线、出线对侧变电站和重要程度

学习所辖变电站专用规程，了解各变电站的电源线路、重要用户线路（如化工厂、高铁线路）等。

专用工程由电所管辖班组起草编写，由运行管理单位分管生产领导组织班组管理人员、安全生产管理人员、技术专职等会审，公司运检、安质、调控等部门审定，公司分管领导批准签发执行。

变电站内现场运行专用规程，应由班组长、技术员负责，其职责是要始终保持站内

现场运行专用规程正确完好。如通用规程发生改变，专用规程与其冲突时；当各级专业部门提出新的管理或技术要求，专用规程与其冲突时；当变电站设备、环境、系统运行条件等发生变化时；当发生事故教训，提出新的反事故措施后；当执行过程中发现问题后，应及时修正，说明变更原因，将修改情况记录在《变电站现场运行规程编制（修订）审批表》内，审查流程参照编制流程执行。

专用规程主要由以下几部分组成：变电站基本情况、系统运行、一次设备、二次设备、智能二次设备、交直流系统、防误操作系统、辅助系统。分别对各个部分做了详细介绍。

（五）了解各间隔主要一、二次设备厂家

学习各类一二次设备铭牌资料及说明书，熟悉各类设备厂家。某220kV变电站部分一次设备信息见表2–5和表2–6。

表2–5　断路器配置信息表

电压等级（kV）	型号	厂家	机构类型
220	3AQ1EE	杭州西门子	液压机构
220	3AQ1EG	杭州西门子	液压机构
220	3AP1F1	杭州西门子	弹簧机构
220	3AP1FG	杭州西门子	弹簧机构
220	LW30–252L	山东泰开	弹簧机构
110	LW35–126	河南平高	弹簧机构
110	LTB145D1/B	北京ABB	弹簧机构
110	LW30–126	泰开	弹簧机构
110	3AP1FG	杭州西门子	弹簧机构

表2–6　高压隔离开关配置信息表

型号	SPVT	GW7–252DW	GW7B–252DD（G）W/GW7B–252（G）/GW7B–252（G.W）	PR21–MH31	GW7–252W	JW6–252/630A（母线地刀）
额定电压（kV）	252	252	252	252	252	252
额定电流（A）	2000	2000	2500	3150	2000	630
操作机构	电动CMM	电动CJ6	电动SRCJ2	电动MA–7684	电动CJ6	手动CS20–（X）
生产厂家	苏州阿海珐	湖南长高	江苏如高	西门子	湖南长高	湖南长高

由表2–6看出，一个220kV变电站内通常会有多个厂家的设备存在，需要对各个厂家的设备原理进行学习，才能掌握整个变电站的设备情况。

（六）了解防误操作管理规定，了解防误闭锁逻辑

新、扩建变电工程或主设备经技术改造后，防误闭锁装置应与主设备同时投运。变电站现场运行专用规程应明确防误闭锁装置的日常运维方法和使用规定，建立台账并及时检查。高压电气设备都应安装完善的防误闭锁装置，装置应保持良好状态；发现装置存在缺陷应立即处理。高压电气设备的防误闭锁装置因为缺陷不能及时消除，防误功能暂时不能恢复时，可以通过加挂机械锁作为临时措施；此时机械锁的钥匙也应纳入防误解锁管理，禁止随意取用。

防误装置解锁工具应封存管理并固定存放，任何人不准随意解除闭锁装置。若遇危及人身、电网、设备安全等紧急情况需要解锁操作，可由变电运维班当值负责人下令紧急使用解锁工具，解锁工具使用后应及时填写解锁钥匙使用记录。防误装置及电气设备出现异常要求解锁操作，应由防误装置专业人员核实防误装置确已故障并出具解锁意见，经防误装置专责人到现场核实无误并签字后，由变电站运维人员报告当值调控人员，方可解锁操作。

由于变电站内设备众多，且所处环境各不相同，防误系统实现闭锁功能的方式也根据现场实际情况有所区别。目前，变电站内防误闭锁功能主要通过以下几种闭锁方式实现。

电气防误闭锁：电气防误闭锁是通过将辅助接点接入电气操作电源回路，通过辅助接点的开断从而实现断路器、隔离开关等设备的闭锁。辅助接点的可靠性和切换速度都应当满足相关的技术要求，电气主接线方式也应满足防止电气误操作的要求。断路器和隔离开关、接地闸刀间的电气闭锁不得用重动继电器的方式实现，要求直接采用可靠的辅助接点实现，线路无压判据采用带电显示器或电压继电器等方法实现电气闭锁。

电磁防误闭锁：电磁防误闭锁是设备的辅助接点接入电磁闭锁电源回路，过辅助接点的开断从而实现断路器、隔离开关、接地闸刀、设备网门等的闭锁。辅助接点的可靠性和切换速度都应当满足相关的技术要求，电气主接线方式也应满足防止电气误操作的要求。断路器和隔离开关、接地闸刀间的电磁闭锁不得用重动继电器的方式实现，要求直接采用可靠的辅助接点实现，线路无压判据采用带电显示器或电压继电器等方法实现电磁闭锁。

微机防误闭锁：微机防误闭锁是指通过微机软件内的虚拟逻辑关系编程实现锁具之间的闭锁，从而达到控制电气设备防误闭锁的目的。微机防误闭锁由两种不同的实现方式，分为模拟屏形式和微机的形式。微机防误装置必须和变电站监控后台的设备状态保持完全一致，如果出现故障导致通信中断，微机防误应能保持在通信中断前的状态，并且不会和防误主机冲突。

计算机监控后台防误闭锁：计算机监控后台防误闭锁是通过变电站监控后台通过测控装置采集设备信息，根据相应的防误逻辑在监控后台实现防误闭锁，计算机监控后台防误闭锁除了对电动操作设备进行闭锁外，还对手动操作的设备锁具紧进行闭锁。计算机监控后台防误系统采集的接点为设备位置辅助接点，为确保一致性，计算机监控后台

防误系统与后台状态采集使用同一辅助接点。计算机监控系统中各个设备的防误“闭锁/解锁”信息都应在图形界面中有明显的标识。

防误操作管理规定：《防止误操作管理规定》《变电站防误解锁钥匙智能管理装置使用管理规定》。

防误闭锁逻辑学习：《110～500kV变电站防误操作闭锁逻辑规范》。

（七）掌握各变电站主接线、正常运行方式、主设备的相关作用和原理

要掌握主变压器各部件原理及作用（有载分接开关、冷却器、气体继电器、油枕、呼吸器、各阀门、冷却系统）。要掌握断路器的机构及设备特点。各种厂家设备的差异在哪里，操作注意事项有什么要求。主变压器、出线间隔相关保护配置情况，保护的相关要求。熟悉变电站备自投配置情况及动作要求。

（八）掌握综合自动化变电站与智能变电站的差异、安全措施布置的方法

信息传输差异：常规站使用电缆、空开、大电流端子、压板，而智能站使用光纤、软压板、交换机。此外智能站含有合并单元、智能终端等新装置。故障隔离差异：常规站使用出口硬压板，智能站使用软压板、检修压板。

智能变电站各类装置异常处理时的安措布置方法：保护装置异常时，投入装置检修状态硬压板，重启装置一次。智能终端异常时，退出装置跳合闸出口硬压板、测控出口硬压板，投入检修状态硬压板，重启装置一次。母线合并单元异常时，投入装置检修状态硬压板，关闭电源并等待5s，然后上电重启。间隔合并单元异常时，若保护双重化配置，则将该合并单元对应的间隔保护改信号，投入合并单元检修状态硬压板，重启装置一次。

（九）熟练掌握倒闸操作“六要”“七禁”“八步”

1.“六要”

（1）要有考试合格并经批准公布的操作人员名单。

（2）要有明显的设备现场标志和相别色标。

（3）要有正确的一次系统模拟图。

（4）要有经批准的现场运行规程和典型操作票。

（5）要有确切的操作指令和合格的倒闸操作票。

（6）要有合格的操作工具和安全共器具。

2.“七禁”

（1）严禁无资质人员操作。

（2）严禁无操作指令操作。

（3）严禁无操作票操作。

（4）严禁不按操作票操作。

（5）严禁失去监护操作。

（6）严禁随意中断操作。

（7）严禁随意解锁操作。

3.“八步”

（1）接受调度预令，填写操作票。

（2）审核操作票正确。

（3）明确操作目的，做好危险分析和预控。

（4）接受调度正令，模拟预演。

（5）核对设备名称和状态。

（6）逐项唱票复诵操作并勾票。

（7）向调度汇报操作结束及时间。

（8）改正图版，签销操作票，复查评价。

（十）掌握微机五防系统使用方法

以某220kV变电站优特UT－2000IV五防系统为例。

1. 五防模拟预演

点击主菜单“开始任务”，选择“新建任务”选项，弹出操作情况显示框，开始五防模拟预演。根据操作票操作顺序单击操作元件改变状态，如允许操作，元件图标会变位；如不允许操作，鼠标放在此元件图标上显示闭锁条件。五防模拟预演完毕后，点击菜单栏中的“完成开票”，结束五防模拟预演，如检查错误，点击“取消任务”，重新模拟预演。

2. 传票操作

五防模拟预演完成后，若在后台操作开关，点击“开始”，即可在后台进行相应操作；如现场开锁操作（包括测控屏操作开关），将钥匙放于传输座上，单击“转就地”，传票至钥匙，听到提示音后，取钥匙至现场操作。若发现步骤错误，点击“终止”即可终止操作。

3. 智能解锁

解锁钥匙使用流程如图2－4所示（用发送短消息申请方式）。

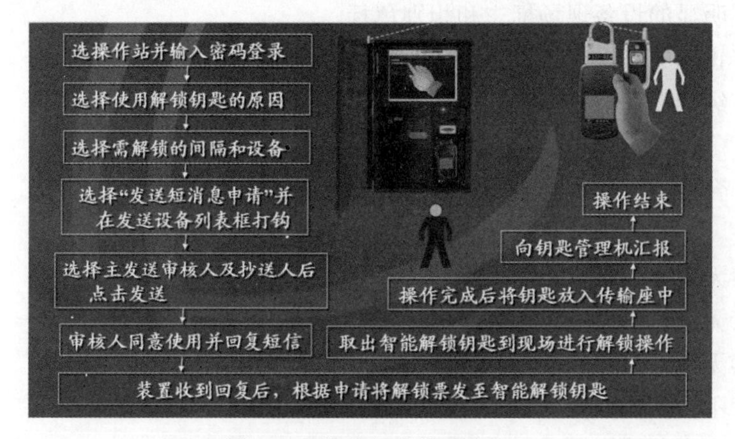

图2－4　解锁钥匙使用流程

在操作左面上先点击“登录”，选“值班员”，输入密码，然后在解锁钥匙管理窗口中选解锁原因后点击“开解锁票”，选择要操作设备的电压等级，进入后选相应的设备，点击后生成票，如点错，点“撤销”，全部完成后，点“执行”。

4. 申请审核

把“可选用户”中防误解锁现场确认人选到“主发送审核人”，把批准防误解锁的人选到“抄送用户”后再点“发送”，审核人就会收到短信，回复短信后“申请审核管理窗口”中点击“确认”按钮就可操作，再点“确认”，这时电脑钥匙会自动接票，按照票上的显示可以进行解锁操作（注：电脑钥匙中的票没有五防逻辑）。

5. 紧急解锁流程（见图2–5）

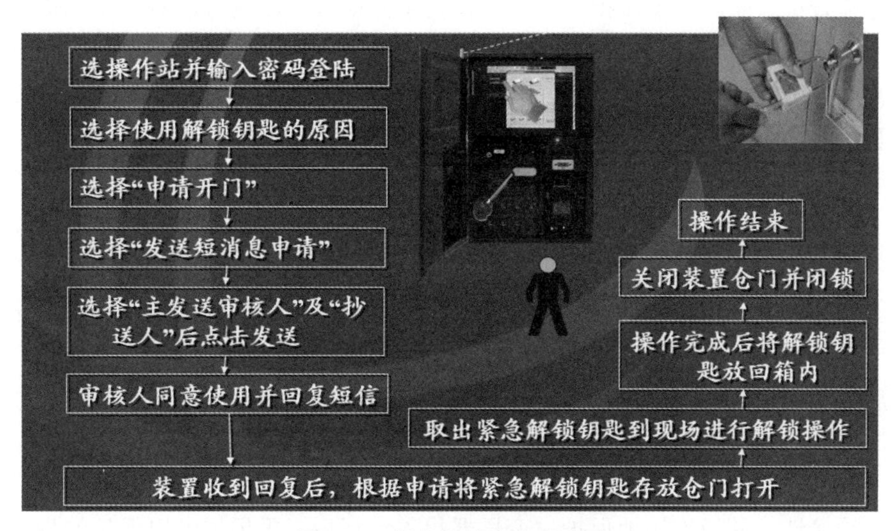

图2–5　紧急解锁流程示意图

用紧急解锁钥匙解锁（用发送短消息申请方式）与以上用智能解锁电脑钥匙解锁（用发送短消息申请方式）基本一致。用紧急解锁钥匙解锁只是在解锁钥匙管理窗口中选解锁原因后点击“申请开门”。使用密码审核方式来进行紧急钥匙及智能解锁电脑钥匙解锁只有经文件批准的防误装置解锁现场确认人在进行变电站现场确认后才有权限操作。运行人员无此操作权限。

（十一）掌握各类设备操作要领

1. 线路停送电要点

线路停电操作应该先断开线路断路器，然后拉开负荷侧隔离开关，最后拉开电源侧隔离开关。线路送电操作与此相反。线路两侧纵联保护，保护通道应同时投入、停用。开关合闸前，运维值班员必须检查继电保护已按规定投入。新建、改建的输电线路，冲击合闸后应核对相位，核对无误后方可继续进行其他操作。

线路停电检修时应拉开该线路电压互感器的一次隔离开关和二次空开，防止电压互感器向该线路反送电。

2. 母线停送电要点

母线的倒换操作必须使用母联断路器。合上母联（分段）断路器前，应尽量减少两母线的电位差。用母联断路器向母线充电时，运维人员应在充电前投入母联充电保护或启用母差充电保护，充电正常后退出。母线倒闸操作前应先投入母差保护屏手动互联压板，然后拉开母联断路器控制电源，倒闸操作完毕后应检查电压切换良好，母差及一次设备保护隔离开关辅助接点位置与一次设备状态对应，母差及一次设备保护无异常报警信号，再合上母联断路器控制电源并退出手动互联压板。母线停电前，有站用变压器接于停电母线上的，应先做好站用电的调整。

母线停电在拉开母联断路器之前，应再次检查需倒回路是否均已倒至另一组运行母线上，并检查母联断路器电流指示为零。母线倒闸操作时，应考虑对母差保护的影响和二次回路相应的切换，各组母线电源与负荷分布是否合理，应避免在母差保护退出的情况下进行母线倒闸操作。母线倒闸操作中，“切换继电器同时动作”信号不能复归时不得拉开母联断路器，严防 TV 二次回路反送电。

双母线分段接线方式母线倒闸时应逐段进行。一段操作完毕，再进行另一段的母线倒闸操作。不得拉开与操作无关的母联、分段断路器控制电源。

3. 主变压器停送电要点

变压器充电时，应选择保护完备、励磁涌流影响较小的电源侧进行充电。充电前检查电源电压，使充电后变压器各侧电压不超过其相应分头电压的 5%。一般应先合电源侧开关，后合负荷侧开关；停电时则反之。三绕组变压器的停电顺序应按照低、中、高的顺序依次进行，送电时顺序相反。并列运行的变压器，倒换中性点接地闸刀时，应先合上要投入的中性点接地闸刀，然后拉开要停用的中性点接地闸刀。变压器在停、送电前，中性点必须接地，并投入接地保护。变压器投入运行后，再根据继电保护的规定，改变中性点接地方式和保护方式。

新装变压器投入运行时，应以额定电压进行冲击，冲击次数和试运行时间按有关规定或启动措施执行；变压器空载运行时，应防止空载电压超过允许值。新投运的变压器应经 5 次全电压冲击合闸。进行过器身检修及改动的老变压器应经 3 次全电压冲击合闸无异常后方可投入运行。励磁涌流不应引起保护装置的误动作。

新投或保护回路检修后的变压器在冲击合闸前，差动、气体等所有保护都必须投入跳闸；冲击成功后退出差动保护，待带负荷检查正确后再投入。

（十二）熟悉各类设备常见的缺陷处理方法

1. 控制回路断线处理方法

检查控制电源空气开关或者保险有无故障：用万用表测量控制电源的电压是否正常，如果确定控制电源没有问题，继续进行排查，查看操作箱的 TWJ 或者 HWJ 的灯是否亮。如果灯亮，说明控制回路是完好的；如果灯不亮，用万用表测量合闸回路的端子对地电压。如果测量出来是负电，说明合闸回路是正常的；如果测量出来是正电，说明问题出在端子排到机构箱的合闸回路上。

检查开关端子箱、开关机构箱控制回路接线端子排是否腐蚀，是否有松动、断线等现象。正常情况下控制回路接线应紧固无松动，回路导通良好。检查分合闸线圈是否烧坏。分合闸线圈烧坏也是控制回路断线最常见的现象。由于在分合瞬间此线圈一般会承受 2A 左右的电流，而分合闸线圈的线径比较小，不能长时间通过大电流。引起线圈烧坏的原因包括：分合闸机械故障、辅助开关不能可靠切换、线圈质量差或者是老化。

通常情况下应更换新的分合闸线圈。目前的微机保护控制回路全部带有分合闸自保持回路，无论是手动操作还是自动操作，只要合闸命令发出，合闸回路就一直处于自保持状态，直到开关合上以后，依靠断路器辅助接点的切换，断开合闸回路合闸电流。如果开关由于其他原因没有合上，或者是合上以后断路器辅助接点没有切换到位，则合闸保持回路将一直处于保持状态，这样一直持续下去，将会烧坏合闸线圈。检查弹簧是否未储能或者是否储能不到位。在弹簧未储能或者储能不到位，由于触点未导通会发控制回路断线告警信号。由于弹簧储能触点直接被用来控制电机是否运转，通常情况下应该检查储能指示灯是否变亮，如电机不能正常储能，可以手动进行储能，并用万用表测量储能辅助触点是否接通。如果是辅助触点接触有问题，应该找是否有备用的触点，如果没有备用的辅助触点，则应该更换新的弹簧储能辅助开关。如果不是辅助触点有问题，则应该是储能电机出现故障，需更换新的储能电机。

检查远方/就地切换开关是否有故障。当远方/就地切换开关有故障时会发“控制回路断线”报警信号。远方/就地切换开关常见的问题是切换开关接点接触不良或者是断开，从而使合闸监视回路断开操作箱 TWJ 失电，发“控制回路断线”报警信号。出现此问题时应该更换远方/就地切换开关。

2. 直流接地处理方法

对于 220V 直流系统两极对地电压绝对值差超过 40V 或绝缘降低到 25kΩ 以下，应视为直流系统接地。直流系统接地后，运维人员应记录时间、接地极、绝缘监测装置提示的支路号和绝缘电阻等信息，汇报调度及专业人员。根据接地选线装置指示或当日工作情况、天气和直流系统绝缘状况，找出接地故障点，并尽快消除。如二次回路上有工作时，应立即停止其工作，并要求检修人员排除可能造成直流接地的因素。雨季及潮湿天气，应重点对端子箱和机构箱直流端子排进行检查，对凝露的端子排用干抹布擦干或用电吹风烘干，并将驱潮加热器投入。

同一直流母线段，当出现同时两点接地时，应立即采取措施消除，避免由于直流同一母线两点接地，造成继电保护或开关误动故障。对于非控制及保护回路可使用拉路法进行直流接地查找，如事故照明、防误闭锁装置回路；其他回路的接地点查找，应在检修人员到现场后配合进行查找并处理。如用拉路法检查未找出直流接地回路，则接地故障点可能出现在母线、充电装置、蓄电池等回路上，也可认为是两点以上多点接地或一点接地通过寄生回路引起的多个回路接地，此时可用转移负荷法进行查找。配合检修人员将所有直流负荷转移至一块主充电屏，用另一块主充电屏单供某一回路，检查其是否接地，所有回路均做完试验检查后，则可以检查发现所有发生接地故障的回路。

直流接地注意事项：查找接地点禁止使用灯泡寻找的方法；用仪表检查时所用仪表

的内阻不应低于 2000Ω/V；当直流发生接地时禁止在二次回路上工作；处理时不得造成直流短路和另一点接地；查找和处理必须由两人进行。

（十三）了解整个电网系统运行方式、各个变电站之间的方式配合

变电站之间的一、二次设备运行方式配合原理、了解工作中涉及的 500kV 变电站、220kV 变电站、110kV 变电站的运行方式，掌握不同供区之间的方式配合要求。掌握地调、省调相关规程。

三、事故、异常处理相关知识

（一）掌握班组各项工作流程，发现各类缺陷时，知道处理汇报流程

发现缺陷后，运维班负责参照缺陷定性标准进行定性，及时启动缺陷管理流程。各级人员将情况汇报相应班、组管理人员，由班、组管理人员根据异常性质，告知室管理组相应专职，由管理组专职协调落实处理事宜，处理完毕由相应班、组安排专人进行验收或确认，做好记录，并向管理组专职及时反馈处理结果。

在 PMS 系统中登记设备缺陷时，应严格按照缺陷标准库和现场设备缺陷实际情况对缺陷主设备、设备部件、部件种类、缺陷部位、缺陷描述以及缺陷分类依据进行选择。对于缺陷标准库未包含的缺陷，应根据实际情况进行定性，并将缺陷内容记录清楚。对不能定性的缺陷应由上级单位组织讨论确定。对可能会改变一、二次设备运行方式或影响集中监控的危急、严重缺陷情况应向相应调控人员汇报。缺陷未消除前，运维人员应加强设备巡视。

（二）熟悉设备异常处理相关流程、具备处理一般设备异常的能力

事故处理原则：① 尽快限制事故的发展，消除事故的根源，并解除对人身和设备的威胁，防止系统稳定破坏、系统瓦解和大面积停电。② 用一切可能的方法保持设备继续运行和不中断或少中断重要用户的正常供电，首先应保证变电站所用电的正常供电。③ 尽快对已停电的用户恢复供电，对重要用户应优先恢复其供电。及时调整变电站的运行方式，并使其恢复正常。

事故发生时，应由现场运行人员立即清楚、准确地向有关调度和指挥中心汇报以下内容：异常设备及其现象、发生时间；事故跳闸断路器名称、编号和继电保护及自动装置动作情况；人身及设备损坏情况；负荷潮流、频率、电压等变化情况。

当事故情况比较严重、出现光字信号较多时，为避免耽误调度对事故的处理时间，监控值班长应先向调度对事故性质做简要汇报，告知开关跳闸、重合、保护动作等情况，不要因为记录光字信号而耽误了汇报调度。

开关允许切除故障的次数应在现场规程中规定。开关实际切除故障的次数，现场应做好记录。开关允许跳闸次数少于两次时，应汇报调度停用重合闸（不切断故障电流的开关不应统计切除故障次数）。

任何 500kV 或 220kV 线路不得非全相运行。当发现二相运行时，现场值班人员应自行恢复全相运行。如无法恢复，则可立即自行拉开该出线开关。事后迅速汇报当班调度员。当现场值班人员发现线路的二相开关跳闸、一相开关运行时，应立即自行拉开运行的一相开关，事后迅速报告当班调度员。1 个半开关接线在接线正常方式下，若发生某一开关非全相运行，且保护未动作跳闸，值班人员应立即汇报当班调度员，若无法联系时可以自行拉开非全相运行的开关，事后迅速报告当班调度员。

变压器的主保护（包括重瓦斯、差动保护）同时动作跳闸，未经查明原因和消除故障之前，不得进行强送。

事故发生后，无关人员应尽快撤离主控室，工作人员应撤离工作现场。事故处理过程中，在使用个人防护器具和安全工器具前应检查状态良好。如需接近可能发生 SF_6 等有害气体泄漏的设备、场所，应佩戴防毒面具，并从“上风”侧进入。事故处理要严格遵守《国家电网公司电力安全工作规程（变电部分）》其他相关要求。事故处理过程中应及时记录调度命令、工区领导指示。事故处理过程要及时与调度、工区领导交换意见，听取对事故处理的指导意见。

（三）了解复杂事故处理工作流程和汇报流程

事故发生后，监控人员立即展开事故确认，对以下内容进行准确记录：事故发生的时间；开关位置变化情况指示；主设备运行参数指示（电压、电流、功率分布）；主要光字牌、主要事故报文。记录人将记录情况核对无误后，确认复归所有报文、光字，向值班长汇报。

值班长根据以上事故现象对事故性质进行综合判断，将事故简要情况汇报调度及工区领导，并通知操作班，汇报内容如下：事故发生的时间；跳闸线路、开关名称、编号；继电保护与自动化装置动作情况；主设备电压、负荷变化情况；变电站当地天气情况。

运检班值班长安排人员对变电站事故范围内的一、二次设备进行全面、详细检查：记录事故现场主设备有无损坏；开关位置；保护及自动化装置所有动作信号灯指示、液晶屏动作显示；故障录波报告。检查人将检查情况核对无误后，复归所有保护、自动化装置信号灯指示、液晶屏显示，向事故现场负责人汇报。

事故现场负责人对现场检查结果与主要光字牌、事故报文进行分析比较，综合判断事故性质。事故现场负责人向调度及工区领导汇报事故详细情况及分析判断结果。现场值班人员在处理事故时，对系统运行有重大影响的操作（如改变电气接线方式、变动出力等），均应得到有关调度员的命令或许可后才能执行。如符合现场自行处理的事故，应一面自行处理，一面简要报告，事后做详细报告。现场值班人员在调度的指挥下按照事故处理原则进行事故处理，如图 2–6 所示。事故处理暂告一阶段后，事故现场负责人向调度及工区领导汇报详细的处理情况。

（四）变电站事故处理方法、重要缺陷的处理方法

学习全站停电、主变压器跳闸、母线跳闸等较大事故的处理方法，处理方案的编写，

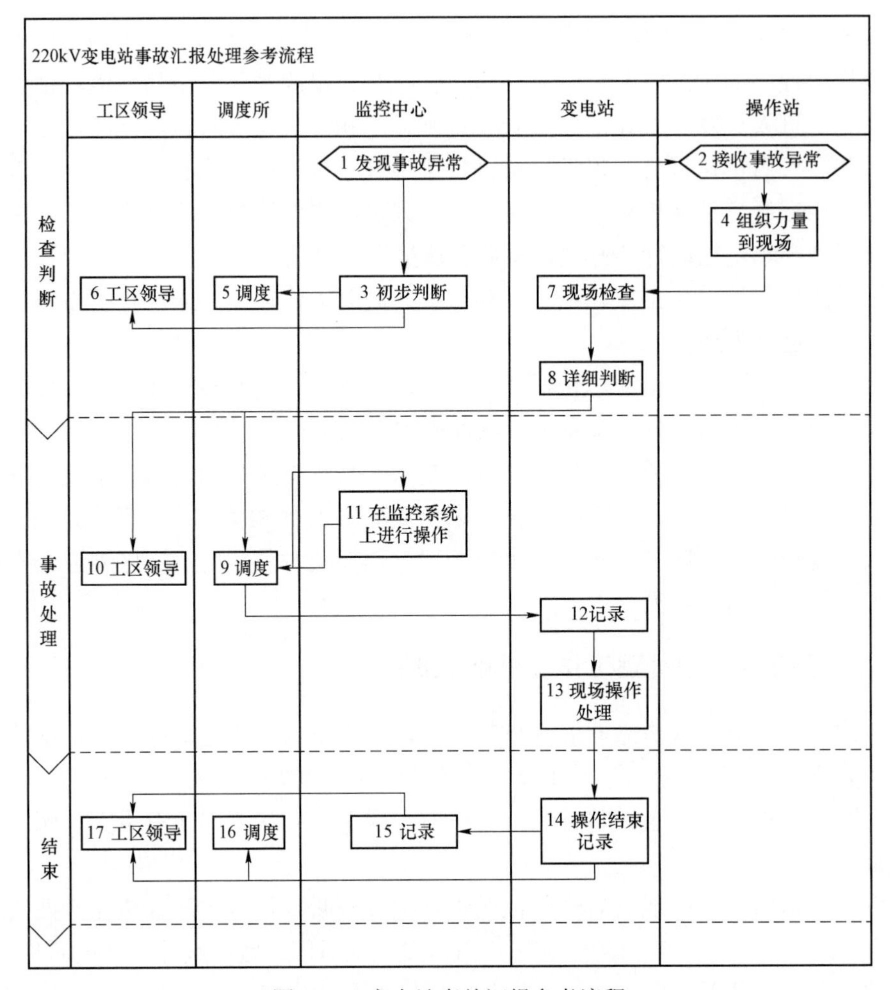

图 2-6　变电站事故汇报参考流程

发生故障后非正常运行方式下停复役操作票开票，故障范围判断、故障点的查找方法和隔离方法，站内常见缺陷类型、处理方法，处理过程中的注意事项。

以某 220kV 变电站 1 号主变压器绕组匝间短路三侧跳闸处理流程为例。

事故案例名称：1 号主变压器 C 相绕组匝间短路。

接到监控通知，××变电站 1 号主变压器三侧开关跳闸。运维人员赶到现场后开展检查。

开关跳闸情况：1 号主变压器 220kV、1 号主变压器 110kV、1 号主变压器 35kV 开关跳闸。光字、报文情况：1 号主变压器“本体重瓦斯保护动作”，1 号主变压器保护第一套、第二套差动保护动作，1 号主变压器本体非电气量保护动作光字亮及出现相应报文。220kV 故障录波器动作、110kV 故障录波器动作、35kV 故障录波器动作、主变压器故障录波器动作等光字亮及出现相应报文。现场检查电压、电流、负荷变化情况，并记录：① 电压：220kV 正母线电压，220kV 副母线电压；110kV Ⅰ段母线电压，110kV Ⅱ段母线电压；35kV Ⅰ段母线电压，35kV Ⅱ段母线电压。② 潮流：1 号主变压器 220kV

侧、110kV 侧、35kV 侧；2 号主变压器 220kV 侧、110kV 侧、35kV 侧；220kV 母联开关、110kV 母分开关、35kV 母分开关。检查运行主变压器过负荷情况、油温油位是否正常，冷却器是否运行正常，有无放电声，主变压器潮流情况记录。

现场一次设备确认检查：① 1 号主变压器三侧开关间隔：检查三侧间隔内设备无异常。② 1 号主变压器本体：油位异常，有异味、冒烟现象。检查 1 号主变压器气体继电器内有无气体，收集气体。二次设备检查情况：检查 1 号主变压器 RCS－974 非电气量保护屏上液晶显示屏上显示 1 号主变压器重瓦斯保护动作，1 号主变压器本体重瓦斯报警灯亮，检查 1 号主变压器 RCS－974 非电气量保护屏上电压切换及操作回路装置 LFP－974FR、LFP－974BR 上，1 号主变压器 220kV 开关分闸指示灯 TD 灯亮，1 号主变压器 110kV、35kV 开关分闸指示灯 TWJ 灯亮，检查 1 号主变压器 RCS－978 电气量保护屏（一)、(二）液晶显示屏上显示差动保护动作报文，RCS－978 电气量保护屏（一)、(二）上跳闸灯亮。抄录各保护动作信号灯情况，打印 1 号主变压器保护一、保护二、非电气量保护动作报告。打印 220kV 故障录波器、110kV 故障录波器、35kV 故障录波器、主变压器故障录波器波形及故障报告。主变压器故障录波器报告显示：故障相别为 C 相，故障电流为 50kA。

综合分析：1 号主变压器 C 相绕组匝间短路引起 1 号主变压器重瓦斯保护动作瞬时切除主变压器三侧开关；1 号主变压器第一套、第二套差动保护应同时动作出口。根据保护动作行为，判定故障点为 1 号主变压器绕组匝间短路，主变压器本体内部故障。当一台主变压器跳闸后，有可能引起另一台主变压器的过负荷，监视运行主变压器过负荷状况，加强特巡和测温。××变电站 110kV、35kV 系统成单电源运行方式，系统比较薄弱，应加强监视。

向调度汇报故障情况：×月×日×时×分，××变电站 1 号主变压器重瓦斯保护动作，跳 1 号主变压器三侧开关，经现场检查，三侧间隔无异常情况，主变压器本体油位异常，有异味、冒烟现象。向工区领导简要汇报故障情况，×月×日×时×分，××变电站 1 号主变压器重瓦斯保护动作，跳 1 号主变压器三侧开关，经现场检查，三侧间隔无异常情况，主变压器本体油位异常，有异味、冒烟现象。

汇报后根据调度命令将跳闸主变压器改为检修：

××变电站 1 号主变压器三侧间隔由热备用改冷备用；

××变电站 1 号主变压器本体由冷备用改主变压器检修。

记录簿册：PMS 运行日志、PMS 运行簿册中操作记录、PMS 运行簿册中事故异常记录、PMS 运行簿册中开关跳闸记录、PMS 运行簿册中保护动作记录、完成开关跳闸报告（相关故障报告的收集)。

（五）熟悉相关调度规程、变电站运维管理规范

了解站内设备属于哪级调度管理，日常业务沟通过程做到准确规范，见表 2－7。

表 2－7　　某 220kV 变电站调度管辖范围划分表

分类	管辖具体设备
省调管辖	220kV 正、副母线及母线设备，220kV 母联开关，220kV 线路间隔
省调许可	1 号、2 号主变压器及主变压器 220kV 分接头，主变压器中性点接地方式，主变压器 220kV 母线闸刀，主变压器差动保护（两套全停时），主变压器 220kV 开关失灵保护
地调管辖	1 号、2 号主变压器本体及各侧间隔，110kV Ⅰ、Ⅱ、Ⅲ段母线及母线上所有间隔，10kV 母线、母设、母线间隔、接地变压器、电容器、电抗器
配调管辖	10kV 线路

学习相关规程：《国家电网公司变电运维管理规定》、各级调度的调度规程。

（六）能够监护复杂的倒闸操作，掌握各类常见异常的检查处理方法

基本要求：倒闸操作过程中无论操作人还是监护人，发现缺陷及异常情况时应停止操作，不准擅自更改操作票，不准随意解除闭锁装置，必须立即向值班负责人或值班调度员报告，待异常查清消除后才能继续操作。

现场操作开始前，汇报调控中心监控人员，由监护人填写操作开始时间。操作地点转移前，监护人应提示，转移过程中操作人在前，监护人在后，到达操作位置，应认真核对。远方操作一次设备前应对现场人员发出提示信号，提醒现场人员远离操作设备。监护人唱诵操作内容，操作人用手指向被操作设备并复诵。使用电脑钥匙开锁前，操作人应核对电脑钥匙上的操作内容与现场锁具名称编号一致，开锁后做好操作准备。监护人确认无误后发出“正确、执行”动令，操作人立即进行操作。操作人和监护人应注视相应设备的动作过程或表计、信号装置。监护人所站位置应能监视操作人的动作以及被操作设备的状态变化。

操作人、监护人共同核对地线编号。操作人验电前，在临近相同电压等级带电设备测试验电器，确认验电器合格，验电器的伸缩式绝缘棒长度应拉足，手握在手柄处不得超过护环，人体与验电设备保持足够安全距离。为防止存在验电死区，有条件时应采取同相多点验电的方式进行验电，即每相验电至少 3 个点，间距在 10cm 以上。操作人逐相验明确无电压后唱诵“*相无电”，监护人确认无误并唱诵“正确”后，操作人方可移开验电器。当验明设备已无电压后，应立即将检修设备接地并三相短路。每步操作完毕，监护人应核实操作结果无误后立即在对应的操作项目后打“√”。全部操作结束后，操作人、监护人对操作票按操作顺序复查，仔细检查所有项目全部执行并已打“√”（逐项令逐项复查）。检查监控后台与五防画面设备位置确实对应变位。在操作票上填入操作结束时间，加盖“已执行”章。向值班调控人员汇报操作情况。操作完毕后将安全工器具、操作工具等归位。将操作票、录音归档管理。

操作中防误闭锁装置失灵或操作异常时应按规定办理解锁手续。不准擅自更改操作票，不准随意解除闭锁装置。

（七）熟悉变电站设备间电气二次回路，能判断设备可能存在的问题

当继电保护及自动装置发生动作或异常情况时，根据变电站上传的故障异常信息、图像监控画面信息对事故异常情况进行初步判断，及时准确地有时间段分类记入相关记录中，同时汇报调度及监控中心，当监控系统发出信号，不论能否确认复归都必须查明保护屏的信号情况，先复归保护的信号后再复归监控中央信号。

异常处理注意事项：处理对异常情况的检查及需停投用保护的操作，都必须事先汇报调度征得同意后进行。无论是在正常运行中的操作还是处理事故时的操作，运行人员均应考虑到二次运行方式应与一次运行方式相配合。

（八）具备突发事件应急响应、信息报送、人员力量调配能力

开展事故预想和反事故演习，训练突发事件应急响应能力。

（九）能完成大型作业事前踏勘、危险点分析和预控

具备编写新建变电站、复杂改扩建工程的典型操作票、运行规程的能力。具备参与并胜任新建变电站、复杂改扩建工程相关生产准备工作的能力。

学习大型工程变电站启动方案，启动操作票编写，新投产变电站典型操作票，运行专用规程、通用规程编写。投产过程中设备主人工作要点，关键点见证要点。

生产准备任务主要包括：运维单位明确、人员配置、人员培训、规程编制、工器具及仪器仪表、办公与生活设施购置、工程前期参与、验收及设备台账信息录入等。工程投运前 1 个月，运维单位应配备足够数量的仪器仪表、工器具、安全工器具、备品备件等。运维班应做好检验、入库工作，建立实物资产台账。工程投运前 1 周，运维单位组织完成变电站现场运行专用规程的编写、审核与发布，相关生产管理制度、规范、规程、标准配备齐全。工程投运前 1 周，运维班应将设备台账、主接线图等信息按照要求录入 PMS 系统。在变电站投运前 1 周完成设备标志牌、相序牌、警示牌的制作和安装。工程竣工资料应在工程竣工后 3 个月内完成移交。工程竣工资料移交后，根据竣工图纸对信息系统数据进行修订完善。各类设备验收关键点，重点学习五通中各类设备的变电验收管理规定验收内容。

（十）掌握保护的相关原理、各种光字牌亮时处理原则和方法

学习各类保护装置的说明书，掌握变电站内各类保护装置的基本操作方法，了解保护装置的基本原理。

（十一）掌握 SF_6 断路器及液压操作机构闭锁及信号机理

1. 断路器拒分、拒合

将拒分断路器再分、合一次，确认操作正确。检查电气回路是否有故障，若是合闸电源消失，可试合就地控制箱内合闸电源小开关。若属于控制回路断线，同期回路断线，

分、合闸绕组及分、合闸继电器烧坏、操作继电器故障等原因造成，应立即汇报调控部门，由检修人员处理。

2. 断路器 SF_6 气体压力异常

运行中 SF_6 气压泄漏，发出报警信号，未降到闭锁值时，在保证安全的情况下，可以用合格的 SF_6 气体进行补气处理。运行中 SF_6 气压降到闭锁值或者直接降至零值时，应拉开断路器操作电源，立即汇报调控人员，根据调控指令将故障断路器隔离。

3. 断路器操动机构压力异常

压力不能保持，油泵频繁启动，若液压机构有明显漏油，则说明是机构内漏，高压油漏向低压油，严重时可以听到泄漏的声音，应申请调控人员停电处理。

检查液压机构没有明显漏油，压力不断降低，则判断为漏氮气，压力高则说明高压油渗入氮气中，应申请调控人员停电处理。报“打压超时”信号时，应断开仍在运行的电机电源，监视液压压力，查找故障原因。若是电机故障，可以手动打压，然后汇报调控人员；若是管道严重漏油，应立即汇报调控人员，由检修人员处理。运行中断路器液压机构突然失压，说明液压机构存在严重漏油，同时会有分、合闸闭锁信号出现。若断路器已经处于闭锁操作状态，此时运维人员应：立即断开油泵电机电源，禁止人工打压。拉开断路器操作电源，禁止操作。汇报调控人员，根据调控人员指令将该断路器隔离。气动机构操动压力异常时，运维人员应：用听声音的方法确定漏气部位。对管道连接处漏气及工作缸活塞磨损造成的异常，应汇报调控人员，申请停电处理。断路器送电操作时，合闸后如果听到压缩机有漏气声，则压缩机逆止阀被灰尘堵住的可能性较大，可申请调控人员对该断路器进行分、合操作，一般能消除这种异常现象。弹簧储能操动机构的断路器在运行中发出“弹簧机构未储能”信号时，运维人员应：现场检查交流回路及电动机是否有故障，电动机有故障时，应用手动将弹簧储能。交流电动机无故障并且弹簧已储能，应检查二次回路是否误发信号。如果是由于弹簧有故障不能恢复，应汇报调控人员，申请停电处理。

4. 断路器偷跳

若属人为误动、误碰造成，可立即合上该断路器恢复正常运行。如果有同期装置，则应投入同期装置，实现检同期合闸；若无同期装置，确认无非同期并列的可能时，方可合闸。若属于二次回路上有人工作造成的，应立即停止二次回路上的工作，恢复送电，并认真检查防误安全措施，在确认做好安全措施后，才能继续二次回路上的工作。

若属于操动机构自动脱扣或机构其他异常所致，应检查保护是否动作（此时保护应无动作），重合闸是否启动。若重合闸动作成功，运维人员应做好记录，检查断路器本体及机构无异常，继续保持断路器的运行，汇报调控人员，待停电后再检查处理。若重合闸不成功，检查确认为机构故障，应立即汇报调控人员，根据调控指令将故障断路器隔离。

5. 断路器非全相运行异常处理

根据断路器在运行中出现不同的非全相运行情况，分别采取如下措施：母联断路器非全相运行，应立即调整降低母联断路器电流，然后进行处理，必要时将一条母线停电。

非全相运行断路器无法拉开时，应汇报调控人员，立即将该断路器的潮流降至最小，通知检修人员，尽快采取措施隔离故障断路器。断路器因本体或操作机构异常，应尽快采取措施消除异常。如闭锁跳闸无法消除，则应隔离故障断路器。

此外还需要进一步学习变电站内各个类型的断路器控制回路图纸。

四、大型工程准备、验收

（一）熟悉各类技改、基建工程的运维准备工作

学习运维准备工作相关要求：《国家电网公司变电运维管理规定》《220kV 变电站样板化手册》《国家电网公司变电验收管理规定》。

生产准备任务主要包括：运维单位明确、人员配置、人员培训、规程编制、工器具及仪器仪表、办公与生活设施购置、工程前期参与、验收及设备台账信息录入等。

新建变电站核准后，主管部门应在 1 个月内明确变电站生产准备及运维单位。运维单位应落实生产准备人员，全程参与相关工作。运维单位应结合工程情况对生产准备人员开展有针对性的培训。运维单位应在建设过程中及时接收和妥善保管工程建设单位移交的专用工器具、备品备件及设备技术资料。应填写好移交清单，并签字备案。

工程投运前 1 个月，运维单位应配备足够数量的仪器仪表、工器具、安全工器具、备品备件等。运维班应做好检验、入库工作，建立实物资产台账。工程投运前 1 周，运维单位组织完成变电站现场运行专用规程的编写、审核与发布，相关生产管理制度、规范、规程、标准配备齐全。工程投运前 1 周，运维班应将设备台账、主接线图等信息按照要求录入 PMS 系统。在变电站投运前 1 周完成设备标志牌、相序牌、警示牌的制作和安装。运维单位应根据《国家电网公司变电验收管理规定》的要求开展验收工作。变电站启动投运后即实行无人值守（特高压站除外）。工程竣工资料应在工程竣工后 3 个月内完成移交。工程竣工资料移交后，根据竣工图纸对信息系统数据进行修订完善。

（二）熟悉大型工作前现场踏勘内容，清楚现场踏勘应做好哪些记录

（1）认真核对施工区域，确认作业现场的工作条件、周边环境，地形是否便于开展工作。

（2）确认检修设备状况、型号及检修需要的备品备件。

（3）确认工作现场是否需要搭设脚手架。

（4）检查施工电源情况，确认是否有足够的施工电源。

（5）确认需要的施工运输车辆和吊车情况。

（6）需要动火工作的还要查看现场是否具备条件，现场还要配备足够且合格的灭火设备。

（7）提前确认好工作中应采取的安全措施，如：接地线挂设地点；遮栏、围栏布置方式，标识牌悬挂位置等，确保现场安全且检修工作不受影响。

（三）掌握新变电站投产运维准备、工程验收的相关工作流程

变电站投产运维准备学习：《国家电网公司变电运维管理规定》。

工程验收标准及流程学习：《国家电网公司变电验收管理规定》。

验收内容：工程质量管理体系及实施。主设备的安装试验记录。工程技术资料，包括出厂合格证及试验资料、隐蔽工程检查验收记录等。抽查装置外观和仪器、仪表合格证，电气试验记录，现场试验检查，技术监督报告及反事故措施执行情况，工程生产准备情况。

验收项目：变电运检专业现场验收成员须熟悉竣工（预）验收方案，掌握竣工（预）验收标准卡内的验收标准、安装、调试、试验数据等内容。现场验收过程必须持卡标准化作业，逐项打勾，关键试验数据要记录具体测试值，异常数据需向各专业组长汇报，必要时可组织专家开会讨论，或者要求重新测试等。验收完成后，各现场验收人员应当详细记录验收过程中发现的问题，形成记录存档，并在验收卡上签字。建设管理单位（部门）应组织设计、施工、监理单位配合做好现场竣工（预）验收工作。竣工（预）验收开始时间，由运检单位与建设管理单位根据实际情况沟通，并保证充足的验收时间。参考如下：500（330）kV 变电站基建工程提前计划投运时间 20 个工作日；220kV 变电站基建工程提前计划投运时间 15 个工作日；110（66）kV 及以下变电站基建工程提前计划投运时间 10 个工作日。

第四节　实　践　案　例

本节内容从实际应用出发，以三个案例详细讲解了倒闸操作流程、工作票执行流程、变电站事故处理方法，让培训人员能够掌握变电运维岗位最重要、最常用的技能。

一、倒闸操作实操培训案例

本培训案例为一条 220kV 线路由运行改开关及线路检修操作全流程规范化操作。通过本案例的学习，能够掌握整个倒闸操作流程的所有步骤，掌握线路停役操作的注意事项以及操作中的技巧。

变电运维第一岗位人员应精通内容：① 接收预令及准备部分：审核预令正确性，预令操作票开票、预令操作票审核操作过程中可能遇到的危险点，提出针对性预控措施。② 接受正令部分：接令规范和复诵记录。③ 审核部分：清楚操作过程中可能存在的危险点及控制措施、预先明确的操作任务提前准备操作工器具。操作中用到的工器具均要提前检查是否合格。④ 模拟预演部分：精通微机五防预演操作方法，核对正确后传票。⑤ 现场倒闸操作部分：精通监护复诵操作流程、各类设备的正确操作方法。⑥ 汇报部分：精通各级调度汇报流程及规范用语。

变电运维第一岗位人员应熟悉内容：① 预令及准备部分：熟悉预令操作票的合理优化保证安全的情况下对操作票进行精炼，对操作中可能出现的问题做好预判。② 接受正

令部分：清楚调度发布正令的操作目的，熟悉非典型操作的发令流程。③ 审核部分：熟悉各类操纵用到的工器具，并检查合格。④ 模拟预演部分：熟悉一些非典型状态操作时五防钥匙的使用方法。⑤ 现场倒闸操作部分：熟悉各类设备的操作技巧、做到操作规范且效率最高。⑥ 汇报部分：熟悉汇报流程及规范用语。

变电运维第一岗位人员应了解内容：① 预令及准备部分：了解操作会涉及的变电站有哪些、对侧变电站的运行状态等。② 接受正令部分：应了解对侧的设备操作情况。③ 审核部分：了解设备以往操作的情况。④ 模拟预演部分：了解五防机故障时如何及时处置。⑤ 现场倒闸操作部分：了解设备操作过程中发生卡涩或操作不到位的处理方法。⑥ 汇报部分：了解汇报流程及规范用语。

变电运维第二岗位人员应精通内容：① 接收预令及准备部分：审核预令正确性，预令操作票开票。② 接受正令部分：接令规范和复诵记录。③ 审核部分：清楚操作过程中可能存在的危险点及控制措施。④ 模拟预演部分：精通微机五防预演操作方法。⑤ 现场倒闸操作部分：精通监护复诵操作流程。⑥ 汇报部分：精通各级调度汇报流程及规范用语。

变电运维第二岗位人员应熟悉内容：① 预令及准备部分：预令操作票审核操作过程中可能遇到的危险点，提出针对性预控措施。② 接受正令部分：清楚调度发布正令的操作目的。③ 审核部分：熟悉各类操纵用到的工器具。④ 模拟预演部分：熟悉一些非典型状态操作时五防钥匙的使用方法。⑤ 现场倒闸操作部分：熟悉各类设备的正确操作方法。⑥ 汇报部分：熟悉汇报流程及规范用语。

变电运维第二岗位人员应了解内容：① 预令及准备部分：预令操作票的合理优化保证安全的情况下对操作票进行精炼，对操作中可能出现的问题做好预判。② 接受正令部分：应了解对侧的设备操作情况。③ 审核部分：了解设备以往操作的情况。④ 模拟预演部分：了解五防机故障时如何及时处置。⑤ 现场倒闸操作部分：了解各类设备的操作技巧。⑥ 汇报部分：了解汇报流程及规范用语。

案例：××变电站 220kV 案例 01 线由 220kV Ⅰ母运行改开关及线路检修

（一）接收预令及准备

1. 基本要求

调度操作预令应由正值及以上岗位当班运行值班人员接令，接令时应做好复诵记录，如调度发令时有调令号，也应复诵和记录。对直接威胁人身或设备安全的调度指令，运行人员有权拒绝执行，并将拒绝执行命令的理由，报告发令人和本单位领导，若发现调度令有误或存在疑问时，应及时向发令人询问，待得到发令人确认后再执行。值长不在或没有值长，由正值向拟票人布置开票。审核按先正值、后值长的次序进行，值长不在或没有值长，正值审票即可。

2. 接收预令及准备阶段标准流程参考

（1）开启录音设备，互报所名（或站名）、姓名。

格式：××变电站（或集控站），×××。

（2）高声复诵。

格式：接受预令：

① ……

② ……

（3）了解操作目的和预定操作时间，即在运行日志中记录。

格式：××时××分：××（调度）×××（调度员）、预令：

① ……

② ……

审核预令正确性，如发现疑问，应及时向发令人询问清楚。接令人向值长汇报接令内容。接令人或值长向拟票人布置开票，交代必要的注意事项，拟票人复诵无误。查对一次系统图，核对实际运行方式，参阅典型操作票。必要时应查对设备实际状态，查阅相关图纸、资料和工作票安全措施要求等。

拟票人认真拟写操作票，自行审核无误后在操作票上签名，并交付审核。拟票人在填写操作票时发现错误应及时作废操作票，在操作票上签名，然后重新拟票。当值人员逐级对操作票进行全面审核，对操作步骤进行逐项审核，确认是否达到操作目的、是否满足运行要求，确认无误后分别签名。审核时发现操作票有误立即作废操作票，令拟票人重新填票，然后再履行审票手续。

交接班时，交班人员应将本值未执行操作票主动移交，并交代有关操作注意事项。接班人员应对上一值移交的操作票重新进行审核。由值长组织，查阅危险点预控资料，同时根据操作任务、操作内容、设备运行方式和工作票安全措施要求等，共同分析本次操作过程中可能遇到的危险点，提出针对性预控措施。此内容可写入操作票［备注］栏内。

（二）接受正令

1. 基本要求

调度操作正令应由正值及以上岗位当班运行值班人员接令，宜由最高岗位值班人员接令。开启录音设备时应同时扩音，相关人员应进行监听。如录音设备没有扩音功能，接令后应回放录音，核对接令正确。如调度发令时有调令号，也应复诵和记录。调度直接发正令时应明确操作目的。谁布置操作命令谁在［值班负责人（值长）］栏签名。

2. 接受正令阶段标准流程参考

（1）开启录音设备，互报所名（或站名）、姓名。

格式：××变电站（或集控站），×××。

（2）高声复诵。

监护人：你好，我是220kV××变电站×××。

调度：你好，省调张三。

调度：现向你发布××变操作正令一项：

××变电站 220kV 案例 01 线由 220kV Ⅰ母运行改开关及线路检修。

监护人：我复诵一遍：省调张三，发布操作正令一项：

××变电站 220kV 案例 01 线由 220kV Ⅰ母运行改开关及线路检修。

调度：正确，正令时间××时××分。

监护人：正令时间××时××分。

调度：立即执行。

监护人：明白，我们开始操作。

（3）核对正令与原发预令和运行方式是否一致，如有疑问，应向调度询问清楚。接令人在操作票上填写发令人、接令人、发令时间。接令人向值长汇报接令内容。接令人或值长在操作票［值班负责人（值长）］栏签名。

（三）审核

1. 基本要求

接令人或值长向监护人和操作人面对面布置操作任务，并交代操作过程中可能存在的危险点及控制措施。监护人（或操作人）复诵无误，接令人或值长发出“对，可以开始操作”命令后，监护人、操作人依次在操作票上［监护人］和［操作人］栏签名。预先明确的操作任务提前准备操作工器具，操作中用到的工器具均要提前检查是否合格。

2. 审核阶段标准流程参考

监护人：核查监控后台案例 01 线间隔状态。

操作人：（查看后台接线）案例 01 线间隔在运行状态。

3. 布置操作任务

监护人：省调张三发布操作正令一项：

××变电站 220kV 案例 01 线由 220kV Ⅰ母运行改开关及线路检修。

4. 复诵并核对

操作人：省调张三发布操作正令一项：

××变电站 220kV 案例 01 线由 220kV Ⅰ母运行改开关及线路检修。

5. 停电操作危险点交代

监护人：本次操作危险点及预控措施：危险点 1 带电装设接地线，预控措施：合地刀、装设接地线前做好验电工作。危险点 2 跑错间隔，预控措施：认真核实设备命名，做好监护工作。危险点 3 刀闸绝缘子断裂伤人，预控措施：正确站位，操作过程密切注视，发生断裂迅速撤离。

操作人：明确！补充一条：危险点 3 装设接地线时误碰绝缘子，造成设备损伤，预控措施装设接地线时与设备保持足够距离。

监护人：好！

6. 工器具检查

监护人、操作人：安全帽在有效期内，表面光洁，无机械损伤。绝缘靴：在有效期内，表面光滑、清洁，胶质不发黏、变色；大底无断裂。绝缘手套：在有效期内，表面光滑；将手套朝手指方向卷曲，挤压手套检查无漏气或裂口。验电器：与被验设备电压等级一致，在有效期内，试验声光符合要求。接地线：夹头无损坏，汇流夹正常，软裸铜线无破损、无松股、无断股，开合正常，金具、螺栓紧固，在有效期内。操作把手：绝缘套完好，无损伤，符合操作要求。

监护人：操作工器具准备完毕，均完好。

操作人：安全工器具准备完毕，检查合格。

（四）模拟预演

1. 基本要求

监护人逐项唱票，操作人逐项复诵，检查所列项目的操作是否达到操作目的，核对操作正确。根据操作票内容进行微机五防预演，核对正确后传票。监护人根据操作票上设备命名，取下需操作设备钥匙，仔细核对钥匙上命名与操作票上设备命名相符。在第一步开始操作前，由监护人发出“开始操作”命令，记录操作开始时间，并提示第一步操作内容。操作人走在前，监护人走在后，到需操作设备现场。

2. 模拟预演阶段标准流程参考

监护人：下面开始模拟预演。

操作人：明白。

操作人：220kV 案例 01 线间隔，案例 01 线在Ⅰ母运行状态。

监护人：好！现在模拟预演“220kV 案例 01 线由 220kVⅠ母运行改开关及线路检修”。

操作人：明白，220kV 案例 01 线由 220kVⅠ母运行改开关及线路检修（鼠标指相应间隔）。

监护人：第一步，拉开 220kV 案例 01 线开关。

操作人：拉开 220kV 案例 01 线开关。

监护人：正确、执行，第二步……

（五）现场倒闸操作过程

1. 基本要求

监护人按操作票的顺序高声唱票。操作人根据监护人唱票，手指操作设备高声复诵。操作人根据复诵内容，对有选择性的操作应做模拟操作手势。监护人核对操作人复诵和模拟操作手势正确无误后，即发“对，执行”的指令。操作人打开防误闭锁装置。操作人进行操作。操作人、监护人共同检查操作设备状况，是否完全达到操作目的。操作人及时恢复防误装置。监护人在该步操作项打“√”。监护人在原位置向操作人提示下一步操作内容，再一起到下一步操作间隔（或设备）位置。在该项任务全部操作完毕后，应核对遥信、遥测正常。监护人在操作票上记录操作结束时间。

操作人手指设备原则规定：手动操作设备，手指操作设备命名牌；电动操作设备，手指操作按钮；后台监控机上操作设备，手指操作画面；检查设备状态，手指设备本身；

装拆接地线，手指接地线导体端位置；操作二次设备，手指二次设备本身。

有选择性的操作是指具有方向性或选择性的操作，如手动操作闸刀、按钮操作开关、切换片切换、电流端子切换等。

操作中防误闭锁装置失灵或操作异常时应按规定办理解锁手续。不准擅自更改操作票，不准随意解除闭锁装置。因故中断操作后，在恢复时必须在现场重新核对当前步的设备命名并唱票、复诵无误后，方可继续操作。操作中产生疑问或出现异常时，应立即停止操作并向发令人报告。查明原因并采取措施，待发令人再行许可后方可继续操作。在操作过程中因故中断操作，其操作票中未执行的几项“打勾”栏盖“此项不执行”章，未执行的各页“操作任务”栏盖“作废”章，并在［备注］栏内注明中断原因。

由于设备原因不能操作时，应停止操作，检查原因，不能处理时应报告调度和生产管理部门。禁止使用短接线、顶接触器等非正常方法强行操作设备。如确因系统必需，则应由变电运行工区主任批准，必要时由单位总工程师批准，并记入运行日志。

2. 现场倒闸操作标准流程参考

监护人：（填写发令人、受令人、发令时间）。

监护人：现在时间是××年×月×日×时×分（填写操作开始时间），下面开始正式操作。

监护人：监控后台案例 01 线开关间隔。

操作人：明白。

操作人：监控后台案例 01 线开关间隔处。（找到接线图，进入案例 01 线开关间隔操作界面）

监护人：正确。

监护人：检查案例 01 线开关初始状态。

操作人：（进入案例 01 间隔分画面）案例 01 线开关合位，潮流正常，无异常信号。

监护人：对，案例 01 线开关。

监护人：拉开 220kV 案例 01 线开关。

操作人：拉开 220kV 案例 01 线开关。

监护人：正确、执行。

操作人：执行完毕。

监护人：检查 220kV 案例 01 线 211 间隔监控后台无电流。

操作人：A 相：0 A，B 相：0 A，C 相：0 A。

监护人：检查 220kV 案例 01 线开关分位监控信号指示正确。

操作人：检查 220kV 案例 01 线开关分位监控信号指示正确。

监护人：正确、执行。

操作人：220kV 案例 01 线开关遥信指示分位、电流指示正确、信号无异常。

……（逐步监护复诵）

监护人：全部步骤操作结束，回监控仓。

监护人：回传电脑钥匙（由监护人回传），回传完毕。

监护人：检查五防机变位正确，后台变位正确，光字、报文信息无异常。

操作人：五防机变位正确，后台变位正确，光字、报文信息无异常。

监护人：正确。

监护人：复查操作步骤和项目无遗漏，检查所有项目全部执行并已打“√”。

操作人：对！操作步骤无遗漏，所有项目已打“√”。

监护人：核实操作结果与操作任务相符。

操作人：本次操作结果与操作任务一致，220kV 案例 01 线开关及线路检修状态。

监护人：记录时间。

监护人：操作结束（填写操作结束时间）（盖“已执行”，此章盖在全部项目下一项顺序栏的顶格处，见样稿）。

（六）汇报阶段

1. 基本要求

全部任务操作完毕后，由监护人在规定位置盖“已执行”章。记录《倒闸操作记录》等相关内容。将指令牌、钥匙、操作工具和安全用具等放回原处。全部操作完毕后，值长宜检查设备操作全部正确。值长宜对整个操作过程进行评价，及时分析操作中存在的问题，提出今后改进要求。值长不在或没有值长，监护人可向汇报调度的运行值班人员汇报，也可自己直接向调度汇报。值长不在或没有值长，检查操作票应由汇报调度的运行人员进行。如果调度多个正令任务一起下发，则允许将这些任务全部操作完毕后一并向值长汇报。汇报调度应由正值及以上岗位运行人员进行，原则上由原接正令人员向调度汇报。如果调度多个正令任务一起下发，应将这些任务全部操作完毕后一并向调度汇报。操作任务（命令）执行完毕的时间、汇报，在运行日志上的记录，可接在接令任务的后面或下一行。

2. 汇报阶段标准流程参考

监护人：××点××分××变电站 220kV 案例 01 线由 220kV Ⅰ母运行改开关及线路检修操作完毕。

监护人：下面进行操作汇报，请做好监听。

操作人：明白。

监护人：（汇报调度）你好，我是××变电站×××。

调度：你好，我是省调张三。

监护人：操作汇报　××变电站 220kV 案例 01 线由 220kV Ⅰ母运行改开关及线路检修操作结束，操作过程无异常，操作结束时间××点××分。

调度：操作汇报　××变电站 220kV 案例 01 线由 220kV Ⅰ母运行改开关及线路检修操作结束，操作结束时间××点××分。

（确认调度员复诵无误后，放下电话）

监护人：归还安全工器具、操作工具。

操作人：明白。

操作人：安全工器具、操作工具已归还。

监护人：工作日志已记录。

操作人：缺陷记录、操作记录、接地线记录已记录。

监护人：本次操作执行规范，配合默契，请继续保持。

操作人：明白。

操作结束

二、第一种工作票规范培训案例

本培训案例为变电站第一种工作票的许可、执行、终结流程。通过本案例的学习，能够掌握整个变电站第一种工作票执行流程的所有步骤，掌握工作票填写过程中的注意事项，以及各个环节的规章制度要求。确保许可工作票规范合格。

变电运维第一岗位人员应精通内容：① 工作票基本信息填写部分：工作票填写格式规范，工作票类型选择是否正确。② 工作票安全措施填写及确认部分：能掌握停电范围的安措是否满足工作需求，安措填写是否规范。③ 工作票许可部分：许可手续填写规范、许可前应交代工作负责人的注意事项、危险点。④ 工作负责人变更部分：手续办理流程及规范。⑤ 工作票开收工及延期部分：手续办理流程及规。⑥ 工作票终结部分：现场整洁无遗留物，工作中涉及的设备恢复至许可前的状态，设备无异常现象，后台无光字、封堵情况良好。

变电运维第一岗位人员应熟悉内容：① 工作票基本信息填写部分：工作负责人、工作班人员具有相应工作资质。② 工作票安全措施填写及确认部分：安措布置是否便于检修工作开展。③ 工作票许可部分：填写规范。④ 工作负责人变更部分：填写规范。⑤ 工作票开收工及延期部分：填写规范。⑥ 工作票终结部分：是否有遗留问题，同类其他停电检修设备是否有同样的问题。

变电运维第一岗位人员应了解内容：① 工作票基本信息填写部分：工作负责人、工作班人员具有相应工作资质、工作人员是否充足。② 工作票安全措施填写及确认部分：工作过程中是否需要临时变更。③ 工作票许可部分：填写规范。④ 工作负责人变更部分：填写规范。⑤ 工作票开收工及延期部分：填写规范。⑥ 工作票终结部分：工作过程中关键工艺、相关试验结果详细情况。

变电运维第二岗位人员应精通内容：① 工作票基本信息填写部分：工作票填写格式规范，工作票类型选择是否正确。② 工作票安全措施填写及确认部分：能掌握停电范围的安措是否满足工作需求，安措填写是否规范。③ 工作票许可部分：填写规范。④ 工作负责人变更部分：手续办理流程及规范。⑤ 工作票开收工及延期部分：手续办理流程及规范。⑥ 工作票终结部分：手续办理流程及规范、现场整洁无遗留物，工作中涉及的设备恢复至许可前的状态。

变电运维第二岗位人员应熟悉内容：① 工作票基本信息填写部分：工作负责人、工作班人员具有相应工作资质。② 工作票安全措施填写及确认部分：许可前应交代工作负责人的注意事项、危险点。③ 工作票许可部分：填写规范。④ 工作负责人变更部分：

填写规范。⑤ 工作票开收工及延期部分：填写规范。⑥ 工作票终结部分：设备无异常现象，后台无光字、封堵情况良好。

变电运维第二岗位人员应了解内容：① 工作票基本信息填写部分：工作负责人、工作班人员具有相应工作资质、工作人员是否充足。② 工作票安全措施填写及确认部分：安措布置是否便于检修工作开展。③ 工作票许可部分：填写规范。④ 工作负责人变更部分：填写规范。⑤ 工作票开收工及延期部分：填写规范。⑥ 工作票终结部分：是否有遗留问题，同类其他停电检修设备是否有同样的问题。

（一）工作票基本信息填写

基本要求

PMS 签发的工作票：按系统设置自动编号。手工签发的工作票：按“GP+年份+月+日+签发人当日签发的工作票份数”原则编号。其中：年份为四位数，月、日为两位数，份数为三位数（如：001、002）。工作票许可编号分 6 个字段：省检+变电站+年份+月+BⅠ+序号（月内连续编号）。使用一张工作票：若班组人数不超过 5 人，填写全部人员，超过 5 人填写 5 名主要岗位人员；若有多班组、多专业，总人数不超过 5 人填写全部人员，超过 5 人填写 5 名人员且须先填写班组、专业小班负责人。使用总、分工作票：总人数不超过 5 人填写全部人员，超过 5 人填写 5 名人员且须先填写分工作票负责人。填写样式：张一、李二、王三、赵四、邓五等。共 12 人，不超过 5 人不写“等”字；共计人数含所有班组的所有人员（包括分工作票负责人）但不包括工作负责人。填写标准如图 2–7 和图 2–8 所示。

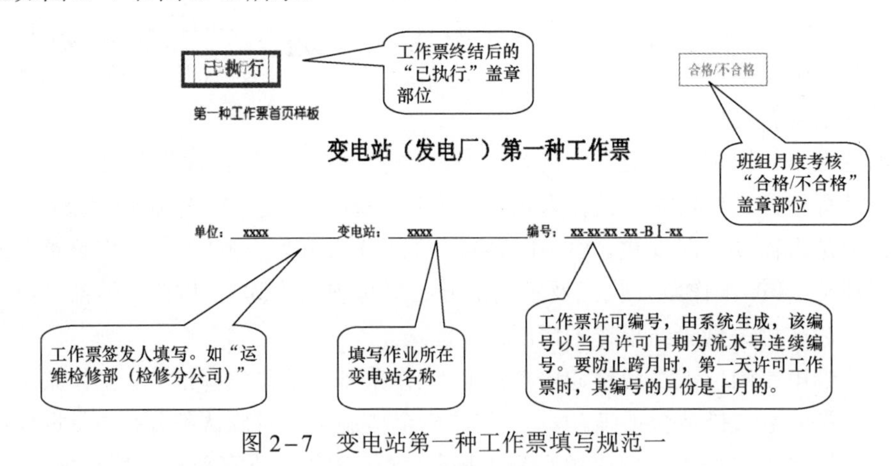

图 2–7　变电站第一种工作票填写规范一

（二）工作票安全措施填写及确认

基本要求

具体安全措施由工作票签发人或工作负责人填写；“已执行”栏：工作许可时，工作许可人向工作负责人每交代一项安全措施，工作负责人确认无误后，工作许可人在工作票对应项后打“√”（复写方式下），每个序号只打一个“√”。

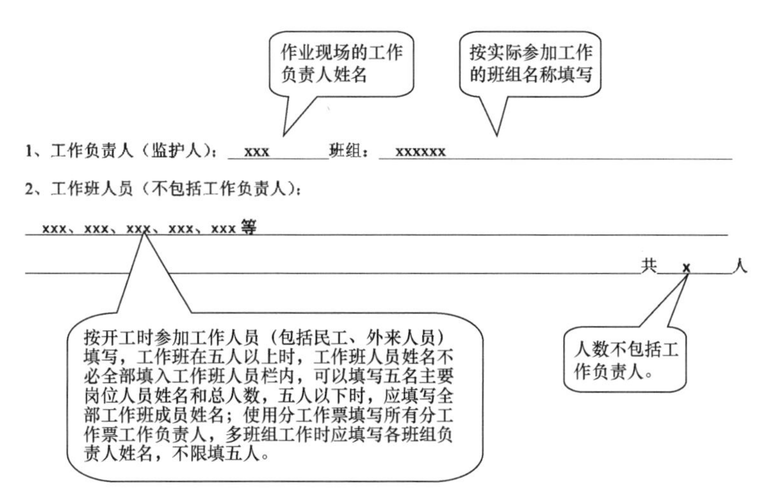

图 2－8　变电站第一种工作票填写规范二

全停集中检修采用一张总工作票时，可下挂多张分工作票；除应拉开关、闸刀填写全部边界设备外，总工作票应包括全停状态下检修所需的全部安全措施，具体工作内容由各分工作票覆盖；作为安全措施的最边界设备应视作带电设备，当最边界设备有工作时，必须按照安规的规定做好相应安全措施，经许可后方可进行。

填写应拉开的断路器（开关）和隔离开关（闸刀）、熔断器（包括站用变压器、电压互感器等设备的低压回路）、触头等断开点的设备；同一间隔设备，可在行首只填写一次该间隔的双重命名（如：××开关、母线闸刀、线路闸刀）；多个间隔设备时，必须以间隔为单元按序号分行填写，但对于性质相同的设备，允许一行填写（如：××、××正母闸刀）；对于小车开关，可填写“将××开关手车拉至××位置”。断开高压设备的低压侧统一填写为“断开低压回路”；变电站全停集中检修时，可仅将检修区域最边界所有设备间隔的断路器（开关）和隔离开关（闸刀）填入该栏中。

填写防止各侧来电应合的接地闸刀和应装设的接地线（包括站用变压器低压侧和星形接线电容器的中性点处）。电压互感器低压侧在拉开低压空气开关或闸刀后，一般不装设接地线；线路侧装设接地线或合接地闸刀，要保证线路接地点外侧工作地点与接地点间的距离不超过 10m，否则应增设接地线；接地闸刀和接地线须逐项分别填写，每个序号填写一把接地闸刀或接地线，接地闸刀的名称和接地线的位置须填写完整。接地闸刀须填写双重命名，接地线须注明接地的确切地点：合上××接地闸刀，或在××与××之间挂＃（许可时填写）接地线。

填写检修、试验现场应设置的遮栏和应挂标示牌及防止二次回路误碰等安全措施；填写要求运维值班员实施的防止二次回路误碰措施。工作班自行实施的措施，应单独填写《二次工作安全措施票》。设置的遮（围）栏须明确所围的设备是否属于检修设备，并明确具体的范围（位置）。遮（围）栏上标示牌设置要求为“在围栏上悬挂‘止步高压危险’”标示牌，在围栏入口处挂“从此进出”标示牌，在工作地点挂“在此工作”标示牌。填写标准如图 2－9 所示。

6 安全措施（下列除注明的，均有工作票签发人填写，地线编号由许可人填写，工作许可人和工作负责人共同确认后，已执行栏“√”）：

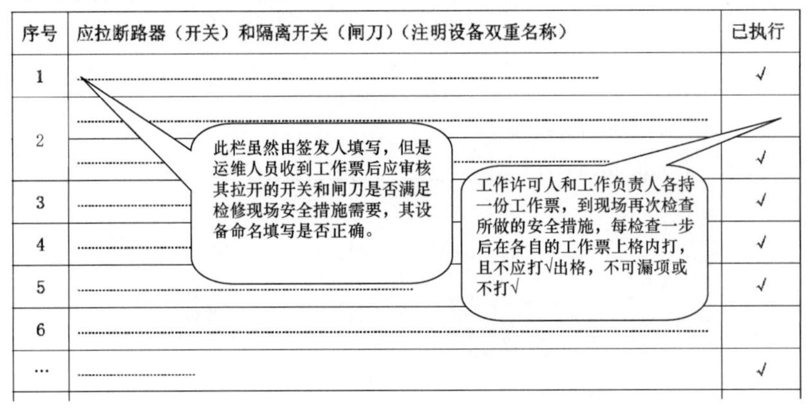

序号	应拉断路器（开关）和隔离开关（闸刀）（注明设备双重名称）	已执行
1	…………	√
2	………… …………	√
3	…………	√
4	…………	√
5	…………	√
6	…………	
…	…………	√

图 2–9　变电站第一种工作票填写规范三

（三）工作票许可

基本要求

工作负责人和工作许可人共同到施工（检修）现场，由工作许可人详细交代现场安全措施，指明具体设备的实际隔离措施，证明检修设备确无电压，工作负责人每确认一项后，工作许可人在工作票对应项后打“√”（复写方式下），每个序号只打一个“√”，一个序号如有两行以上的，打勾时统一打在本条的最后一行。[安全措施] 栏的 [补充工作地点保留带电部分和安全措施] 中所有项目经双方确认无误后，工作负责人和工作许可人在工作票上签名，并由工作许可人填写许可工作的时间，到此许可手续完成。工作许可人将工作负责人联交给工作负责人，保存在工作现场。值班员联由值班员收执，并将许可时间记入 PMS 中。填写标准如图 2–10 所示。

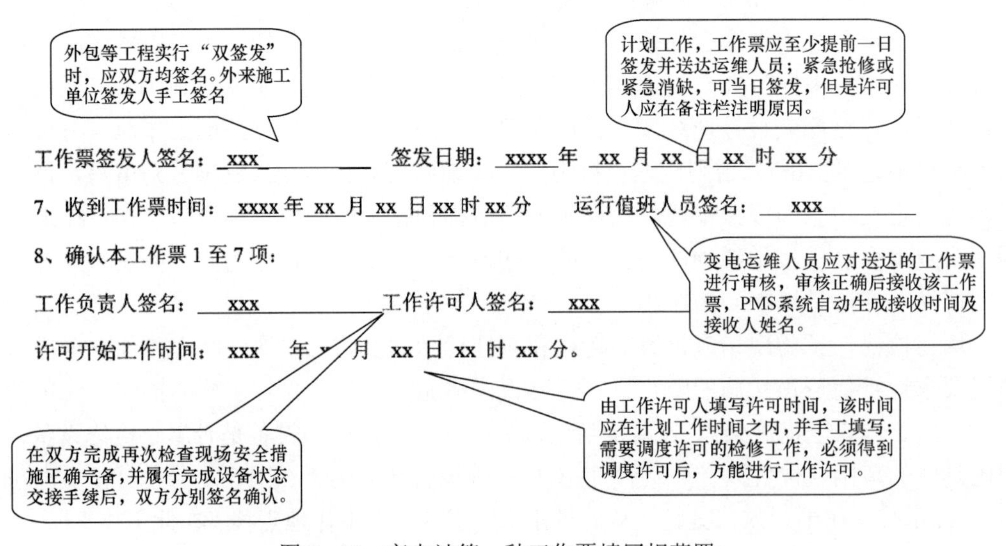

工作票签发人签名：xxx　签发日期：xxxx 年 xx 月 xx 日 xx 时 xx 分

7、收到工作票时间：xxxx 年 xx 月 xx 日 xx 时 xx 分　运行值班人员签名：xxx

8、确认本工作票 1 至 7 项：

工作负责人签名：xxx　工作许可人签名：xxx

许可开始工作时间：xxx 年 xx 月 xx 日 xx 时 xx 分。

图 2–10　变电站第一种工作票填写规范四

（四）工作负责人变更

基本要求

工作负责人若需要长时间离开现场，由工作票签发人将变动情况分别通知原工作负责人、新工作负责人和值班负责人（或工作许可人），工作人员暂停工作。工作负责人完成交接工作后，由工作票签发人在工作票上填写新、旧工作负责人姓名和变动时间，并与工作许可人双方签名，由新工作负责人宣布继续工作。若工作票签发人不在现场，则工作票签发人应设法通知值班负责人，由工作票签发人指定人员代替工作票签发人填写变动时间及签名，并在签名后括号注明“××电话代签”字样。值班负责人（或工作许可人）应确认新工作负责人的资格。填写标准如图 2－11 所示。

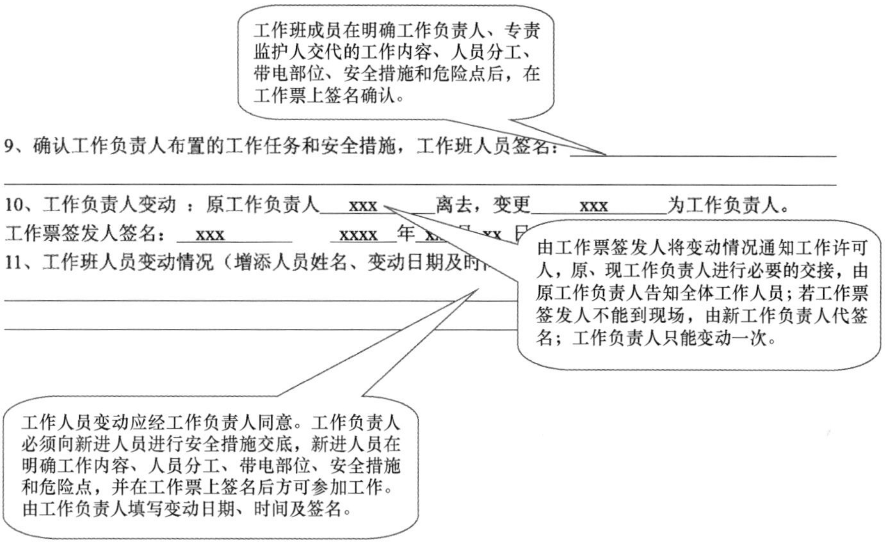

工作班成员在明确工作负责人、专责监护人交代的工作内容、人员分工、带电部位、安全措施和危险点后，在工作票上签名确认。

9、确认工作负责人布置的工作任务和安全措施，工作班人员签名：______________________

10、工作负责人变动 ：原工作负责人___xxx___离去，变更___xxx___为工作负责人。

工作票签发人签名：___xxx___　___xxxx___年___xx___月___xx___日

11、工作班人员变动情况（增添人员姓名、变动日期及时间）

由工作票签发人将变动情况通知工作许可人，原、现工作负责人进行必要的交接，由原工作负责人告知全体工作人员；若工作票签发人不能到现场，由新工作负责人代签名；工作负责人只能变动一次。

工作人员变动应经工作负责人同意。工作负责人必须向新进人员进行安全措施交底，新进人员在明确工作内容、人员分工、带电部位、安全措施和危险点，并在工作票上签名后方可参加工作。由工作负责人填写变动日期、时间及签名。

图 2－11　变电站第一种工作票填写规范五

（五）工作票开收工及延期

基本要求

每天收工，应清扫工作地点，开放已封闭的通道，工作负责人将工作负责人联交回运维值班员（无人值班站交回控制室或门卫值班室），在工作票［每日开工和收工时间］栏内填写收工时间，并与运维值班员双方签名；无人值班站收工时，工作负责人用录音电话告知运维站值班人员，双方在各自的工作票上记录工作票交回时间并签名，［工作许可人］栏和［工作负责人］栏可电话互相代签。在工作许可人收回工作票时，值班人员在值班日志上做好收回记录。

次日复工，工作负责人在征得工作许可人的许可后，取回工作票，工作负责人确认安全措施符合工作票的要求后，由运维值班员填写开工时间并双方签名。工作负责人取回工作负责人联，并向工作人员交代现场安全措施后，方可宣布开工；无人值班站次日复工时，如检修设备安全措施无变动，工作负责人可以电话形式向运维站当值人员办理复工签名手续（与收工相同）；如检修设备安全措施有变动，变电运维站必须派许可人员到现场重新履行许可手续。无论当日工作间断或多日工作间断后开工，若无工作负责人或专责监护人带领，工作人员不得进入工作地点。

工作任务因故确实不能在批准期限内完成时，工作负责人应向运维值班负责人申请办理工作票延期手续，工作票延期一般应符合下列全部条件：必须在批准的检修期限内办理申请手续；属调度管辖（许可）设备应向调度申请并得到批准。如延长的工作时间未超过停役申请批准时间，仅征得运维值班负责人（或工作许可人）同意即可；只允许延期一次。经调度批准或值班员同意后，由工作许可人（或值班负责人）填上调度批准延长的时间，并与工作负责人双方签名并填写时间。无人值班站工作票延期，如检修设备安全措施无变动，工作负责人可以用录音电话向运维站当值人员办理延期手续。如果需要再次办理工作票延期手续，应将原工作票结束，重新办理工作票。填写标准如图 2－12 所示。

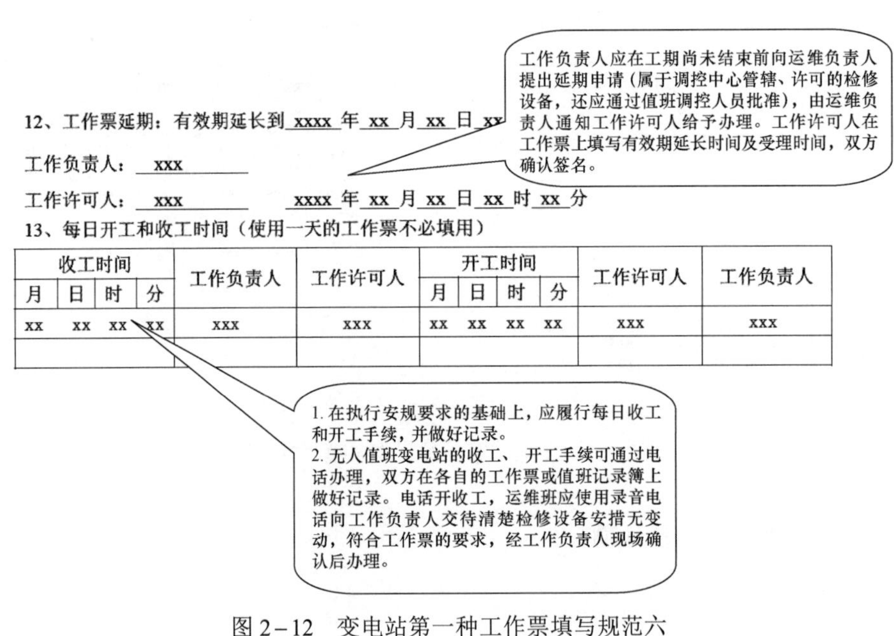

12、工作票延期：有效期延长到 xxxx 年 xx 月 xx 日 xx

工作负责人： xxx

工作许可人： xxx　　xxxx 年 xx 月 xx 日 xx 时 xx 分

13、每日开工和收工时间（使用一天的工作票不必填用）

收工时间				工作负责人	工作许可人	开工时间				工作许可人	工作负责人
月	日	时	分			月	日	时	分		
xx	xx	xx	xx	xxx	xxx	xx	xx	xx	xx	xxx	xxx

图 2－12　变电站第一种工作票填写规范六

（六）工作票终结

基本要求

工作完毕，由工作负责人全面检查无问题，现场清扫、整理完毕，人员从设备和构架上撤离，然后向运维值班负责人（工作许可人）讲清所检修的项目、发现的问题、试验的结果和存在的问题，做好相应的记录，并与值班员到现场共同检查设备状况、有无遗留物件、是否清洁以及设备状态、接地线位置与许可时的初始状态相符。工作结束时，工作负责人应将［工作地点保留带电部位和注意事项］栏中自行增设的安全措施拆除情

况向许可人交代并现场检查，双方应确认无误。经双方确认无误后，在工作票上填写工作终结时间，经双方签名，宣告工作结束。运维值班员在工作负责人联指定位置盖“已执行”章，并将该联交工作负责人。填写标准如图2-13所示。

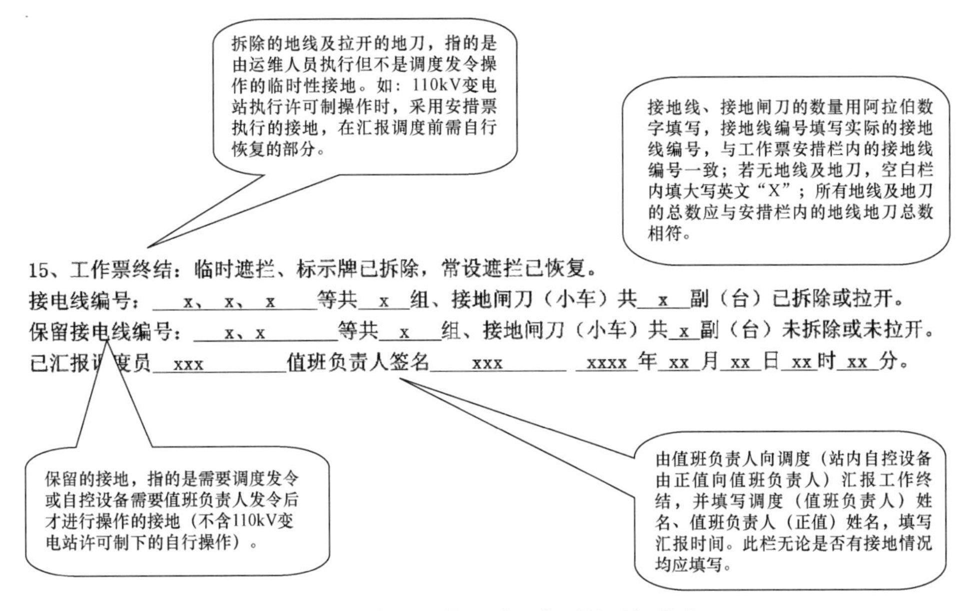

图2-13　变电站第一种工作票填写规范七

三、事故处理培训案例

1. 实操培训要求

本培训案例为变电站事故处理。通过本案例的学习，能够掌握变电站事故处理的检查、汇报、分析、处理流程。

变电运维第一岗位人员应精通内容：① 初次检查、记录、汇报部分：记录后台报文主要信息并汇报，明确跳闸、异常设备，时间及现场天气情况。② 详细检查、记录、汇报部分：记录保护动作情况、故障发生时间、故障相别，找到故障点，检查有无其他异常情况、现场一次设备情况、运行设备有无过负荷情况，总结并及时汇报调度。③ 故障、异常情况分析与判断部分：整个故障、异常情况发生的过程和原理。④ 故障、异常处理方案与操作部分：完成故障点的隔离、正常设备恢复送电、故障点改检修操作指令。⑤ 运行相关工作部分：完成运行日志，填写事故异常记录、缺陷记录、保护动作记录、开关跳闸记录、倒闸操作记录，完善一站一库。

变电运维第一岗位人员应熟悉内容：① 初次检查、记录、汇报部分：现场正常运行设备过负荷情况，备自投动作情况，哪些母线中性点失去。② 详细检查、记录、汇报部分：一次设备机械指示、外观是否正常，所内设备有无烧伤放电痕迹、SF_6压力情况。③ 故障、异常情况分析与判断部分：故障发生的范围、是否还有进一步发展导致越级跳闸的可能。④ 故障、异常处理方案与操作部分：隔离故障点范围精确，保证检修工作的开展且不影响正常设备运行。操作票规范合理。⑤ 运行相关工作部分：做好故障设备的安全措施，配合检修人员处理；做好事故后的相关设备特巡。

变电运维第一岗位人员应了解内容：① 初次检查、记录、汇报部分：事故涉及的几个调度层级，从高到低汇报。② 详细检查、记录、汇报部分：动作未出口的保护情况，及时复归。③ 故障、异常情况分析与判断部分：整个故障发生的过程和原理。④ 故障、异常处理方案与操作部分：与本站相关的其他变电站会受到哪些影响。⑤ 运行相关工作部分：打印保护动作、记录录波报告等整理资料，报送上级部门。

变电运维第二岗位人员应精通内容：① 初次检查、记录、汇报部分：记录后台报文主要信息并汇报，明确跳闸、异常设备，时间及现场天气情况。② 详细检查、记录、汇报部分：记录保护动作情况、故障发生时间、故障相别，找到故障点，总结并及时汇报调度。③ 故障、异常情况分析与判断部分：整个故障、异常情况发生的过程。④ 故障、异常处理方案与操作部分：完成故障点的隔离、正常设备恢复送电、故障点改检修操作指令。⑤ 运行相关工作部分：完成运行日志，填写事故异常记录、缺陷记录、保护动作记录。

变电运维第二岗位人员应熟悉内容：① 初次检查、记录、汇报部分：现场正常运行设备过负荷情况，备自投动作情况，哪些母线中性点失去。② 详细检查、记录、汇报部分：检查有无其他异常情况、现场一次设备情况、运行设备有无过负荷情况。③ 故障、异常情况分析与判断部分：整个故障、异常情况发生的保护动作原理。④ 故障、异常处理方案与操作部分：隔离故障点范围精确，保证检修工作的开展且不影响正常设备运行。操作票规范合理。⑤ 运行相关工作部分：开关跳闸记录、倒闸操作记录，完善一站一库。

变电运维第二岗位人员应了解内容：① 初次检查、记录、汇报部分：事故涉及的几个调度层级，从高到低汇报。② 详细检查、记录、汇报部分：一次设备机械指示、外观是否正常，所内设备有无烧伤放电痕迹、SF_6 压力情况。③ 故障、异常情况分析与判断部分：故障发生的范围、是否还有进一步发展导致越级跳闸的可能。④ 故障、异常处理方案与操作部分：与本站相关的其他变电站会受到哪些影响。⑤ 运行相关工作部分：做好故障设备的安全措施，配合检修人员处理；做好事故后的相关设备特巡。

案例事故：新安变电站 1 号主变压器 110kV 套管 B 相裂纹 + 新安 2P03 线第二套智能终端 GOOSE 断链

（一）初次检查、记录、汇报

监控后台预告、事故信号动作，警铃、喇叭响；天气晴。

监控后台报文光字如下：220kV 第二套母差保护接受新安 2P03 线第二套智能终端 GOOSE 断链；主变压器、110kV、220kV 线路故障录波启动；1 号主变压器第一套、第二套差动动作，1 号主变压器 220kV、110kV、35kV 开关跳闸、开关分位、1 号主变压器各侧潮流为 0；35kV 1 号电容器欠压跳闸、开关分位，潮流为 0；35kV 母分备自投动作，跳进线Ⅰ，合 35kV 母分开关分位；35kV Ⅰ段母线电压偏低。220kV 系统，110kV Ⅰ、Ⅱ段母线中性点失去。

汇报省调张三：12：30，220kV 新安变电站 220kV 第二套母差保护接受新安 2P03 线第二套智能终端 GOOSE 断链；现场天气晴，具体情况详细检查后汇报。

汇报地调李四：12：30，220kV 新安变电站 220kV 第二套母差保护接受新安 2P03 线第二套智能终端 GOOSE 断链；现场天气晴，具体情况详细检查后汇报。12：33，220kV 新安变电站 1 号主变压器第一套、第二套差动动作，1 号主变压器 220kV、110kV、35kV 开关跳闸，1 号主变压器各侧潮流为 0；35kV 1 号电容器欠压跳闸，潮流为 0；35kV 母分备自投动作，合分段动作。220kV 系统，110kV Ⅰ、Ⅱ段母线中性点失去。现场天气晴，具体情况详细检查后汇报。

将上述情况汇报生产指挥中心王五、工区领导。

（二）详细检查、记录、汇报

1 号主变压器第一套、第二套：12：33，0005 差动动作，故障相别：B，故障电流：1.5A，差动动作光字亮。220kV 第二套母差保护：12：30，收新安 2P03 线第二套智能终端 GOOSE 断链。1 号主变压器第一套保护如图 2－14 所示，220kV 第二套母差保护装置如图 2－15 所示。

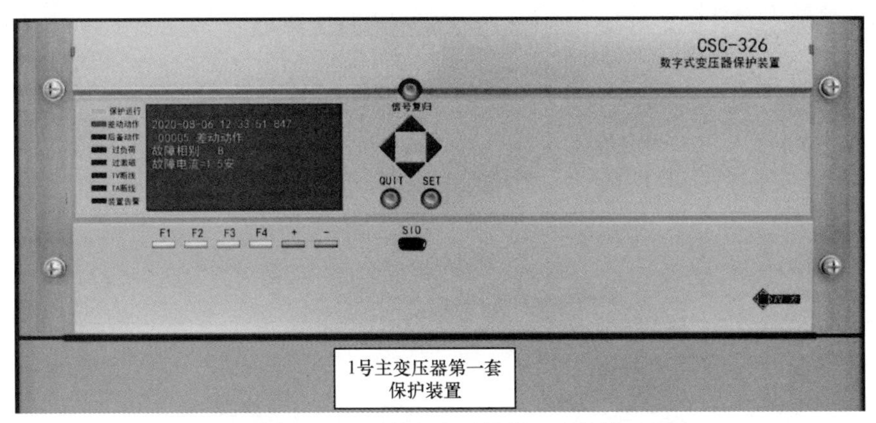

图 2－14　1 号主变压器第一套保护

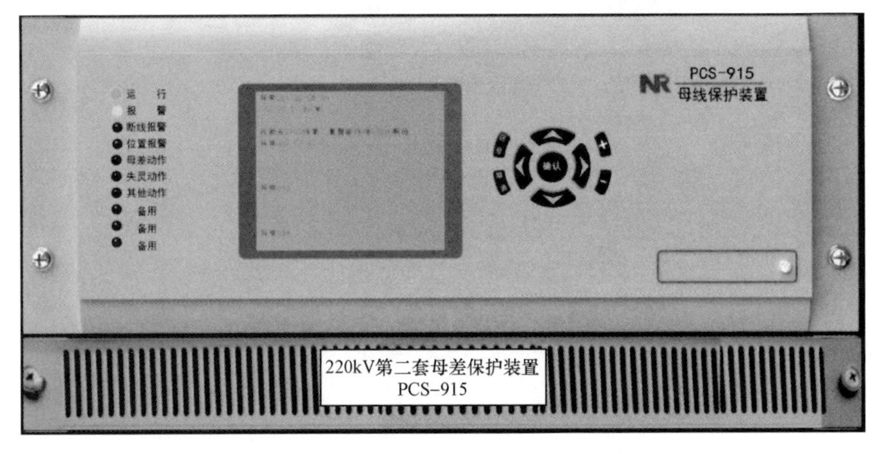

图 2－15　220kV 第二套母差保护装置

1 号主变压器 220kV、35kV 第一套、第二套智能终端保护跳闸灯亮，开关分位、变位正确，外观、SF_6压力正常。1 号主变压器 110kV 第一套、第二套合智一体装置保护保护跳闸灯亮，开关分位、变位正确，外观、SF_6压力正常。1 号主变压器 220kV 开关机械位置如图 2–16 所示。

图 2–16　1 号主变压器 220kV 开关机械位置

主变压器本体现场检查发现：1 号主变压器 110kV 套管 B 相绝缘子裂纹，如图 2–17 所示。

图 2–17　故障点

复归智能设备、保护及自动化装置。

检查 1 号主变压器差动范围内设备无其他明显故障点、设备无其他异常。

汇报省调张三：经现场检查，12：30，220kV 新安变电站 220kV 第二套母差保护接受新安 2P03 线第二套智能终端 GOOSE 断链，重启失败，现出口压板退出、检修压板投入状态。

汇报地调李四：经现场检查，12：30，220kV 新安变电站 220kV 第二套母差保护接受新安 2P03 线第二套智能终端 GOOSE 断链，重启失败，现出口压板退出、检修压板投入状态；12：33，220kV 新安变电站 1 号主变压器第一套、第二套差动动作，1 号主变压器 220kV、110kV、35kV 开关跳闸，故障相别：B，故障电流：1.5A，1 号主变压器 110kV B 相套管绝缘子裂纹；35kV 1 号电容器欠压跳闸；35kV 母分备自投动作，合 35kV 母分开关动作。检查 1 号主变压器差动范围内设备无明显故障点、设备无其他异常。

将上述情况汇报生产指挥中心王五、运检中心领导。

（三）故障、异常情况分析与判断

新安 2P03 线第二套智能终端异常导致 220kV 第二套母差保护接受新安 2P03 线第二套智能终端 GOOSE 断链，重启失败。若 220kV 第二套母差保护动作，则新安 2P03 线开关无法通过新安 2P03 线第二套智能终端跳闸。

1 号主变压器 110kV B 相套管绝缘子裂纹，致 1 号主变压器第一套、第二套差动动作，1 号主变压器 220kV、110kV、35kV 开关跳闸，故障切除。引起 220kV 系统，110kV Ⅰ、Ⅱ段母线中性点失去，35kV Ⅰ段母线失压，35kV 1 号电容器欠压跳闸。

35kV Ⅰ段母线失压，致 35kV 母分备自投动作，跳进线Ⅰ，合 35kV 母分开关分位，35kV Ⅰ段母线电压恢复。

故障、异常处理方案与操作。

（四）故障点隔离及故障设备改检修操作

（1）合上 2 号主变压器 220kV 中性点地刀。

（2）合上 2 号主变压器 110kV 中性点地刀。

（3）35kV 母分备自投由跳闸改为信号。

（4）1 号主变压器 35kV 由热备用改冷备用。

（5）1 号主变压器 110kV 由热备用改冷备用。

（6）1 号主变压器 220kV 由副母热备用改冷备用。

（7）1 号主变压器由冷备用改主变压器检修。

（8）110kV2 号母分由热备用改运行。

（9）拉开 3 号主变压器 110kV 中性点地刀。

（10）220kV 第二套母差保护由跳闸改信号。

（11）35kV 1 号电容器由热备用改运行。

（五）运行相关工作

完成运行日志，填写事故异常记录、缺陷记录、保护动作记录、开关跳闸记录、倒闸操作记录，完善一站一库；做好故障设备的安全措施，等待检修人员处理；做好事故后的相关设备特巡，尤其是注意 2 号、3 号主变压器过负荷情况及所用电情况；打印保护动作、记录录波报告等整理资料，报送上级部门。

第三章

变电检修“一岗多能”培养

第一节　专　业　背　景

在建党百年来临之际，党中央明确了“新时代、新征程、新任务”的新形势，电力行业也明确和强调了以安全质量效率效益为中心的发展目标，为进一步提升电网设备运行水平，提高运维检修效率效益，解决规模发展需求和人力资源供给的矛盾，完成生产力的飞跃，实施变电运维与变电检修专业的深度融合，采用变电运检专业“运检合一”模式已然成为运检专业发展的必然趋势。

“运检合一”在模式上的创新和改革能够对业务优化再造，可以在变电专业方面实现“安全、优质、高效”的运检管理。相比于传统运维一体的优化模式，“运检合一”创新模式克服了其在生产效益提升方面的不充分，使得运维、检修两个专业在所属部门的联系更加紧密，打破了组织关系、个人技能要求等壁垒，能够深度挖掘人员潜力，充分发挥不同专业的优势，进一步调动人力资源再分配，释放人力资源的“红利”，为充分发挥员工个人潜能和提高生产力创造了条件。“运检合一”是在运维一体基础上的发展和创新。

近年来随着电网结构的快速拓展和变电站规模的迅速增长，变电设备不断更新换代，保护自动化和智能化水平不断提升，电网及用户对变电运检人员的技能素质要求也逐步提高，运检管理标准也更加严格规范。与此同时公司青年员工队伍呈现高学历、年轻化的趋势，为了适应新的形势，制订教育培训框架培训方案非常重要，培训工作必须以服务生产工作为核心，通过以老带新、专家授课、岗位互学等，提高员工学习积极性，加快人才培养。

第二节　预　期　目　标

以青年员工“阶梯式”培训框架方案为总指引，班组加强各岗位业务技能培训，使员工能胜任所在岗位的各项工作，促进员工技术技能水平的有序提升。

一、第一年“一岗多能”培养目标

青年员工第一年“一岗多能”培养目标见表3-1。

表 3-1　　第一年“一岗多能”检修岗位培养目标表

变电检修第一岗位预期目标	
精通	（1）变压器的定义。 （2）断路器的定义。 （3）隔离开关的定义。 （4）变压器的分类。 （5）断路器的分类。 （6）隔离开关的分类。 （7）变压器的主要参数。 （8）断路器的主要参数。 （9）隔离开关的主要参数。 （10）变压器的检修分类及要求。 （11）断路器的检修分类及要求。 （12）隔离开关的检修分类及要求
熟悉	（1）变压器排油和注油。 （2）断路器 SF_6 断路器检漏。 （3）隔离开关传动及限位部件检修
了解	（1）变压器储油柜检修。 （2）真空断路器本体常见故障原因分析。 （3）隔离开关触头及导电臂检修
变电检修第二岗位预期目标	
精通	（1）变压器的定义。 （2）断路器的定义。 （3）隔离开关的定义。 （4）变压器的分类。 （5）断路器的分类。 （6）隔离开关的分类。 （7）变压器的主要参数。 （8）断路器的主要参数。 （9）隔离开关的主要参数。 （10）变压器的检修分类及要求。 （11）断路器的检修分类及要求。 （12）隔离开关的检修分类及要求
熟悉	（1）变压器排油和注油。 （2）断路器 SF_6 断路器检漏。 （3）隔离开关传动及限位部件检修
了解	（1）变压器散热器检修。 （2）SF_6 断路器本体常见故障原因分析。 （3）隔离开关电动操作机构检修

二、第三年“一岗多能”培养目标

青年员工第三年“一岗多能”培养目标见表 3-2。

表 3-2　　第三年“一岗多能”检修岗位培养目标表

变电检修第一岗位预期目标	
精通	（1）变压器排油和注油。 （2）变压器非电量保护装置检修。 （3）断路器 SF_6 断路器检漏。 （4）断路器 SF_6 气压降低应采取的措施。 （5）隔离开关传动及限位部件检修。 （6）隔离开关机械闭锁检修

续表

变电检修第一岗位预期目标	
熟悉	（1）变压器储油柜检修。 （2）变压器散热器检修。 （3）真空断路器本体常见故障原因分析。 （4）SF_6 断路器本体常见故障原因分析。 （5）隔离开关触头及导电臂检修。 （6）隔离开关电动操作机构检修
了解	（1）变压器套管及升高座检修。 （2）变压器分接开关检修。 （3）断路器操作机构常见故障原因分析。 （4）断路器本体常见故障检修。 （5）隔离开关接地开关检修。 （6）隔离开关绝缘子检修
变电检修第二岗位预期目标	
精通	（1）变压器排油和注油。 （2）变压器非电量保护装置检修。 （3）断路器 SF_6 断路器检漏。 （4）断路器 SF_6 气压降低应采取的措施。 （5）隔离开关传动及限位部件检修
熟悉	（1）变压器散热器检修。 （2）变压器储油柜检修。 （3）SF_6 断路器本体常见故障原因分析。 （4）真空断路器本体常见故障原因分析。 （5）隔离开关电动操作机构检修
了解	（1）变压器套管及升高座检修。 （2）变压器分接开关检修。 （3）断路器本体常见故障检修。 （4）断路器操作机构常见故障原因分析。 （5）隔离开关接地开关检修

三、第五年“一岗多能”培养目标

青年员工第五年“一岗多能”培养目标见表 3–3。

表 3–3　　第五年“一岗多能”检修岗位培养目标表

变电检修第一岗位预期目标	
精通	（1）变压器储油柜检修。 （2）变压器散热器检修。 （3）真空断路器本体常见故障原因分析。 （4）SF_6 断路器本体常见故障原因分析。 （5）隔离开关触头及导电臂检修。 （6）隔离开关电动操作机构检修
熟悉	（1）变压器套管及升高座检修。 （2）变压器分接开关检修。 （3）断路器操作机构常见故障原因分析。 （4）断路器本体常见故障检修。 （5）隔离开关接地开关检修。 （6）隔离开关绝缘子检修

续表

变电检修第一岗位预期目标	
了解	(1)变压器强油循环冷却装置检修。 (2)变压器器身检修。 (3)断路器弹簧操作机构常见故障原因分析。 (4)断路器液压操作机构常见故障原因分析。 (5)隔离开关底座检修。 (6)隔离开关均压环检修
变电检修第二岗位预期目标	
精通	(1)变压器散热器检修。 (2)变压器储油柜检修。 (3)SF_6断路器本体常见故障原因分析。 (4)真空断路器本体常见故障原因分析。 (5)隔离开关电动操作机构检修
熟悉	(1)变压器套管及升高座检修。 (2)变压器分接开关检修。 (3)断路器本体常见故障检修。 (4)断路器操作机构常见故障原因分析。 (5)隔离开关接地开关检修
了解	(1)变压器器身检修。 (2)变压器强油循环冷却装置检修。 (3)断路器液压操作机构常见故障原因分析。 (4)断路器弹簧操作机构常见故障原因分析。 (5)隔离开关底座检修

第三节 培 训 内 容

一、变压器

(一)变压器的定义

变压器是一种静止电机，该电机借助于电磁感应原理，以同样的频率，在两个或两个以上的绕组之间变换交流电流和电压。一般情况下，各个绕组的电流和电压值并不完全相同。电力变压器通常包含绕组、铁芯、绝缘套管、油箱和冷却系统等主要部分。

变压器在电力系统中的主要作用是电压变换，以便于传输功率。其电压经过升压变压器升压后，可以降低电能在线路上的损耗，提高电能传输的经济性，达到远距离送电的目的；而降压变压器则是把高电压转换为用户所需要的各级电压，从而满足用户使用需求。

(二)变压器的分类

按变压器的用途可分为电力变压器、仪用变压器（电压互感器和电流互感器）、调压变压器和特殊变压器（控制用变压器和试验用变压器）。

按变压器的调压方式不同可分为有载调压变压器和无励磁调压变压器。

（三）变压器的主要参数

变压器的额定容量：变压器在规定条件下，通以额定电流、额定电压时，其连续运行所输送的单相或三相总的视在功率。

绕组的额定电流：变压器在其额定条件下运行时，其绕组所流过的线电流。

绕组的额定电压：变压器长时间运行时，其设计条件所规定的电压值（一般指线电压）。

额定变比：变压器各侧绕组额定电压之间的比值。

绝缘水平：变压器各侧绕组引出端所能承受的电压值。

空载电流和空载损耗：变压器施加在其中一组绕组上的额定电压，其他绕组开路时在变压器内部所消耗的功率。由于变压器的空载电流很小，它所产生的绕组损耗可以忽略不计，所以空载损耗可被认为是变压器的铁损。

负载损耗：变压器在一次侧绕组施加电压，而将另一侧绕组短接，使电源电流达到该绕组的额定电流时变压器从电源所消耗的有功功率。通常也被称为短路损耗。

绕组连接组别号：表明变压器两侧线电压的相位关系。

容量比：变压器各侧额定容量之间的比值。

额定温升：变压器的绕组或上层油面的温度与变压器外围空气的温度之差。

额定频率：变压器设计所依据的运行频率。

（四）变压器检修

1. 套管及升高座检修

（1）纯瓷充油套管检修。

1）安全注意事项。

a. 应注意与带电设备保持足够的安全距离，准备充足的施工电源及照明。

b. 按厂家规定正确吊装设备，设置缆风绳控制方向，并设专人指挥。

c. 拆接作业使用工具袋。

d. 高空作业严禁上下抛掷物品，应按规程使用安全带，安全带应挂在牢固的构件上，禁止低挂高用。

e. 严禁人员攀爬套管。

2）关键工艺质量控制。

a. 拆除套管前先进行本体排油，排油时应将变压器油枕与气体继电器连接处的阀门关闭，瓦斯排气打开，将油面降至手孔 200mm 以下。

b. 重新组装时应更换新胶垫，密封良好，胶垫压缩均匀，位置放正。

c. 所有经过拆装的部位，其密封件应更换。

d. 导电杆和连接件紧固螺栓或螺母有防止松动的措施。

e. 设置检修手孔的升高座，应将油面降至检修孔下沿 200mm 以下。

f. 导电杆应处于瓷套的中心位置，绝缘筒与导电杆中间应有固定圈防止窜动。

g. 更换放气塞密封圈时确保密封圈入槽。

h. 检修过程中采取措施防止异物掉入油箱。

（2）油纸电容型套管检修。

1）安全注意事项。

a. 应注意与带电设备保持足够的安全距离，准备充足的施工电源及照明。

b. 吊装套管时，用缆绳绑扎好，并设专人指挥。

c. 吊装套管时，其倾斜角度应与套管升高座的倾斜角度基本一致。

d. 拆接作业使用工具袋。

e. 高空作业应按规程使用安全带，安全带应挂在牢固的构件上，禁止低挂高用。

f. 严禁上下抛掷物品。

g. 套管检修时，应做好防止异物落入主变压器内部的措施。

2）穿缆式电容型套管检修关键工艺质量控制。

a. 拆除套管前先进行排油，排油前应在相对湿度不大于 75%进行，变压器排油时，将变压器油枕与气体继电器连接处的截门关闭，瓦斯排气打开，将油面降至升高座上沿 200mm 以下。

b. 所有经过拆装的部位，其密封件必须更换。

c. 应先拆除套管顶部连接，再拆将军帽，用专用带环螺栓将引线头固定，并在带环螺栓上固定绑绳。

d. 拆装有倾斜度的套管应使用专用吊具，起吊过程中应保证套管倾斜度和安装角度一致，并保证油位计的朝向正确。

e. 套管拆卸时，应在吊索轻微受力以后方可松开法兰螺栓。

f. 起吊前确认对接面已脱胶，沿套管安装轴线方向缓慢吊出套管，同时正确控制牵引绳。

g. 检查导电连接部位应无过热现象。

h. 拆下的套管应垂直放置于专用的作业架上固定牢固，并对下节采取临时包封，防止受潮。在检修现场可短时间倾斜放置，对套管头部位置进行垫高处理，套管起吊后，应做好防止异物落入主变压器内部的措施。

i. 外表面应清洁，无放电、裂纹、破损，油位应正常，注油孔密封良好。

j. 连接端子应完整无损，无放电、过热、烧损痕迹。

k. 末屏端子绝缘应良好，接地应可靠，无放电、损坏、渗漏。

l. 下尾端均压罩应固定可靠，位置应准确，并应用合适的工具检验拧紧程度。

m. 末屏端子采用压盖式结构的，应避免螺杆转动，使得末屏内部连接松动损坏。

n. 末屏端子采用通过压盖弹片式结构的，应确保弹片弹力，防止因弹力不足导致末屏接地不良。

o. 末屏端子采用弹簧式结构的，应保持内部弹簧复位灵活，避免接地不良。

p. 拆除采用外引接地结构的末屏端子时，应采取防护措施，防止端部转动造成接地损坏。

q. 套管复装时先检查密封面应平整无划痕，无漆膜，无锈蚀，更换密封垫。

r. 穿缆引线绝缘破损应用干燥好的白布带进行半叠包扎。

s. 先将穿缆引线的引导绳及专用带环螺栓穿入套管的引线导管内。

t. 待套管吊至指定位置后，将带环螺栓紧固在引线上并将引导绳慢慢拉直，慢慢将套管调整至最佳安装角度并慢慢放至安装位置。

u. 对角紧固安装法兰螺栓，确保将密封垫的压缩量控制在1/3（胶棒压缩1/2）。

v. 安装过程中应先确认导电杆是否到位，插入固定插销后，紧固套管顶端，确保均匀压缩密封垫，防止损坏瓷套或渗漏油。

w. 在安装固定将军帽时，定位螺母应安装正确，更换新的密封垫，并应使用足够力矩的扳手锁紧将军帽。

x. 更换新套管时，为防止气体侵入电容芯棒，应确保套管在运输和安装过程中套管上端高于其他部位。

y. 套管安装完毕后应缓慢打气体继电器的主截门，对套管、升高座及气体继电器等可能存气的部件进行排气，并将油位调整至正常油位。

3）导杆式电容型套管检修关键工艺质量控制。

a. 导杆式套管吊装前，应先将下部与引线的连接部分拆除。

b. 所有经过拆装的部位，其密封件必须更换。

c. 套管复装时应检查密封面，应无划痕、平整、无锈蚀、无漆膜。

d. 下尾端均压罩位置应用合适的工具检测紧固程度，并应固定可靠、准确。

e. 末屏端子采用压盖式结构的，应确保螺杆不能转动，以免造成末屏内部连接损坏、松动。

f. 末屏端子采用压盖弹片式结构的，应检测弹片弹力，避免因弹力不足影响接地。

g. 末屏端子采用弹簧式结构的，应确保内部弹簧复位灵活，防止末屏接地不良。

h. 末屏端子采用外引接地结构的，应避免因紧固螺母后，打开接地片造成端部转动的损坏。

i. 末屏端子绝缘应良好，接地应可靠，无渗漏、损坏、放电现象。

j. 连接端子应完整无损，无烧损、过热、放电痕迹。

k. 外表面应清洁，无破损、裂纹、放电痕迹，油位应正常，且无渗漏现象。

l. 安装有倾斜度的套管时，应保证套管的倾斜角度和安装角度一致之后才能安装。

m. 将套管放入安装位置后依次对角拧紧安装法兰螺栓，使密封垫均匀压缩1/3（胶棒压缩1/2）。

（3）升高座（套管型电流互感器）检修。

1）安全注意事项。

a. 应注意与带电设备保持足够的安全距离，准备充足的施工电源及照明。

b. 吊装升高座时，应选用合适的吊装设备和正确的吊点，使用缆风绳控制方向，并设置专人指挥。

c. 拆接作业使用工具袋，防止高处落物。

d. 高空作业应按规程使用安全带，安全带应挂在牢固的构件上，禁止低挂高用。

e. 严禁上下抛掷物品。

f. 升高座检修时，应做好防止异物落入主变压器内部的措施。

2）关键工艺质量控制。

a. 所有经过拆装的部位，其密封件应更换。

b. 应先将外部的二次连接线全部脱开，裸露的线头应立即单独绝缘包扎并做好标记。

c. 拆装有倾斜度的升高座应使用专用吊具，起吊过程中应保证套管倾斜度和安装角度一致。

d. 拆下后应注油或充干燥气体密封保存。

e. 更换引出线接线端子和端子板的密封胶垫，胶垫更换后不应有渗漏。

f. 更换端子后应做极性试验确保正确。

g. 安装无导气连管的升高座，排气螺栓的密封圈应更换新的，并在注油后逐台排气。安装有导气连管的升高座，应先将全部连管连接以后，再统一进行紧固，以免因受力导致安装不到位。

h. 依次对角拧紧安装法兰螺栓，使密封垫均匀压缩 1/3（胶棒压缩 1/2）。

i. 未使用的互感器二次绕组应可靠短接后接地。

2. 储油柜检修

（1）安全注意事项。

1）吊装储油柜时应注意与带电设备保持足够的安全距离。

2）吊装储油柜时应选用合适的吊装设备和正确的吊点，设置缆风绳控制方向，并设置专人指挥。

3）储油柜要放置在事先准备好的枕木上，以防损坏储油柜。

4）拆接作业使用工具袋，防止高处落物。

5）高空作业应按规程使用安全带，安全带应挂在牢固的构件上，禁止低挂高用。

6）严禁上下抛掷物品。

（2）关键工艺质量控制。

1）胶囊式储油柜检修。

a. 更换所有连接管道的法兰密封垫。

b. 拆除管道前关闭连通气体继电器的碟阀，拆除后应及时密封。

c. 起吊储油柜时注意吊装环境。

d. 放出储油柜内的存油，取出胶囊，清扫储油柜，储油柜内部应清洁，无锈蚀和水分。

e. 将集污盒内残油排除干净。

f. 储油柜内有小胶囊时，应将小胶囊内的空气排出，检查红色浮标、小胶囊、玻璃管应完好。

g. 若变压器有安全气道则应和储油柜间互相连通。

h. 胶囊应无老化开裂现象，密封性能良好。

i. 胶囊在安装前应在现场进行密封试验，如发现有泄漏现象，需对胶囊进行更换。

j. 清洁胶囊，将胶囊挂在挂钩上，保证胶囊悬挂在储油柜内，防止胶囊堵塞各联管口。

k. 集污盒、塞子整体密封良好无渗漏，耐受油压 0.05MPa、6h 无渗漏。

l. 保持连接法兰的平行和同心，密封垫压缩量为 1/3（胶棒压缩 1/2）。

m. 管式油位计复装时应注入 3～4 倍玻璃管容积的合格绝缘油，排尽小胶囊中的气体。

n. 安装指针式油位计时，应先手动模拟连杆的摆动观察指针的指示位置应正确，根据伸缩连杆的实际安装节点固定安装。

o. 胶囊密封式储油柜注油时，打开顶部放气塞，直至冒油立即旋紧放气塞，再调整油位，以防止出现假油位。

p. 拆装前后应确认蝶阀位置正确。

2）隔膜式储油柜检修。

a. 用吊车和吊具吊住储油柜，拆除储油柜固定螺栓，吊下储油柜。

b. 更换所有与储油柜连接管路的法兰密封垫。

c. 清洗油污，清除锈蚀后应重新防腐处理。

d. 清扫上下节油箱内部。检查内壁应清洁，无毛刺、锈蚀和水分。

e. 管路畅通、无杂质、锈蚀和水分。

f. 隔膜无老化开裂、损坏现象，双重密封性能良好。

g. 储油柜复装时保持连接法兰的平行和同心，密封垫压缩量为 1/3（胶棒压缩 1/2），确保接口密封和畅通。

h. 密封试验：充油（气）进行密封试验，压力 0.02～0.03MPa，时间 12h。

i. 隔膜式储油柜注油后应排尽气体后塞紧放气塞。

j. 拆装前后应确认蝶阀位置正确。

3）金属波纹储油柜检修。

a. 应更换所有连接管道的密封圈。

b. 先用吊车和吊具吊住储油柜，待拉紧后再拆除螺栓，吊下储油柜。

c. 通过观察金属隔膜膨胀情况，根据厂家提供的油温曲线表，调整油位。

d. 保证法兰面接口密封和呼吸畅通。所有管道内应清洁并畅通，无杂质、水分和锈蚀的情况。

e. 更换后在限定体积时压力 0.02～0.03MPa，时间 12h 应无渗漏（内油式不能充压）。

f. 储油柜复装时保持连接法兰的平行和同心，将密封垫的压缩量控制在 1/3（胶棒压缩 1/2），确保接口清洁、畅通，储油柜本体和各管道密封、牢固。

g. 打开放气塞进行排气，待气体排尽后关闭。

h. 按照油温油位标准曲线调整油量。

i. 拆装前后应确认蝶阀位置正确。

j. 检查金属波纹移动滑道和滑轮完好无卡涩。

3. 分接开关检修

（1）有载分接开关检修。

1）安全注意事项。

a. 检修前断开有载分接开关控制、操作电源。

b. 拆接作业使用工具袋，防止高处落物。

c. 按厂家规定正确吊装设备，用缆风绳在专用吊点用吊绳绑好，并设专人指挥。

d. 高空作业应按规程使用安全带，安全带应挂在牢固的构件上，禁止低挂高用。

e. 严禁上下抛掷物品。

f. 严禁踩踏有载开关防爆膜。

2）电动机构箱检修关键工艺质量控制。

a. 机械传动部位有适量的润滑油，连接良好。

b. 电气控制回路各接点连接良好。

c. 机构箱能够做到有效密封和防尘。

d. 电气和机械限位良好，升降挡圈数符合制造厂规定。

e. 机构挡位指针停止在规定区域内与顶盖挡位、远方挡位一致。

3）切换开关或选择开关检修关键工艺质量控制。

a. 在整定工作位置，小心吊出切换开关芯体。

b. 用合格绝缘油冲洗管道及油室内部，清除切换芯体及选择开关触头转轴上的游离碳。

c. 紧固件无松动现象，过渡电阻及触头无烧损。

d. 快速机构的弹簧无变形、断裂。

e. 各触头编织软连接线无断股、起毛；触头无严重烧损。

f. 直流电阻阻值与产品出厂铭牌数据相比，其偏差值控制在 10%以内；过渡电阻无断裂。

g. 触头接触电阻应符合要求。

h. 绝缘筒完好，绝缘筒内外壁应光滑、颜色一致，表面无起层、发泡裂纹或电弧烧灼的痕迹。

i. 绝缘筒与法兰的连接处无松动、变形、渗漏油。

j. 组装后的开关，检测动作顺序及机械特性应符合出厂技术文件的要求。

4）分接选择器、转换选择器检修关键工艺质量控制。

a. 检查转换选择器和分接选择器触头的工作位置；转换选择器和分接选择器动、静触头无变形与烧伤痕迹；无磨损、过热迹象。

b. 检查绝缘杆无损伤、分层开裂及变形。

c. 对带正反调压的分接选择器，转换选择器的动触头支架与连接“K”端分接引线的间隙大于等于 10mm。

d. 级进槽轮传动机构符合要求。

e. 手摇操作分接选择器，从 n→1 和 1→n 两个方向分别动作，逐挡检查分接选择器触头分合动作和啮合情况是否正确。

5）在线净油装置检修关键工艺质量。

a. 接地装置可靠，金属部件无锈蚀，承压部件无变形，各部位无渗油。

b. 更换部件和滤芯的工作，变压器可不停电。

c. 在线净油装置检修完毕后，要对滤油机内部进行补油、循环、放气的操作。

d. 拆装前后应确认蝶阀位置正确。

（2）无励磁分接开关检修。

1）安全注意事项。应注意与带电设备保持足够的安全距离，准备充足的施工电源及照明。

2）关键工艺质量控制。

a. 应先将开关调整到极限位置，安装法兰应做定位标记，三相联动的传动机构拆卸前也应做定位标记。

b. 逐级手摇时检查定位螺栓应处在正确位置。

c. 极限位置的限位应准确有效。

d. 触头表面应光洁，无变色、镀层脱落及无损伤，弹簧无松动。触头接触压力均匀、接触严密。

e. 绝缘筒、绝缘件和支架应完好，无剥离开裂、破损、受潮或放电、变形，表面清洁无油垢。

f. 操作杆无弯曲变形、绝缘良好，拆下后应做好防潮、防尘措施。

g. 绝缘操作杆 U 形拨叉应保持良好接触。

h. 复装时对准原标记，拆装前后指示位置必须一致，各相手柄及传动机构不得互换。

i. 密封垫圈入槽、位置正确，压缩均匀，法兰面啮合良好无渗漏油。

j. 调试最好在注油前和套管安装前进行，应逐级手动操作，操作灵活无卡滞，观察和通过测量确认定位正确、指示正确、限位正确。

k. 无励磁分接开关在改变分接位置后，必须测量使用分接位置的直流电阻和变比。

4. 散热器检修

1）安全注意事项。

a. 应注意与带电设备保持足够的安全距离，准备充足的施工电源及照明。

b. 吊装散热器时，设专人指挥并有专人扶持。

c. 拆接作业使用工具袋。

d. 高空作业应按规程使用安全带，安全带应挂在牢固的构件上，禁止低挂高用。

e. 严禁上下抛掷物品。

f. 起吊搬运时，应避免散热器片划伤。

2）关键工艺质量控制。

a. 散热器拆卸后，应用盖板将蝶阀封住。

b. 将接头法兰用盖板密封，加变压器油进行试漏。

c. 检查无渗漏点，片式散热器边缘不允许有开裂。

d. 放气塞子密封性和透气性应良好，更换密封圈时应注意确保密封圈放置准确。

e. 吊装时确保密封面同心和平行，密封胶垫放置在正确位置，将密封垫的压缩量控制在 1/3（胶棒压缩 1/2）。

f. 检查碟阀应确保完好，操作杆位置、安装方向应统一，开关指示标志应正确、清晰。

g. 调试时先打开下碟阀开启至 1/3 或 1/2 位置，排气塞出油后打开上蝶阀，最后将上下蝶阀全部打开。

h. 风机的调试应运行 5min 以上。转动方向正确，运转应平稳、灵活，无异常噪声，三相电流基本平衡。

i. 拆装前后应确认蝶阀位置正确。

5. 强油循环冷却装置检修

1）安全注意事项。

a. 应注意与带电设备保持足够的安全距离，准备充足的施工电源及照明。

b. 吊装散热器时，设专人指挥并有专人扶持。

c. 拆接作业使用工具袋。

d. 高空作业应按规程使用安全带，安全带应挂在牢固的构件上，禁止低挂高用。

e. 严禁上下抛掷物品。

2）关键工艺质量控制。

a. 冷却管应无堵塞现象，油室内部应干净整洁。

b. 放油塞密封性、透气性应良好，密封圈更换应放置正确，确保无渗漏油。

c. 连接法兰的密封面应平行和同心，密封垫均匀压缩 1/3（胶棒压缩 1/2）；连管和碟阀的法兰密封面应平整无漆膜、无锈蚀、无划痕。

d. 调试时先打开下碟阀开启至 1/3 或 1/2 位置，排气塞出油后打开上蝶阀，最后将上下蝶阀全部打开。

e. 整组冷却器调试时，应确保冷却器运转平稳、无异常声响、转动方向正确，各部件密封良好、无负压、不渗油，风机和油泵负载电流没有明显的差异。

f. 油流继电器的指针指示正确、无抖动，微动开关信号切换正确稳定，接线盒盖应密封良好。

g. 进行冷却装置联动试验：主供、备供电源投切正常；在冷却器故障状态下备用冷却器应能正确启动；依次开启所有油泵，延时间隔应在 30s 以上，不应出现气体继电器和压力释放阀的误动。

h. 拆装前后应确认蝶阀位置正确。冷却器拆后各封口应封闭良好。

6. 非电量保护装置检修

（1）指针式油位计更换。

1）安全注意事项。

a. 应注意与带电设备保持足够的安全距离，准备充足的施工电源及照明。

b. 使用高空作业车时，车体应可靠接地，高空作业应按规程使用安全带，安全带应挂在牢固的构件上，禁止低挂高用。

c. 严禁上下抛掷物品。

2）关键工艺质量控制。

a. 连杆应无变形折裂、伸缩灵活，浮筒完好无漏气和变形。

b. 拆卸表计时，应先将油面降至表计法兰面最低点以下，再将接线盒内连接线拆除。

c. 齿轮传动机构是否转动灵活。转动主动磁铁，从动磁铁应同步转动正确。

d. 复装摆动连杆时，指针从最低到最高位置应摆动45°，否则应调节限位块。

e. 当指针在极限油位时报警信号应能够正确动作，如出现报警异常则应对开关或凸轮位置进行调节。

f. 连接二次信号线检查原电缆应完好，回装密封应良好。

（2）更换气体继电器。

1）安全注意事项。

a. 切断气体继电器直流电源，断开气体继电器二次连接线，并进行绝缘包扎处理。

b. 应注意与带电设备保持足够的安全距离，准备充足的施工电源及照明。

c. 高空作业应按规程使用安全带，安全带应挂在牢固的构件上，禁止低挂高用。

d. 严禁上下抛掷物品。

2）关键工艺质量控制。

a. 继电器应校验合格后安装。

b. 继电器上的箭头应朝向储油柜。

c. 复装时确保气体继电器不受机械应力，密封良好，无渗油。

d. 波纹管朝向储油柜方向应有 1%～1.5%的升高坡度。气体继电器应保持基本水平位置。室外使用的继电器的接线盒应有防雨罩或采取有效的防雨措施。

e. 调试气体继电器时，先将气体继电器内的气体排净，通过按压探针发出轻瓦斯、重瓦斯信号，检查后台显示是否正确。调试完成后进行复归。

f. 连接二次电缆应无损伤、封堵完好。

g. 拆装前后应确认蝶阀位置正确。

（3）更换电阻（远传）温度计。

1）安全注意事项。

a. 断开二次连接线。

b. 应注意与带电设备保持足够的安全距离，准备充足的施工电源及照明。

c. 高空作业应按规程使用安全带，安全带应挂在牢固的构件上，禁止低挂高用。

d. 严禁上下抛掷物品。

2）关键工艺质量控制。

a. 电阻应完好无损伤。

b. 应由专业人员进行校验，全刻度±1.0℃。

c. 应由专业人员进行调试，采用温度计附带的匹配元器件，并保证与远方信号一致。

d. 变压器箱盖上的测温座中预先注入适量变压器油，再将测温传感器安装在其中，并做好防水措施。

e. 连接二次电缆应无损伤、封堵完好。

（4）更换压力释放装置。

1）安全注意事项。

a. 断开二次连接线。

b. 应注意与带电设备保持足够的安全距离，准备充足的施工电源及照明。

c. 高空作业应按规程使用安全带，安全带应挂在牢固的构件上，禁止低挂高用。

d. 严禁上下抛掷物品。

2）关键工艺质量控制。

a. 压力释放装置需经校验合格后安装。检查护罩和导流罩，应清洁。各部连接螺栓及压力弹簧应完好，无松动。微动开关触点接触良好，进行动作试验，微动开关动作应正确。

b. 按照原位安装，依次对角拧紧安装法兰螺栓。

c. 安装完毕后，打开放气塞排气。

d. 连接二次电缆应无损伤、封堵完好。

e. 拆装前后应确认蝶阀位置正确。

7. 器身检修

（1）通用部分。

1）安全注意事项。

a. 起重设备的吨位要根据变压器钟罩（或器身）的重量选择，起吊用钢丝绳的夹角不应大于 60°，并应设置专人监护。起重工作应分工明确，专人指挥。

b. 起重前先拆除影响起重工作的各种连接件。

c. 起吊或落回钟罩（器身）时，四角应系缆绳，由专人扶持，使其保持平稳。

d. 吊装应按照厂家规定程序进行，选用合适的吊装设备和正确的吊点。

e. 钟罩（器身）应吊放到安全宽敞的地方。

f. 进入变压器油箱内检修时，需考虑通风，防止工作人员窒息。

g. 应注意与带电设备保持足够的安全距离。

2）关键工艺质量控制。

a. 检修工作应在晴天时进行，空气湿度应不大于 75%。如相对湿度大于 75%时，应采取相应的必要措施。

b. 主变压器大修时器身暴露在空气中的时间：

a）空气相对湿度小于等于 65%为 16h。

b）空气相对湿度小于等于 75%为 12h。

c. 器身检查应由专人进行，戴清洁手套，穿着专用检修工作服和鞋，进行检查所使用的工具应由专人保管，并进行统一登记。使用的工器具应用绳索或其他方法固定在手上。

（2）绕组。

1）安全注意事项。

a. 进入变压器油箱内检修时，需考虑通风，防止工作人员窒息。

b. 上、下主变压器用的梯子应由专人扶住或用绳子扎牢，梯子不能搭靠在线圈、变压器围屏及绝缘支架上。

2）关键工艺质量控制。

a. 外观整齐清洁，导线及绝缘无破损。

b. 垫块应无松动和位移情况。

c. 油道应保持畅通，无油垢及其他杂物积存。

d. 检修人员在进入变压器内后，应避免踩踏支撑件、夹持件，避免遗留工器具和物品。

e. 整个绕组无位移、倾斜，导线辐向无明显弹出现象。

f. 检查并确定绝缘状态。绝缘状态在三、四级及以下，不宜进行预压（绝缘分级参见 DL/T 573—2010《电力变压器检修导则》11.2 条）。

g. 绕组应清洁，无变形、无油垢、无放电痕迹和过热变色。

h. 围屏应清洁并绑扎应紧固，分接引线出口处封闭良好。

（3）引线及绝缘支架。

1）安全注意事项。进入变压器油箱内检修时，需考虑通风，防止工作人员窒息。

2）关键工艺质量控制。

a. 进入变压器内检修人员，应避免踩踏支撑件、夹持件，避免遗留工器具和物品。

b. 螺栓紧固。

c. 引线与各部位之间的绝缘距离应符合要求。

d. 绝缘夹件固定引线处应加垫附加绝缘。

e. 绝缘固定应可靠，无串动和松动。

f. 绝缘支架应无裂纹、破损、烧伤及弯曲变形。

g. 引线长短应适宜，不应有扭曲和应力集中。

h. 接头表面应平整、光滑，无毛刺、过热性变色。

i. 引线应无断股损伤。

j. 引线绝缘的厚度及间距应符合有关要求。

k. 引线绝缘应完好，无变色、变形、断股、起皱、破损、变脆。

（4）油箱及管道。

1）安全注意事项。进入变压器油箱内检修时，需考虑通风，防止工作人员窒息。

2）关键工艺质量控制。

a. 胶垫接头粘合应牢固，并放置在油箱法兰直线部位的两螺栓的中间。

b. 装配完成后整体内施加 0.035MPa 压力，保持 12h 不应渗漏。

c. 管道内部应清洁、无堵塞、锈蚀现象。

d. 进入变压器内检修人员，应避免踩踏支撑件、夹持件，避免遗留工器具和物品。

e. 定位装置不应造成铁芯多点接地。

f. 磁（电）屏蔽装置固定牢固，接地可靠，无放电痕迹。

g. 油箱内部应洁净，漆膜完整，无锈蚀、放电现象。

h. 油箱外表面应洁净，漆膜完整，无锈蚀，焊缝无渗漏点。

（5）真空热油循环。

1）安全注意事项。

a. 滤油机必须接地，滤油机管路与变压器接口可靠连接。

b. 严禁使用麦氏真空表进行抽真空，以水银吸入主变压器本体。

c. 为防止抽真空时真空泵发生故障或停用等情况，抽真空设备应装设有逆止阀或缓冲罐以防止意外情况发生。

2）关键工艺质量控制。

a. 上层油温不得超过85℃。

b. 干燥过程中应每间隔2h检查并记录绕组的绝缘电阻、铁芯和油箱等各部真空度、温度。

（6）吊装钟罩（器身）。

1）安全注意事项。

a. 起重设备的吨位要根据变压器钟罩（或器身）的重量选择，并应设置专人监护；起重工作应分工明确，专人指挥。

b. 落回或起吊钟罩（器身）时，四角应系好缆绳，由专人负责，使起吊过程其保持平稳。

c. 起重前应先拆除钟罩上的各种连接件。

d. 吊装应按照厂家规定程序进行，选用合适的吊装设备和正确的吊点。

e. 钟罩（器身）应吊放到安全宽敞的地方。当钟罩（器身）安装过程中，起吊后不能移动而需在空中停留时，应采取支撑等防止坠落措施。

2）关键工艺质量控制。

a. 吊罩（心）前应把变压器内的油排尽。

b. 排油前应先松开或拆除储油柜上部的放气螺栓或放气阀门。

c. 排油用的油泵、金属管道等均应接地良好。

d. 吊罩前应将必须拆除的接头统一拆除，拆除附件定位销及连接螺栓。

e. 装配前应确认所有组、部件均符合技术要求，并用合格的变压器油冲洗与油直接接触的组、部件。

f. 套管与引线连接后，应保证套管不受过大的横向力。

g. 装配时，应按图纸装配，确保各组、部件装配到位，固定牢靠。确保各种电气距离符合要求。

h. 应保持油箱内部的清洁、无异物，禁止有杂物掉入油箱内。

i. 变压器内部的引线、分接开关连线等不能过紧。

j. 所有连接或紧固处均应用锁母或备帽紧固。

k. 确认全部等电位连接牢固。

l. 装配完成后整体内施加 0.035MPa 压力，保持 12h 不应渗漏。

8. 排油和注油

（1）排油。

1）安全注意事项。

a. 合理安排排油所需工器具放置位置，保证施工的便利性并与带电设备保持足够的安全距离。

b. 注意在起吊油罐作业过程中要做好相关安全措施。

c. 主变压器不停电时排油时，应申请停用主变压器重瓦斯保护。

2）关键工艺质量控制。

a. 对变压器进行排油时，应将变压器及油罐的排气阀打开，必要时可接入干燥空气装置进行排油。

b. 有载分接开关的油应另外准备油泵进行排油，排出的油应分开存放。

（2）注油。

1）安全注意事项。

a. 合理安排排油所需工器具放置位置，保证施工的便利性并与带电设备保持足够的安全距离。

b. 主变压器不停电注油时，应申请停用主变压器重瓦斯保护。

2）关键工艺质量控制。

a. 抽真空前应关闭储油柜蝶阀，本体与有载分接开关应安装连通管。注油后应予拆除恢复正常。

b. 110（66）kV 及以上变压器必须进行真空注油，真空度按相应标准执行，如厂家有特殊要求应按厂家要求执行。

c. 220kV 及以上胶囊式油枕的旁通阀，抽真空时打开，注油完成后须关闭。

d. 开始抽真空后，应对变压器的器身进行检查，确保器身的局部变形不超过箱壁厚度的 2 倍。

e. 当真空度抽至指定数值时，保持 2h 以上后可以开始注油。

f. 用油泵以 3～5t/h 的速度将油注入变压器，当变压器油距箱顶约 200～300mm 时应停止注油，并继续抽真空 4h 以上。

g. 变压器的储油柜如不是全真空设计，抽真空时应将连通变压器和储油柜的阀门关闭；变压器的储油柜如是全真空设计，抽真空时可将连通变压器和储油柜的阀门打开一并抽真空。

h. 储油柜不是全真空设计的变压器在进行补油时，应从储油柜的注油管进行补油，禁止从变压器底部阀门注入。

i. 对套管升高座、上部管道孔盖、散热片、低压套管顶部、瓦斯继电器等上部的排气孔应进行多次排气，直至排尽为止。

j. 补油。

a）隔膜式储油柜补油。注油前应将隔膜上部的气体排除。由注油管向隔膜下部注油，油位略高于指定油位，待油注好后再次排除隔膜上部的气体，最后调整达到指定油位。

b）胶囊式储油柜补油。由注油管将油注满，直至排气孔出油为止。从储油柜排油管排油至油位计额定位置。

c）内油式波纹储油柜。注油过程中，时刻注意油位指针的位置，边注油边排气，调整达到指定油位。

d）外油式波纹储油柜。注油时观察油位指示，当油位指示至额定位置时，关闭呼气口阀门，打开排气口阀门，直至排气口出油，关闭排气口，停止注油。

二、断路器

（一）断路器的定义

断路器（俗称开关）是指能开断、关合和承载运行线路的工作电流，并在异常时能承载、在规定时间内开断和关合短路电流等的机械开关装置。

（二）断路器的分类

按断路器的灭弧介质可分为油断路器（以绝缘油作为灭弧介质或兼做绝缘介质的断路器）、压缩空气断路器（以压缩空气作为灭弧介质或兼做绝缘介质的断路器）、SF_6断路器（以SF_6气体作为灭弧介质或兼做绝缘介质的断路器）、真空断路器等（利用真空作为灭弧和介质的断路器，即触头可真空中开断，其真空度一般在10^{-4}Pa以上）。

按断路器装设地点可分为户内式断路器和户外式断路器。

按断路器所用操作能源形式可分为手动机构断路器、气动机构断路器、直流电磁机构断路器、弹簧机构断路器、液压机构断路器、电动机操动机构断路器等。

（三）断路器的主要参数

额定电压：断路器长时间正常工作时的最佳电压，额定电压也称为标称电压。

额定频率：在交变电流电路中1s内交流电所允许且必须变化的周期数称额定频率。

额定绝缘水平：断路器在规定的标准大气条件下，相对地间、断口间、相间耐受各种电压的能力。

额定电流和温升：额定电流指断路器长时间正常工作时的最佳电流，温升指断路器的各个部件高出环境的温度。导体通流后产生电流热效应，随着时间的推移，导体表面的温度不断地上升直至稳定的温差。

额定短时耐受电流：在规定的短时间内，断路器能够承受的电流的有效值。它的大小等于额定短路电流。一般也被称为热稳定电流。

额定短时持续时间：合闸状态下，断路器所能承载的额定短时耐受电流的时长。

额定峰值耐受电流：断路器在合闸位置所能耐受的额定短时耐受电流第一个大半波的峰值电流，等于额定短时关合电流。一般被称为动稳定电流。

额定短路开断电流：开关极限断开电流的最大能力。

额定短路关合电流：合闸时短路电流的绝限能力。

额定异相接地的开合试验。

操作和灭弧用压缩气体源的额定压力。

操动机构、辅助回路及控制回路的额定电源频率。

操动机构、辅助回路及控制回路的额定电源电压。

噪声及无线电干扰水平。

（四）断路器检修

1. 断路器检修分类及要求

（1）A 类检修。A 类检修指整体性检修及相关试验。

1）检修周期。可根据设备状态评价决策进行。

2）检修项目。包含整体更换、解体检修及相关试验。

（2）B 类检修。B 类检修指局部性检修及相关试验。

1）检修周期。可根据设备状态评价决策进行，应符合厂家说明书要求。

2）检修项目。包含部件的解体检查、维修及更换及相关试验。

（3）C 类检修。C 类检修指例行检查及试验。

1）检修周期。

a. 基准周期参照所在单位执行检修试验标准。

b. 备用设备投运前应进行检修；现场备用设备应视同运行设备进行检修。

c. 对于未开展带电检测老旧设备，检修周期不大于基准周期。

d. 以下设备的检修周期可以在周期调整后的基础上，最多延迟 1 年：

a）上次试验与其前次（或交接）试验结果相比无明显差异。

b）上次检修以来，没有经受严重的不良工况。

c）带电检测（如有）显示设备状态良好。

d）巡视中未见可能危及该设备安全运行的任何异常。

2）检修项目。包含本体及附件的检查与维护，以及相关试验。

a. 红外热成像检测。应定期对断路器断口及断口并联元件、引线头、绝缘子等部位开展红外热成像测温检测，红外图谱不应出现异常温升和温差，不同测温部位的发热诊断应参考电力行业标准 DL/T 664。

b. 断口间并联电容器。断路器若设置断口均压电容器，则应考核其在分闸状态的断口并联电容器电容量和介质损耗因数，试验结果符合产品技术规范。罐式断路器（含 SF_6 封闭式合电器断路器）的断口均压电容测量，按设备技术文件规定进行；瓷柱式断路器一般应与断口一同测量。检测结果不符合产品技术文件的规定时，可单独测试电容器的电容器和介质损耗因数。

c. 合闸电阻阻值及预接入时间。例行检修应测量断路器合闸电阻（若设置）的阻值，相同测试条件下，其初值差应符合要求；按设备技术文件规定校核合闸电阻预接入时间，若须解体方可实施检测的则应断路器解体性检修时完成。

d. 回路电阻测量。应采用不小于 100A 的直流电流压降法测量各导电部位的回路电阻，测量方法和要求参考 DL/T 593。

e. 例行测试和检测。

a）清扫瓷绝缘件，检查瓷绝缘件是否产生裂纹。

b）检查操动机构内、外部是否已积污，必要情况下进行清扫。

c）检查轴、销、锁扣和机械传动部件，一经检查发现损坏或变形应及时更换。

d）操动机构外观检查，检查是否有渗漏、螺母是否有松动等。

e）进行操动机构机械轴承等部件的润滑维护，可遵循断路器技术文件要求。

f）检查有无锈蚀痕迹，必要时实施防腐等措施进行处理。

g）分、合闸线圈电阻，储能电机工作电流，储能时间等检测结果应符合设备技术文件要求。

h）断路器应在并联分闸脱扣器额定电源电压的 85%～110%（交流）或 65%～110%（直流）范围内可靠分闸，在并联合闸脱扣器额定电源电压值的 85%～110%范围内可靠合闸。并联分、合闸脱扣器电源电压低于额定电压 30%时不动作。

i）按设备技术文件要求开展连锁和闭锁装置、防跳跃装置、缓冲器的检查。

j）应在额定操作电压下开展断路器时间特性测试，合、分闸时间，合、分闸不同期，合、分闸时间应符合技术文件要求且与历次试验结果无明显变化，应在必要时采取行程特性曲线检测以进一步分析。合、分指示以及辅助开关动作应正确。

（4）D 类检修。D 类检修指在不停电状态下进行的检修及相关试验。

1）检修周期。依据设备运行工况合理安排，确保设备正常运行使用。

2）检修项目。

a. 例行巡检。

a）巡检应重点关注断路器外观、瓷绝缘件、高压引线等有无异常声响、破损、发热、异物附着等。

b）操动机构状态检查（弹簧机构弹簧位置是否正确，液压机构油压、气动机构气压有无异常）。

c）汇控柜、机构箱等加热驱潮装置工作是否正常。

d）记录断路器开断故障电流值、开断时间及断路器的操作次数。

e）密度继电器压力值是否异常。

f）红外热成像检测。应定期对断路器断口及断口并联元件、引线头、绝缘子等部位开展红外热成像测温检测，红外图谱不应出现异常温升和温差，不同测温部位的发热诊断应参考电力行业标准 DL/T 664。

b. 带电检测。

a）超声波局部放电带电检测。在断路器带电运行条件下定期对罐式断路器进行超声波局部放电检测。

b）气体密封性检测。当定性检测发现气体泄漏或气体密度继电器显示压力值突然下

降时，应开展密封性检测，检测方法可参考 GB/T 11023 相关要求进行。

c）SF_6 气体微水检测。SF_6 气体从密度继电器处取样，取样方法参考 DL/T 1032，测量方法可参考 DL/T 506。

2. 断路器故障分析

（1）真空断路器本体故障。真空断路器本体常见故障及故障可能原因见表 3-4。

表 3-4　　真空断路器本体常见故障原因分析

序号	故障类型	故障可能原因
1	接触电阻过大	触头磨损致接触压力减小；触头间接触不均；连杆的压缩弹簧调整不当
2	触头熔焊	触头接触不良，大电流通过时过热而熔焊，导致断路器拒分
3	真空包绝缘不良	真空包漏气，绝缘下降；真空包外表面积污致外绝缘劣化，严重时可能引起其沿面闪烙
4	真空包漏气	真空包密封不良，致真空包真空度下降

（2）SF_6 断路器本体故障。SF_6 断路器本体常见故障及故障可能原因见表 3-5。

表 3-5　　SF_6 断路器本体常见故障原因分析

序号	故障类型	故障可能原因
1	均压罩及喷口松动	（1）操作次数多，运行时间久。 （2）均压罩固定不良
2	重燃	装配时残留在灭弧室的金属微粒时在操作振动和气流作用下悬浮，造成重燃；定开距设计的断路器开断空载线路时易重燃
3	断口并联电容故障	（1）并联电容器主绝缘不良。 （2）并联电容器密封不良
4	合闸电阻故障	（1）合闸电阻阻值偏高。 （2）电阻片老化，介质损耗因数超过标准限值
5	主回路接触电阻超标	（1）紧固螺栓松动或导电回路接触面磨损。 （2）连杆松动。 （3）动静触头、中间触头表面脏污，或长期运行和操作后触头表面磨损
6	SF_6 气体微水不合格	（1）本体内部的干燥剂受潮。 （2）运输和安装中导致内部绝缘件受潮。 （3）补充的 SF_6 气体含水量超标。 （4）SF_6 存在漏气现象
7	SF_6 泄漏	（1）瓷套存在裂纹或砂眼，或浇铸件有砂眼。 （2）SF_6 密度继电器接头处密封不良。 （3）SF_6 充放气接头密封性不良或连接管路安装工艺不良。 （4）密封面表面粗糙、安装工艺差及密封床老化。 （5）传动轴与轴套间密封老化

（3）断路器操作机构的常见故障。断路器操作机构常见故障及故障可能原因见表 3-6。

表 3-6　　断路器操作机构常见故障原因分析

序号	故障类型	故障可能原因
1	操作机构卡死	（1）固定连杆倾斜而卡死。 （2）销孔变形、焊接开裂、机构连板不平等引起机构连杆倾斜卡死
2	分闸铁芯启动但未分闸	（1）卡板与脱扣板扣入尺寸太多或扣合面粗糙。 （2）掣动螺钉未松到位或未松开。 （3）分闸线圈中出现并联部分断线，铁芯吸力不够
3	分闸铁芯不启动	（1）分闸线圈顶杆卡死。 （2）分闸回路的切换开关触点接触不良。 （3）分闸线圈断线或烧坏
4	脱扣卡板不复归	（1）分闸时，连板下圆角顶死在托架上，使卡板无法返回造成空合。 （2）脱扣板与卡板扣入距太少，合闸后在铁芯返回时被振动而自行分闸。 （3）脱扣板顶端下面不平整，返回时卡住。 （4）卡板复归弹簧太软，跳闸后不复位造成空合
5	合闸铁芯启动未合上	（1）合闸速度太大，剩余能量将其振开或分闸弹簧调整不当。 （2）跳闸后滚轮卡死，使滚轮无法返回造成空合。 （3）合闸铁芯返回弹簧断裂、隔磁铜圈脱落或铁芯顶杆行程不足。 （4）合闸铁芯顶杆止钉松动，造成顶杆长度变短。 （5）延时开关配合不良，过早切断电流
6	合闸铁芯不启动	（1）合闸铁芯被铜套卡死。 （2）合闸接触器线圈烧坏。 （3）合闸操作回路断线或熔丝熔断。 （4）辅助开关的触点接触不良

（4）断路器弹簧操作机构的常见故障。断路器弹簧操作机构常见故障及故障可能原因见表 3-7。

表 3-7　　断路器弹簧操作机构常见故障原因分析

序号	故障类型	故障可能原因
1	储能电机拒绝启动	储能电机发生内部短路或断线；电源回路接触不良、断线或熔丝熔断
2	电源回路故障	电源断线或接触不良引起回路故障；电动机电源辅助开关顶杆弯曲
3	离合器故障	离合器蜗轮蜗杆中心未良好调整，使蜗杆有卡阻，或离合器不能打开
4	断路器拒分	（1）操作回路熔丝熔断或断线。 （2）辅助开关触点接触不良，使分闸电磁铁不动作而不能分闸。 （3）分闸连杆冲过死点的距离太小，使断路器分不开。 （4）分闸连杆过死点太多。 （5）分闸动作电压调得太高，分闸电磁铁芯行程和冲程调整不当。 （6）分闸电磁铁铁芯存在卡涩
5	断路器拒合	（1）操作回路接触不良，断线或熔断器的熔丝熔断。 （2）斧状连板与顶块扣入距离不足，或顶块弹簧变形拉力不够造成合闸不能保持。 （3）四连杆过死点太少，受力后或振动后自行分闸，合闸保持不住。 （4）空合，分闸四连杆无法返回或返回不足。 （5）储能状态，斧状连板与牵引杆滚轮无间隙，造成四连杆无法返回。 （6）辅助开关触点接触不良。 （7）四连杆过死点太多或铁芯冲程调整不当
6	合闸连杆返回不足	合闸连杆有卡涩现象，返回不灵活

续表

序号	故障类型	故障可能原因
7	合闸锁扣锁不住而自行分闸	（1）合闸锁扣轴销弯曲变形，使锁扣位置发生变化而锁不住。 （2）合闸锁扣基座下部的顶紧螺栓未顶紧，使锁扣扣不住或扣合不稳定。 （3）牵引杆储能完毕扣合时冲击过大。 （4）合闸四连杆在未受力时，锁扣复位弹簧变形或连杆有卡死，过死点距离太少。 （5）扣入距离太多或太少造成无法保持储能

（5）断路器液压操作机构的常见故障。断路器液压操作机构常见故障及故障可能原因见表3-8。

表3-8　　　　断路器液压操作机构常见故障原因分析

序号	故障类型	故障可能原因
1	外部漏油致油泵频繁开启	油管道接头处、蓄压器活塞组合油封、工作缸活塞组合油封漏油
2	内部漏油致油泵频繁开启	（1）分位时油泵频繁启动：二级阀阀口关闭不良，致使高压油经泄油孔泄油；工作缸活塞密封垫损坏；油箱内部分管道接头漏油。 （2）合位时油泵频繁启动：合闸二级阀阀口关闭不良或二级阀活塞密封垫损坏；分闸阀阀座密封垫损坏；合闸一级阀或合闸保持逆止阀关闭不良；合闸一级阀阀座密封垫损坏；油箱内部分管道接头漏油。 （3）阀口污秽使阀口无法正确复位，经分合操作几次后，频繁启动可消失
3	蓄压器故障	（1）蓄压筒缸体密封垫损伤，高压油泄漏至氮气引起压力异常。 （2）氮气筒逆止阀关闭不良，活塞密封圈或活塞杆密封圈损坏
4	油泵故障	油泵无法停止：微动开关接点或中间继电器接点异常，造成油泵无法停止 油泵不启动：油泵马达损坏、微动开关接点接触不良、电源回路故障
5	液压系统建压慢或不能建压	（1）液压系统及油泵滤网堵塞、内部空气未排尽、逆止阀钢球或吸油阀钢球密封不良。 （2）复位弹簧或柱塞卡死
6	断路器拒动	（1）分合闸一级球阀未打开或打开距离太小。 （2）辅助开关未能正常切换或接点接触不良、接点不通。 （3）分合闸阀杆头部顶杆弯曲，或分合闸动铁芯与电磁铁上磁轭间出现卡滞，或线圈损坏
7	断路器拒合	（1）球阀严重泄漏致自保持回路失效，合闸控制管和逆止阀有堵塞点，或阀系统严重泄漏致控制系统闭锁合闸功能。 （2）合闸电磁铁芯行程调节有误，影响合闸一级阀打开
8	断路器拒分	（1）分闸电磁铁芯行程未调节好，致使分闸一级阀打不开或打开太小。 （2）阀系统严重泄漏，控制系统闭锁分闸功能
9	断路器合闸后又分闸	（1）逆止阀、分闸一级阀严重泄漏。 （2）节流孔堵塞导致合闸保持腔内无高压油补充
10	断路器误动	（1）分合闸电磁线圈起动电压太低，又发生直流回路绝缘不良。 （2）液压系统和控制管道内存在大量气体。 （3）阀系统严重漏油

3. SF_6断路器常见故障检修

（1）SF_6断路器检漏。断路器检漏的方法可分为定量和定性两种。

1）定量检漏采用扣罩法。断路器充气压力达到额定压力后，静置一定时间，吹扫断路器本体及气体管路周围的残余气体，采取塑料布包裹24h后用检漏仪测量罩内上、下、左、右、前、后共6个点的SF_6气体浓度为D_1、D_2、D_3、D_4、D_5、D_6，求得平均浓度为$D=(D_1+D_2+D_3+D_4+D_5+D_6)/6$。

式中 V_1——断路器单相的体积；

V——密封系统容积；

F_r——充气压力。

环境温度可参考三比值曲线表，根据下列公式则可计算出漏气率和年漏气率。

$$漏气率\ F=D\times(V_m-V_1)\cdot p/t\ (MPa\cdot m^3/s)$$

$$年漏气率\ F_Y=F\times 31.5\times 106/V\times(F_r+0.1)\times 100‰$$

式中 p——标准大气压。

2）定性检漏又分为抽真空检漏和检漏仪检漏两种。现场常用检漏仪来检漏方法如下：

断路器装配完毕后，先充入不低于0.02MPa的SF_6气体，再充入干燥的氮气至0.45MPa，然后用SF_6检漏仪检漏，应无漏点。

（2）SF_6气压降低应采取的措施。

1）检查气体密度继电器表计指示值，若未发生明显漏气，则属于长时间运行中的气压下降，应由专业人员带电补气。

2）若发生明显的漏气，且SF_6气体压力下降至第二报警值时，密度继电器动作，报出"合闸闭锁""分闸闭锁"信号时，断路器不能跳分、合闸，应向调度员申请将断路器停止运行，并采取下列措施：

a. 取下操作保险，挂"禁止分闸"警告牌。

b. 将故障断路器倒换到备用母线上或旁路母线上，经母联断路器或旁路断路器供电。

c. 设法带电补气，不能带电补气者，负荷转移后停电补气。

d. 严重缺气的断路器只能做隔离开关用。如不能由母联断路器或旁路断路器代替缺气断路器工作，应转移负荷，把缺气断路器的电流降为零后，再断开断路器。

3）发生漏气时，确认闭锁信号是否正确报出，当发生SF_6气体严重泄漏且有刺激性气味逸出，自感不适，应采取防止中毒的措施。

三、隔离开关

（一）隔离开关的定义

隔离开关是指在分位置时，触头间有符合规定要求的绝缘开距和明显的断开位置标识；在合闸状态下，隔离开关能承载正常回路条件下的工作电流及在规定时间内异常条件下的故障电流所造成的相应电动力冲击的开关设备。

（二）隔离开关的分类

按装设地点可分为户内式隔离开关和户外式隔离开关。

按极数可分为单极隔离开关和三极隔离开关。

按绝缘支柱数目可分为单柱式隔离开关、双柱式隔离开关和三柱式隔离开关。

按隔离开关的动作方式可分为闸刀式、旋转式和插入式。

按有无接地开关（地刀）可分为有接地隔离开关和无接地隔离开关。

按所配操动机构可分为手动式隔离开关、电动式隔离开关、气动式隔离开关和液压式隔离开关。

（三）隔离开关检修

1. 检修分类及要求

检修工作分为四类：A 类检修、B 类检修、C 类检修、D 类检修。

A 类检修：整体性检修。检修项目主要包含整体更换、解体检修。检修周期按照设备状态评价决策进行，应符合厂家说明书要求。

B 类检修：局部性检修。检修项目主要包含部件的解体检查、维修及更换。检修周期按照设备状态评价决策进行，应符合厂家说明书要求。

C 类检修：例行检查及试验。检修项目包含本体及外观检查维护、操动机构检查维护及整体调试。检修周期可以参考国家电网公司隔离开关五通检修标准。

D 类检修：在不停电状态下进行的检修。检修项目包含专业巡视、辅助二次元器件更换、金属部件防腐处理、传动部件润滑处理、箱体维护等不停电工作。检修周期依据设备运行工况及时安排，保证设备正常功能。

2. 故障检修要点

（1）导电回路。

1）导电回路。

实际状态：隔离开关导电回路出现异常放电声或者导体出现腐蚀现象。

检修策略：开展 B 类检修，查明原因并处理或者更换导体。

2）红外热像检测。

实际状态：触头及设备线夹等部位温度为 90～130℃或相对温差为 80%～95%时，触头及设备线夹等部位温度大于 130℃，或相对进行 B 类检修，更换触头、设备线夹等部件温差大于 95%时。

检修策略：开展 C 类检修，对接触部位进行处理，必要时进行 B 类检修，更换触头、设备线夹等部件。

3）均压环。

实际状态：均压环严重锈蚀、变形、破损。

检修策略：开展 B 类检修，更换均压环。

4）软连接。

实际状态：软连接断片或松股。

检修策略：开展 B 类检修，处理或更换软连接。

5）一次接线端子。

实际状态：一次接线端子出现裂纹或破损。

检修策略：开展 B 类检修，更换接线端子。

6）导电回路电阻测量。

实际状态：隔离开关接触面电阻为制造厂规定值的 1.2～1.5 倍或与历史数据比较有明显增加；为制造厂规定值的 1.5～3.0 倍；超过制造厂规定值的 3.0 倍。

检修策略：开展 C 类检修，对接触部位进行处理，必要时进行 B 类检修，更换相应导电部件。

7）分、合闸操作状况。

实际状态：分合不到位、三相同期不满足要求、电动操作失灵、机构电动机出现异常声响现象。

检修策略：开展 C 类检修，进行分合闸调试，必要时开展 B 类检修，更换损坏零部件。

（2）绝缘子。

1）外绝缘水平。

实际状态：爬电比距不满足最新污秽等级要求且没有采取防污闪措施或者干弧距离不满足要求。

检修策略：开展 B 类检修，加装伞裙或喷涂防污闪涂料，必要时更换绝缘子；开展 A 类检修，更换绝缘子。

2）瓷柱脏污。

实际状态：瓷柱外表有明显污秽或者瓷柱外表有严重污秽。

检修策略：开展 C 类检修，进行清扫。

3）瓷柱破损。

实际状态：瓷柱有轻微破损；瓷柱有较严重破损，但破损位置不影响短期运行；瓷柱有严重破损或裂纹。

检修策略：开展 C 类检修，停电检查，根据检查结果做相应修补或更换处理；开展 B 类检修，停电检查修补、更换；开展 A 类检修，停电检查、更换。

4）瓷柱放电。

实际状态：瓷柱外表面有轻微放电或轻微电晕；瓷柱外表面有明显放电或较严重电晕。

检修策略：开展 D 类检修，加强紫外成像检测，必要时安排 C 类检修，当外绝缘不满足当地污秽等级要求时，对断路器瓷套加装伞裙或喷涂防污闪涂料；必要时做停电更换处理。

（3）操动机构及传动部分。

1）传动部件。

实际状态：分合闸不到位，存在卡涩现象或者出现裂纹、紧固件松动等现象。

检修策略：开展 C 类检修，进行分合闸调试，必要时开展 B 类检修，更换损坏的零部件。

2）机构箱密封。

实际状态：密封不良或者密封不良，箱内有积水。

检修策略：开展 D 类检修，进行密封或者烘干处理，必要时安排 C 类检修。

3）加热器。

实际状态：不能投入或者失灵。

检修策略：开展 D 类，更换损坏的零部件。

4）操动机构的动作情况。

实际状态：电动操动机构在额定操作电压下分、合闸 5 次，动作不正常；手动操作机构操作不灵活，存在卡涩。

检修策略：开展 C 类检修，检查缺陷原因，进行相应处理。

5）二次回路绝缘电阻。

实际状态：二次回路绝缘电阻低于 2MΩ。

检修策略：开展 C 类检修，查明原因，进行相应处理。

6）辅助开关。

实际状态：切换不到位、接触不良。

检修策略：开展 C 类检修，调整或更换辅助开关。

7）机械连锁。

实际状态：机械联锁性能不可靠。

检修策略：开展 C 类检修，进行检查调整，必要时开展 B 类检修，更换联锁部件。

3. 检修实例分析

隔离开关主要包括单柱垂直伸缩式、双柱水平开启式、双柱水平伸缩式、三柱（双柱）水平旋转式本体检修。检修原理及部件大致原理类似，本章以单柱垂直伸缩式本体检修为例进行说明，其他类型不做详细介绍。

（1）单柱垂直伸缩式本体检修（整体更换）。

a. 安全注意事项。

a）电动机构二次电源确已断开，隔离措施符合现场实际条件。

b）拆、装隔离开关时，结合现场实际条件适时装设临时接地线。

c）按厂家规定正确吊装设备。

b. 关键工艺质量控制。

a）前期准备。

Ⅰ. 检查包装箱无破损，核对产品数量、产品合格证、安装使用说明书、出厂试验报告等技术文件齐全。

Ⅱ. 检查各导电部件无变形、缺损，导电带无断片、断股、焊接处无松动，镀银层厚度符合标准（厚度不小于 20μm，表面完好无脱落）。

Ⅲ. 均压环（罩）和屏蔽环（罩）外观清洁、无毛刺、变形，焊接处牢固无裂纹。

Ⅳ. 绝缘子探伤试验合格，外观完好、无破损、裂纹，胶装部位应牢固。

Ⅴ. 底座无锈蚀、变形，转动轴承转动部位灵活，无卡滞、异响。

Ⅵ. 操动机构箱体外观无变形、锈蚀，箱内各零部件应齐全，无缺损、连接无松动。

Ⅶ. 操动机构箱密封条、密封圈完好，无缺损、龟裂，且密封良好。

b）底座组装。

Ⅰ. 底座安装牢固且在同一水平线上。

Ⅱ. 连接螺栓紧固力矩值符合产品技术要求，并做紧固标记。

c）绝缘子组装。

Ⅰ. 应垂直于底座平面，同一绝缘子柱的各绝缘子中心应在同一垂直线上；同相各绝缘子柱的中心线应在同一垂直平面内。

Ⅱ. 各绝缘子间安装时可用调节垫片校正其水平或垂直偏差。

Ⅲ. 连接螺栓紧固力矩值符合产品技术要求，并做紧固标记。

d）均压环（罩）和屏蔽环（罩）安装水平、连接紧固、排水孔通畅。

e）导电部件组装。

Ⅰ. 导电带无断片、断股，焊接处无裂纹，连接螺栓紧固，旋转方向正确。

Ⅱ. 接线端子应涂薄层电力复合脂，触头表面涂层应根据本地环境条件确定。

Ⅲ. 合闸位置符合产品技术要求，触头夹紧力均匀接触良好。

Ⅳ. 分闸位置触头间的净距离或拉开角度，应符合产品的技术要求。

Ⅴ. 动、静触头及导电连接部位应清理干净，并按厂家规定进行涂覆。

Ⅵ. 检查所有紧固螺栓，力矩值符合产品技术要求，并做紧固标记。

f）传动部件组装。

Ⅰ. 传动部件与带电部位的距离应符合有关技术要求。

Ⅱ. 连杆应与操动机构相配合，连接轴销无锈蚀、缺失。

Ⅲ. 当连杆损坏或折断可能接触带电部分而引起事故时，应采取防倾倒、弹起措施。

Ⅳ. 转动轴承、拐臂等部件，安装位置正确固定牢固，齿轮咬合准确操作轻便灵活。

Ⅴ. 定位、限位部件应按产品的技术要求进行调整，并加以固定。

Ⅵ. 检查破冰装置是否完好。

Ⅶ. 复位或平衡弹簧的调整应符合产品技术要求，固定牢固。

Ⅷ. 传动箱固定可靠、密封良好、排水孔通畅。

g）闭锁装置组装。

Ⅰ. 隔离开关、接地开关机械闭锁装置安装位置正确，动作准确可靠并具有足够的机械强度。

Ⅱ. 机械闭锁板、闭锁盘、闭锁销等互锁配合间隙符合产品技术要求。

Ⅲ. 连接螺栓紧固力矩值符合产品技术要求，并做紧固标记。

h）操动机构组装。

Ⅰ. 安装牢固，同一轴线上的操动机构位置应一致，机构输出轴与本体主拐臂在同一中心线上。

Ⅱ. 合、分闸动作平稳，无卡阻、无异响。

Ⅲ. 辅助开关安装牢固，动作灵活，接触良好。

Ⅳ. 二次接线正确、紧固，备用线芯有装绝缘护套。

Ⅴ. 机构箱接地、密封、驱潮加热装置完好，连接螺栓紧固。

Ⅵ. 组装完毕，复查所有连接螺栓紧固，力矩值符合产品技术要求，并做紧固标记。

i）设备调试和测试。

Ⅰ. 合、分闸位置及合闸过死点位置符合厂家技术要求。

Ⅱ. 三相同期应符合厂家技术要求。

Ⅲ. 电气及机械闭锁动作可靠。

Ⅳ. 限位装置应准确可靠，到达分、合极限位置时，应可靠地切除电源。

Ⅴ. 操动机构的分、合闸指示与本体实际分、合闸位置相符。

Ⅵ. 主回路电阻测试，符合产品技术要求。

Ⅶ. 接地回路电阻测试，符合产品技术要求。

Ⅷ. 二次元件及控制回路的绝缘电阻及电阻测试符合技术要求。

Ⅸ. 辅助开关切换可靠、准确。

（2）触头及导电臂检修。

1）安全注意事项。

a. 在分闸位置，应用固定夹板固定导电折臂。

b. 起吊时应采用适合吊物重量的专用吊带或尼龙吊绳。

2）关键工艺质量控制。

a. 静触头杆（座）表面应平整、无严重烧损、镀层无脱落。

b. 抱轴线夹、引线线夹接触面应涂以薄层电力复合脂，连接螺栓紧固。

c. 钢芯铝绞线表面无损伤、断股、散股，切割端部应涂保护清漆防锈。

d. 动触头夹（动触头）无过热、无严重烧损、镀层无脱落。

e. 引弧角无严重烧伤或断裂情况。

f. 动触头夹座与上导电管接触面无腐蚀，连接紧固。

g. 动触头夹座上部的防雨罩性能完好，无开裂、缺损。

h. 导电臂无变形、损伤、锈蚀。

i. 夹紧弹簧及复位弹簧无锈蚀、断裂，外露尺寸符合技术要求。

j. 导电带及软连接无断片或断股，接触面无氧化，镀层无脱落，连接螺栓紧固。

k. 中间触头及触头导电盘完好无破损、过热变色，防雨罩完好无破损。

l. 中间接头连接叉、齿轮箱无开裂及变形，圆柱销、轴套、滚轮完好。

m. 触头表面应平整、清洁。

n. 平衡弹簧无锈蚀、断裂，测量其自由长度，符合技术要求。

o. 导向滚轮无磨损、变形。

p. 连接螺栓紧固，力矩值符合产品技术要求，并做紧固标记。

（3）导电基座检修。

1）安全注意事项。

a. 结合现场实际条件适时装设临时接地线。

b. 按厂家规定正确吊装设备。

2）关键工艺质量控制。

a. 基座完好，无锈蚀、变形。

b. 转动轴承座法兰表面平整，无变形、锈蚀、缺损。

c. 转动轴承座转动灵活，无卡滞、异响。

d. 检查键槽及连接键是否完好。

e. 调节拉杆的双向接头螺纹完好，转动灵活，轴孔无磨损、变形。

f. 检查齿轮完好无破损、裂纹，并涂以适合当地气候的润滑脂。

g. 检修时拆下的弹性圆柱销、挡圈、绝缘垫圈等，应予以更换。

h. 导电带安装方向正确。

i. 接线座无变形、裂纹、腐蚀，镀层完好。

j. 连接螺栓紧固，力矩值符合产品技术要求，并做紧固标记。

（4）均压环检修。

1）安全注意事项。

a. 起吊时应采用适合吊物重量的专用吊带或尼龙吊绳。

b. 起吊时吊物应保持水平起吊，且绑缆风绳控制吊物摆动。

c. 结合现场实际条件适时装设临时接地线。

2）关键工艺质量控制。

a. 均压环完好，无变形、无缺损。

b. 安装牢固、平正，排水孔通畅。

c. 焊接处无裂纹，螺栓连接紧固，力矩值符合产品技术要求，并做紧固标记。

（5）绝缘子检修。

1）安全注意事项。

a. 起吊时应采用适合吊物重量的专用吊带或尼龙吊绳。

b. 绝缘子拆装时应逐节进行吊装。

c. 结合现场实际条件适时装设临时接地线。

2）关键工艺质量控制。

a. 绝缘子外观及绝缘子辅助伞裙清洁无破损。

b. 绝缘子法兰无锈蚀、裂纹。

（6）传动及限位部件检修。

1）安全注意事项。

a. 断开机构二次电源。

b. 结合现场实际条件适时装设临时接地线。

2）关键工艺质量控制。

a. 传动连杆及限位部件无锈蚀、变形，限位间隙符合技术要求。

b. 垂直安装的拉杆顶端应密封，未封口的应在拉杆下部打排水孔。

c. 轴套、轴销、螺栓、弹簧等附件齐全，无变形、锈蚀、松动，转动灵活连接牢固。

d. 转动部分涂以适合当地气候的润滑脂。

（7）底座检修。

1）安全注意事项。

a. 电动机构二次电源确已断开，隔离措施符合现场实际条件。

b. 拆、装隔离开关时，结合现场实际条件适时装设临时接地线。

2）关键工艺质量控制。

a. 底座无变形，接地可靠，焊接处无裂纹及严重锈蚀。

b. 底座连接螺栓紧固、无锈蚀，锈蚀严重应更换，力矩值符合产品技术要求，并做紧固标记。

c. 转动部件应转动灵活，无卡滞。

（8）机械闭锁检修。

1）安全注意事项。

a. 断开电机电源和控制电源，二次电源隔离措施符合现场实际条件。

b. 结合现场实际条件适时装设临时接地线。

2）关键工艺质量控制。

a. 操动机构与本体分、合闸位置一致。

b. 闭锁板、闭锁盘、闭锁杆无变形、损坏、锈蚀。

c. 闭锁板、闭锁盘、闭锁杆的互锁配合间隙符合相关技术规范要求。

d. 机械连锁正确、可靠。

e. 连接螺栓力矩值符合产品技术要求，并做紧固标记。

（9）调试及测试。

1）安全注意事项。

a. 结合现场实际条件适时装设临时接地线。

b. 工作人员工作时，应及时断开电机电源和控制电源。

2）关键工艺质量控制。

a. 调整时应遵循“先手动后电动”的原则进行，电动操作时应将隔离开关置于半分半合位置。

b. 限位装置切换准确可靠，机构到达分、合位置时，应可靠地切断电机电源。

c. 操动机构的分、合闸指示与本体实际分、合闸位置相符。

d. 合、分闸过程中无异常卡滞、异响，主、弧触头动作次序正确。

e. 合、分闸位置及合闸过死点位置符合厂家技术要求。

f. 调试、测量隔离开关技术参数，符合相关技术要求。

g. 调节闭锁装置，应达到“隔离开关合闸后接地开关不能合闸，接地开关合闸后隔离开关不能合闸”的防误要求。

h. 与接地开关间闭锁板、闭锁盘、闭锁杆间的互锁配合间隙符合相关技术规范要求。

i. 电气及机械闭锁动作可靠。

j. 检查螺栓、限位螺栓紧固，力矩值符合产品技术要求，并做紧固标记。

k. 主回路接触电阻测试，符合产品技术要求。

l. 接地回路接触电阻测试，符合产品技术要求。

m. 二次元件及控制回路的绝缘电阻及直流电阻测试。

（10）接地开关检修。

1）整体更换。

a. 安全注意事项。

a）电动机构二次电源确已断开，隔离措施符合现场实际条件。

b）拆、装隔离开关时，结合现场实际条件适时装设临时接地线。

b. 关键工艺质量控制。

a）前期准备。

Ⅰ. 检查包装箱无破损，核对产品数量、产品合格证、安装使用说明书、出厂试验报告等技术文件齐全。

Ⅱ. 检查各导电部件无变形、缺损，导电带无断片、断股、焊接处无松动。

Ⅲ. 均压环（罩）和屏蔽环（罩）外观清洁、无毛刺、变形，焊接处牢固无裂纹。

Ⅳ. 绝缘子探伤试验合格，外观完好、无破损、裂纹，胶装部位应牢固。

Ⅴ. 底座无锈蚀、变形，转动轴承转动部位灵活，无卡滞、异响。

Ⅵ. 操动机构箱体外观无变形、锈蚀，箱内各零部件应齐全，无缺损、连接无松动。

b）底座组装。

Ⅰ. 底座安装牢固且在同一水平线上，相间距误差：220kV 及以下不大于 10mm，220kV 以上不大于 20mm。

Ⅱ. 连接螺栓紧固力矩值符合产品技术要求，并做紧固标记。

c. 绝缘子组装。

a）应垂直于底座平面，同一绝缘子柱的各绝缘子中心应在同一垂直线上；同相各绝缘子柱的中心线应在同一垂直平面内。

b）各绝缘子间安装时可用调节垫片校正其水平或垂直偏差。

c）连接螺栓紧固力矩值符合产品技术要求，并做紧固标记。

d）均压环（罩）和屏蔽环（罩）安装水平、连接紧固、排水孔通畅。

e）导电部件组装。

Ⅰ. 导电基座、触头、导电臂安装位置正确，连接螺栓紧固。

Ⅱ. 接线端子应涂薄层电力复合脂，触头表面应根据本地环境条件确定。

Ⅲ. 合闸位置符合产品技术要求，触头夹紧力均匀接触良好。

Ⅳ. 分闸位置触头间的净距离或拉开角度，应符合产品的技术要求。

Ⅴ. 动、静触头及导电连接部位应清理干净，并按厂家规定进行涂覆。

Ⅵ. 导电带无断片、断股，焊接处无裂纹，连接螺栓紧固，旋转方向正确。

Ⅶ. 检查所有紧固螺栓，力矩值符合产品技术要求，并做紧固标记。

f）传动部件组装。

Ⅰ. 传动部件与带电部位的距离应符合有关技术要求。

Ⅱ. 连杆应与操动机构相配合，连接轴销无锈蚀、缺失。

Ⅲ. 当连杆损坏或折断可能接触带电部分而引起事故时，应取防倾倒、弹起措施。

Ⅳ. 转动轴承、拐臂等部件，安装位置正确固定牢固。

Ⅴ. 定位、限位部件应按产品的技术要求进行调整，并加以固定。

g）闭锁装置组装。

Ⅰ. 隔离开关、接地开关间机械闭锁装置安装位置正确，动作准确可靠并具有足够的机械强度。

Ⅱ. 机械闭锁板、闭锁盘、闭锁销等互锁配合间隙符合产品技术要求。

Ⅲ. 连接螺栓紧固力矩值符合产品技术要求，并做紧固标记。

h）操动机构组装。

Ⅰ. 安装牢固，同一轴线上的操动机构位置应一致，机构输出轴与本体主拐臂在同一中心线上。

Ⅱ. 合、分闸动作平稳，无卡阻、无异响。

Ⅲ. 辅助开关安装牢固，动作灵活，接触良好。

Ⅳ. 二次接线正确、紧固，备用线芯有装绝缘护套。

Ⅴ. 机构箱接地、密封、驱潮加热装置完好，连接螺栓紧固。

Ⅵ. 组装完毕，复查所有连接螺栓紧固，力矩值符合产品技术要求，并做紧固标记。

i）设备调试和测试。

Ⅰ. 合、分闸位置及合闸过死点位置符合厂家技术要求。

Ⅱ. 三相同期应符合厂家技术要求。

Ⅲ. 电气及机械闭锁动作可靠。

Ⅳ. 限位装置应准确可靠，到达分、合极限位置时，应可靠地切除电源。

Ⅴ. 操动机构的分、合闸指示与本体实际分、合闸位置相符。

Ⅵ. 主回路接触电阻测试，符合产品技术要求。

Ⅶ. 二次元件及控制回路的绝缘电阻及电阻测试符合技术要求。

2）触头及导电臂检修。

a. 安全注意事项。

a）起吊时应采用适合吊物重量的专用吊带或尼龙吊绳。

b）结合现场实际条件适时装设临时接地线。

b. 关键工艺质量控制

a）导电臂拆解前应做好标记。

b）静触头表面应平整、清洁，镀层无脱落；触头压紧弹簧无弹性良好，锈蚀、断裂。

c）动触头座与导电臂的接触面清洁无腐蚀，导电臂无变形、损伤，连接紧固。

d）触头表面应平整、清洁。

e）软连接无断股、焊接处无开裂、接触面无氧化、镀层无脱落，连接紧固。

f）所有紧固螺栓，力矩值符合产品技术要求，并做紧固标记。

3）均压环检修。

a. 安全注意事项。

a）起吊时应采用适合吊物重量的专用吊带或尼龙吊绳。

b）结合现场实际条件适时装设临时接地线。

b. 关键工艺质量控制。

a）均压环完好，无变形、无缺损。

b）安装牢固、平正，排水孔通畅。

c）焊接处无裂纹，螺栓连接紧固，力矩值符合产品技术要求，并做紧固标记。

4）传动及限位部件检修。

a. 安全注意事项。

a）断开机构二次电源。

b）结合现场实际条件适时装设临时接地线。

b. 关键工艺质量控制。

a）传动连杆及限位部件无锈蚀、变形，限位间隙符合技术要求。

b）垂直安装的拉杆顶端应密封，未封口的应在拉杆下部打排水孔。

c）传动连杆应采用装配式结构，不应在施工现场进行切焊装配。

5）机械闭锁检修。

a. 安全注意事项。

a）断开电机电源和控制电源，二次电源隔离措施符合现场实际条件。

b）结合现场实际条件适时装设临时接地线。

b. 关键工艺质量控制。

a）操动机构与本体分、合闸位置一致。

b）闭锁板、闭锁盘、闭锁杆无变形、损坏、锈蚀。

c）闭锁板、闭锁盘、闭锁杆的互锁配合间隙符合相关技术规范要求。

d）机械连锁正确、可靠。

e）连接螺栓力矩值符合产品技术要求，并做紧固标记。

6）接地开关调试及测试。

a. 安全注意事项。

a）结合现场实际条件适时装设临时接地线。

b）工作人员工作时，应及时断开电机电源和控制电源。

b. 关键工艺质量控制。

a）调整时应遵循“先手动后电动”的原则进行，电动操作时应将接地开关置于半分半合位置。

b）限位装置切换准确可靠，机构到达分、合位置时，应可靠地切断电机电源。

c）操动机构的分、合闸指示与本体实际分、合闸位置相符。

d）合、分闸过程无异响、卡滞。

e）合、分闸位置符合厂家技术要求。

f）调试、测量隔离开关技术参数，符合相关技术要求。

g）调节闭锁装置，应达到“隔离开关合闸后接地开关不能合闸，接地开关合闸后隔离开关不能合闸”的防误要求。

h）与隔离开关间闭锁板、闭锁盘、闭锁杆间的互锁配合间隙符合相关技术规范要求。

i）电气及机械闭锁动作可靠。

j）检查螺栓、限位螺栓紧固，力矩值符合产品技术要求，并做紧固标记。

k）主回路接触电阻测试，符合产品技术要求。

l）二次元件及控制回路的绝缘电阻及直流电阻测试。

（11）电动操作机构检修。

1）整体更换。

a. 安全注意事项。

a）检查电动机构的电机电源和控制电源确已断开，二次电源隔离措施符合现场实际条件。

b）拆除操动机构外接二次电缆接线后，裸露线头应进行绝缘包扎。

b. 关键工艺质量控制。

a）安装牢固，同一轴线上的操动机构安装位置应一致；机构输出轴与本体主拐臂在同一中心线上。

b）机构动作应平稳，无卡阻、异响等情况。

c）机构输出轴与垂直连杆间连接可靠，无移位、定位销锁紧。

d）电动机构的转向正确，机构的分、合闸指示与本体实际分、合闸位置相符。

e）限位装置切换准确可靠，机构到达分、合位置时，应可靠地切断电机电源。

f）辅助开关应安装牢固，动作灵活，接触良好。

g）二次接线正确、紧固、美观，备用线芯应有绝缘护套。

h）电气闭锁动作可靠，外接设备闭锁回路完整，接线正确动作可靠。

i）机构组装完毕，检查连接螺栓紧固，力矩值符合产品技术要求，并做紧固标记。

2）电动机检修。

a. 安全注意事项。

a）电机电源和控制电源确已断开，二次电源隔离措施符合现场实际条件。

b）拆除操动机构外接二次电缆接线后，裸露线头应进行绝缘包扎。

b. 关键工艺质量控制。

a）安装接线前应核对相序。

b）检查轴承、定子与转子间的间隙应均匀，无摩擦、异响。

c）电机固定牢固，联轴器、地角、垫片等部位应做好标记，原拆原装。

d）检查电机绝缘电阻、直流电阻符合相关技术标准要求。

3）减速器检修。

a. 安全注意事项。

a）工作前断开电机电源并确认无电压。

b）减速器应与其他转动部件完全脱离。

b. 关键工艺质量控制。

a）减速器齿轮轴、齿轮完好无锈蚀。

b）减速器齿轮轴、齿轮配合间隙符合厂家规定，并加适量符合当地环境条件的润滑脂。

4）二次部件检修。

a. 安全注意事项。

a）电机电源和控制电源确已断开，二次电源隔离措施符合现场实际条件。

b）拆除操动机构外接二次电缆接线后，裸露线头应进行绝缘包扎。

b. 关键工艺质量控制。

a）测量分、合闸控制回路绝缘电阻符合相关技术标准要求。

b）接线端子排无锈蚀、缺损，固定牢固。

c）辅助开关、中间继电器等二次元件，转换正常、接触良好。

5）手动操动机构检修。

a. 整体更换安全注意事项。

a）检查机构二次电源隔离措施符合现场实际条件。

b）操动机构二次电缆裸露线头应进行绝缘包扎。

b. 整体更换关键工艺质量控制。

a）安装牢固，同一轴线上的操动机构安装位置应一致；机构输出轴与本体主拐臂在同一中心线上。

b）机构动作应平稳，无卡阻、异响等情况。

c）机构输出轴与垂直连杆间连接可靠，无移位、定位销锁紧。

d）辅助开关应安装牢固，动作灵活，接触良好。

e）二次接线正确、紧固、美观，备用线芯应有绝缘护套。

f）电气闭锁动作可靠，外接设备闭锁回路完整，接线正确动作可靠。

g）机构箱内封堵严密，外壳接地可靠。

h）机构组装完毕，检查连接螺栓紧固，力矩值符合产品技术要求，并做紧固标记。

6）机构检修。

a. 安全注意事项。

a）工作前断开辅助开关二次电源。

b）检修人员避开传动系统。

b. 关键工艺质量控制。

a）机构传动齿轮配合间隙符合技术要求，转动灵活、无卡涩、锈蚀。

b）机构传动齿轮应涂符合当地环境条件的润滑脂。

c）接线端子排无锈蚀、缺损，固定牢固。

d）辅助开关转换可靠、接触良好。

e）二次接线正确，无松动、接触良好，排列整齐美观。

（12）例行检查。

1）安全注意事项。

a. 检查电机电源和控制电源确已断开，二次电源隔离措施符合现场实际条件。

b. 结合现场实际条件适时装设个人保安线。

2）关键工艺质量控制。

a. 隔离开关在合、分闸过程中无异响、无卡阻。

b. 检测隔离开关技术参数，符合相关技术要求。

c. 触头表面平整接触良好，镀层完好，合、分闸位置正确，合闸后过死点位置正确符合相关技术规范要求。

d. 触头压（拉）紧弹簧弹性良好，无锈蚀、断裂，引弧角无严重烧伤或断裂情况。

e. 导电臂及导电带无变形，导电带无断片、断股，镀层完好，连接螺栓紧固。

f. 动、静触头及导电连接部位应清理干净，并按厂家规定进行涂覆。

g. 接线端子或导电基座无过热、变形、裂纹，连接螺栓紧固。

h. 均压环无变形、歪斜、锈蚀，连接螺栓紧固。

i. 绝缘子无破损、放电痕迹，法兰螺栓无松动，粘合处防水胶无破损、裂纹。

j. 传动部件无变形、开裂、锈蚀及严重磨损，连接无松动。

k. 转动部分涂以适合本地气候条件的润滑脂。

l. 轴销、弹簧、螺栓等附件齐全，无锈蚀、缺损。

m. 垂直拉杆顶部应封口，未封口的应在垂直拉杆下部合适位置打排水孔。

n. 机械闭锁盘、闭锁板、闭锁销无锈蚀、变形，闭锁间隙符合相关技术规范。

o. 底座支撑及固定部件无变形、锈蚀，焊接处无裂纹。

p. 底座轴承转动灵活无卡滞、异响，连接螺栓紧固。

q. 设备线夹无裂纹、无发热。

r. 引线无烧伤、断股、散股。

s. 电气及机械闭锁动作可靠。

第四节　实　践　案　例

一、变压器检修实践案例

本培训案例介绍变压器典型缺陷内容。通过学习，初步了解变压器非电量设备缺陷、变压器渗漏油缺陷。掌握变压器消缺前准备工作和相关安全、技术措施、技术要求数据分析判断，以及变压器消缺大致流程。

变电检修第一岗位人员应精通变压器缺陷发现、研判、缺陷处理相关流程；熟悉工作前的准备工作、变压器结构，了解相关试验规程及标准测；变电检修第二岗位人员应精通变压器缺陷发现、研判；熟悉工作前准备工作、危险点分析及控制措施；了解缺陷处理相关流程。

（一）变压器检修试验典型案例分析一

11 时 02 分，监控当值值班人员电告：××变电站 2 号主变压器有载压力释放告警动作。

11 时 45 分，当值运检员赶到××变电站，对现场设备进行检查，检查监控后台“2 号主变压器有载压力释放”光字牌点亮，保护屏“有载压力释放”灯亮。现场检查 2 号主变压器有载压力释放阀（见图 3-1）未动作，压力释放阀无喷油迹象，油温、油位及有载呼吸器检查无异常。

图 3-1 2 号主变压器有载压力释放阀铭牌

220kV ××变电站 2 号主变压器为正常运行状态，2 号主变压器本体、有载压力释放均投信号。2 号主变压器上次检修试验数据合格。

13 时 50 分，运检人员测量 2 号主变压器本体端子箱到 2 号主变压器保护屏间电缆对地绝缘是否良好，经检查测量 2 号主变压器本体端子箱到 2 号主变压器保护屏间电缆对地电阻在正常范围内，在 2 号主变压器本体端子箱测量绝缘电阻，发现 2 号主变压器有载压力释放阀到本体端子箱之间的绝缘不良。

15 时 45 分，运检人员检查发现 2 号主变压器有载压力释放阀辅助开关接点严重受潮、密封胶片严重老化，将节点解体、接触铜片表面锈蚀部位清理干净，并长时间烘干处理后重新安装，信号仍然无法复归。

通过运检人员初步检查并按常规处理后缺陷无法复归，因此联系专业检修人员进场进行专业处理，免去了常规缺陷的重复性处理时间，解放专业人员人力，处理更加疑难的缺陷，从而使设备状态管控力增强，设备缺陷隐患管控更有成效。通过对缺陷隐患的发现、检修消缺流程压减，明显扭转了历年来缺陷遗留总数不断上升的趋势。

随后，专业检修人员携带备品更换有载压力释放装置电接点开关并更换防雨罩后，恢复正常。根据对 2 号主变压器有载压力释放阀检查结果判断，2 号主变压器有载压力释放阀动作发信的原因是原防雨罩面积偏小，防水效果欠佳，且有载压力释放阀内部密封圈老化破裂，导致水汽进入有载压力释放阀节点内部节点受潮、内部接触铜片锈蚀、接线端子生锈，引起误发信。

（二）变压器检修试验典型案例分析二

11：00 时运检人员巡视发现××变电站 2 号主变压器 110kV 侧严重漏油，地面有明显油迹（见图 3-2），经变检现场检查为 35kV 套管升高座手孔板处漏油（2～3 滴/s，没有呈现线状滴油，中间有间断），如图 3-2 所示。

运检人员在巡视中发现问题并根据运维班巡视记录反馈例行巡视工作情况，未发现该主变压器有渗漏油情况。同时近期班组针对高温负荷加强设备特殊巡视工作，通过对视频系统历史记录调阅，可以看出运维人员对 2 号主变压器开展特殊巡视，且主变压器区域地面无漏油痕迹，因此判定为新出的缺陷。

运检人员通过前期“运检合一”培训，立即根据学习的主变压器相关结构原理展开

图 3-2　现场漏油情况

分析。该主变压器由于 2 号主变压器缺陷发生时漏油速度较快，而发现缺陷时主变压器表计油位尚处中间正常位置，可以判断非长时间漏油。初步判断 2 号主变压器漏油部位密封圈安装阶段工艺控制不到位未落槽，随着油温和压力的上升，密封件突然移位或断裂使密封失效，造成突发漏油。

随后由于主变压器本体油位下降，若引起更大缺陷后果不堪设想，因此立即组织开展以下相关工作：

经变电运检人员带电补油，已经将主变压器本体油位从 5 格补油至 7 格。

消缺前运维班内部加强设备特殊巡视，利用巡检机器人实时跟踪油位情况和主变压器套管红外测温。

以上工作较以往联系传统检修人员进站处理，明显提升了工作效率，减少了车辆与人力资源，特别是减少了工作环节，加快了缺陷处理进度。紧急处理完成后，立即与专业检修人员联系分享前期检查信息，免去了缺陷的重复性处理时间，解放专业人员人力。

运检人员于晨 4 时至 8 时对××变电站 2 号主变压器该漏油缺陷进行停电处理。经专业检修人员现场检查，漏油具体位置为 35kV 套管升高座手孔封板右上角，检查该封板一圈螺丝均紧固无松动，取下该封板后发现，密封圈在落槽内整体无错位、无断裂，但漏油处密封圈已完全压扁，形变量过小，裕度偏小，如图 3-3 所示。经测量落槽的深度为 5.5mm，取下后的密封圈厚度为 7.0mm，密封圈材质为丙烯酸酯。

图 3-3　漏油位置密封圈

检修人员现场更换该密封圈（见

图 3-4），厚度为 8.0mm，材质为丁腈橡胶，并用 25N·m 力矩对封板螺丝进行紧固，注油后观察无渗漏油，缺陷消除。同时运检人员现场全场配合工作，加快了缺陷的处理效率。

图 3-4 更换新的密封圈

经现场检查分析，35kV 套管升高座手孔封板落槽与密封圈尺寸不匹配是导致本次漏油缺陷的主要原因。原密封圈采用的丙烯酸酯材料，材质偏软，机械强度较差，装入落槽挤压后形变量小，裕度偏小，经过变压器运行油温和压力升高，导致密封面出现缝隙突发性漏油。而更换后的丁腈橡胶机械性能更好，更多地应用于变压器油封等场合；此外，35kV 升高座手孔封板尺寸过大，对加工工艺的要求较高，精度不满足要求也是漏油的原因之一。

二、断路器检修实践案例

本培训案例介绍断路器典型缺陷内容。通过学习，初步了解断路器分闸线圈烧坏、断路器无法储能缺陷。掌握断路器消缺前准备工作和相关安全、技术措施、技术要求数据分析判断，以及断路器消缺大致流程。

变电检修第一岗位人员应精通断路器缺陷发现、研判、缺陷处理相关流程；熟悉工作前的准备工作、变压器结构，了解相关试验规程及标准测；变电检修第二岗位人员应精通断路器缺陷发现、研判；熟悉工作前准备工作、危险点分析及控制措施；了解缺陷处理相关流程。

（一）断路器典型案例分析一

运检人员遥控操作 220kV××变电站 35kV 开关柜时分闸失败。事件经过如下：2018 年 10 月 11 日 2 点 17 分，220kV××变电站 35kV3692 开关遥控拉不开，运检人员立即

根据现场情况及现象展开分析，判断开关柜分闸线圈烧掉或者机械部分卡死，报紧急缺陷，并立即开展抢修工作。此过程与“运检合一”前运维人员停止操作后联系检修人员进站处理的模式相比，节省了缺陷有效处理时间，使得检修效率和检修时效性大大提升。

“运检合一”后运检人员能自行先行处理紧急缺陷，提升工作效率，增加消缺处理的时效性，从而设备状态管控力增强，设备缺陷隐患管控更有成效。

2018 年 10 月 11 日 2 点 20 分，220kV××变电站 35kV3692 开关遥控拉不开，现场运检人员自行初步分析开关柜分闸线圈烧掉或者机械部分卡死，判断需要停 35kVⅠ段母线进行紧急分闸操作，并立即开展抢修工作。运检人员拉开 1 号主变压器 35kV 开关使 35kVⅠ段母线失电，但发现无法拉开 35kV3691 线开关。判断 35kV3691 线开关存在相似故障原因。随后通过人工解锁摇进机构联锁拉出两台开关，并对开关无法分闸现象进行检查。

经过运检人员自行详细检查，发现 35kV3692 开关、35kV3691 线开关分闸线圈烧损，手动分闸无效，将手车拉至检修位置，并由专业检修人员进站处理，而运检人员在现场检查设备情况并分析原因，为专业检修人员提供研判信息及分析。经过研判，初步判断：手动分闸，其传动轴转动，合闸保持掣子、分闸脱扣器存在卡滞无法顺利脱开。判断为：机构箱内分闸传动轴与合闸保持掣子之间配合问题（需要专业检修人员携带专用工具打开检查）。

运检人员在检修人员到场前首先自行按照常规处理步骤，先对 3691 开关烧毁的分闸线圈进行了更换，节省了消缺时间。对 3691 开关分闸脱扣机构进行逐项的分析、排查，发现：

分闸线圈回路可正常导通，无异常。

分闸线圈通电后可有效吸合，无异常。

分闸半轴转动灵活，与分闸线圈及紧急分闸导杆传动灵活，无异常。

分闸半轴与分闸掣子在合闸状态下可有效扣接，无异常。

分闸掣子安装无移位、掣子无明显形变，金属元素检测合格，无异常。

合闸保持滚轮安装无移位、装配体各部件无明显变形，无异常。

分闸掣子与合闸保持滚轮在合闸状态下可稳定支撑，无异常。

在专业检修人员进场后，通过运检人员初步检查并按常规处理后缺陷，免去了常规缺陷的重复性处理时间，解放专业人员人力，处理更加疑难的缺陷。随后发现分闸掣子与合闸保持滚轮间相互运动存在卡涩现象，遂对分闸掣子接触面表面进行清洁、润滑处理后，连续分合验证 20 余次可正常分合，未再次出现分闸失灵现象。运检人员继而对 35kV 3692 开关线圈进行更换，并进行了逐项的分析排查。结果与 3691 一致，并按照 3691 开关机构的处理方案对 3692 开关进行了处理，并进行分合验证，连续分合验证 20 余次可正常分合，未再次出现分闸失灵现象。

35kV 3692 开关及 3691 开关排障完成后，对两台断路器分别进行了电动、手动分合试验，高电压、低电压分合试验，断路器机械特性试验，结果无异常，且未出现拒分现象。

专业检修人员通过在现场观察分闸掣子与合闸保持滚轮相对运动卡涩，发现图 3-5 中圈出位置即分闸掣子接触面较粗糙并发现接触面表面有漆痕，其粗糙度及接触面表面处理要求与设计要求有出入。进而发现，接触面被摩擦过的油漆凹凸不平且有毛刺，加大了接触面的粗糙度。

而如图 3-6 框线中所示，合闸状态下分闸掣子接触面配合，分闸掣子对侧的支撑则与分闸半轴扣接。半轴转动后，掣子与滚轮相对滑动并分离。而掣子接触面与滚轮表面需保证要求的光滑度才能有效相对滑动，且通过接触位置润滑增强效果。

本批机构所使用的分闸掣子与设计要求不符，在接触面位置进行了喷漆处理。经过研判，初步判断本次出现的断路器拒分原因主要为分闸掣子接触面喷漆后粗糙度大、润滑不足导致。

图 3-5　开关分闸掣子

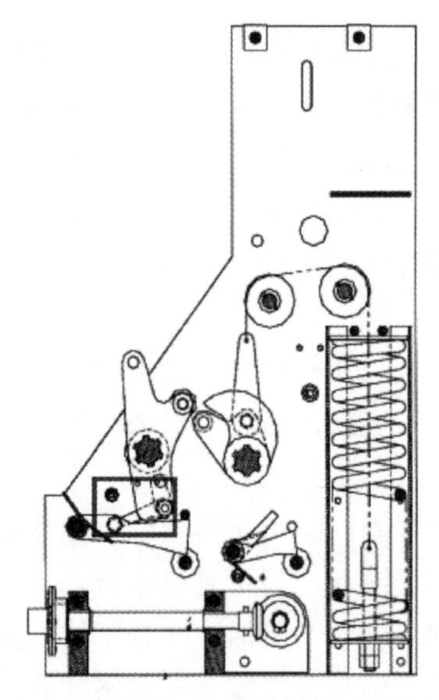

图 3-6　开关分闸掣子与合闸保持滚轮相对位置

在本次 220kV××变电站 35kV 开关异常事件处置过程中，运检人员自行完成了信息收集、故障研判、现场检查、验证、故障隔离、试验，体现了变电“运检合一”后有序开展故障应急处置的能力。在专业检修人员进场前省去了“运检合一”前冗余的工作流程及步骤，节省了常规缺陷的重复性处理时间，为检修人员争取了更多宝贵的时间用于处理更加疑难的缺陷，使得设备缺陷管控更有成效。通过本案例可以发现，“运检合一”后故障检修运转流畅，专业壁垒逐渐破除，运检人员与检修人员沟通顺畅，消缺更为及时。

同时，现场处置中也存在一些有待改进的问题：

现场厂家提供的图纸资料中对机构各种间隙的具体尺寸标注不明。该批次供货情况资料订单暂时无法查证。

现场检测设备及试验设备等条件有限，部分检查项目如零件具体尺寸、材质比对、

粗糙度检测等需做进一步检查。

现场临时处理后，依然不能完全排除分闸失败故障再次发生的风险。35kVⅡ段间隔未进行全面排查试验，存在较大安全风险。

下一步工作为：

计划在 10 月 17 日前对 35kVⅡ段间隔进行全面试验排查，并在此之前对该站 35kV 出线和开关柜加强巡视，缩短带电检测周期，并恢复有人值守；制订全面排查计划，对同类产品进行深入排查。保持与同调度部门、厂家沟通，制订该批次断路器机构更换方案。

要求厂家及时提供详细的机构部件尺寸和该批次供货情况资料，对机构部件供货厂家情况进行全面跟踪。

10 月 13 日对问题机构进行现场拆解分析，计划 10 月 16 日对问题机构进行返厂检测，运检人员与检修人员全程陪同见证，对同一类型该批次机构进行反复分合试验，并深入分析确认其他可能因素产生的影响，出具专业、深入、可靠的检测分析报告。

后续在开关柜出厂验收中抽检机械寿命特性试验。

（二）断路器检修试验典型案例分析二

某供电公司开展 220kV 间隔设备例行检修期间，因试验工作需要进行断路器弹簧机构储能操作，合上断路器控制电源、储能电机电源后，断路器 A 相、C 相储能成功，但 B 相弹簧电机持续空转而始终无法正常储能，如图 3－7 所示。

在打开断路器机构箱后，工作人员观察到该相储能指示为“未储能”，储能机构离合器与相邻两相相差 90°，B 相离合器上的棘爪未能复位，导致储能失败。经对储能机构进行检查，查明储能机构离合器的棘爪（见图 3－8）出现卡涩，是造成 B 相断路器储能弹簧始终未能到位的原因。

图 3－7　开关 B 相弹簧未储能

图 3－8　储能机构离合器卡涩

为了进一步判断卡涩的原因，运检人员开始收集断路器历史试验报告、断路器安装记录、机构使用说明书、断路器历次操作记录。经查，该断路器操动机构为液压弹簧机构，于 1 年前投入运行，最近一次送电合闸时间也在 1 年前，也意味着距离该断路器弹簧储能已过去 1 年多，至本次检修前仅有一次分闸操作。储能机构是为开关合闸提供能量的机构，不能储能将会导致开关无法再次合、分闸，将延误线路送电。

该储能机构的离合器在完成装配、螺栓紧固后，厂家装配人员涂上锁固剂，由于将锁固剂误涂到了棘爪的轴鞘（见图 3-9）孔隙，导致锁固剂固化后使棘爪出现卡涩，最终导致在储能过程中棘爪无法复位，储能电机空转，储能失败。为避免该相储能机构棘爪运行中再次发生卡涩，运检人员同生产厂家协商决定对该离合器进行了更换，从而消除了无法储能的缺陷。

图 3-9　储能机构离合器轴鞘孔

三、隔离开关检修实践案例

本培训案例介绍隔离开关典型缺陷内容。通过学习，初步了解隔离开关放电、隔离开关无法操作。掌握隔离开关消缺前准备工作和相关安全、技术措施、技术要求数据分析判断，以及隔离开关消缺大致流程。

变电检修第一岗位人员应精通隔离开关缺陷发现、研判、缺陷处理相关流程；熟悉工作前的准备工作、变压器结构，了解相关试验规程及标准测；变电检修第二岗位人员应精通隔离开关缺陷发现、研判；熟悉工作前准备工作、危险点分析及控制措施；了解缺陷处理相关流程。

（一）隔离开关典型案例分析一

220kV××变电站 2Q33 线副母闸刀 A 相支持绝缘子法兰对瓷件放电异常。2Q33 线运检人员复役操作过程中发现正母闸刀合闸后辅助接点不到位，停止操作后运检人员现场立即自行消缺处理后继续顺序操作。现场大雾天气，2Q33 线正母闸刀合上后，运行人员发现 2Q33 线路副母闸刀 A 相支持绝缘子法兰对瓷件存在放电声，专业检修人员现场处理后，7 点 35 分 2Q33 线顺利复役。

××变电站地区污秽等级属于Ⅲ级污染等级，工业密度较大且靠近海岸，常年遭受高污染及强海风、高盐份多重影响。据当地气象站在故障时段观测的气象数据，9 时至翌日 4 时期间，异常区域天气情况为：多云转小雨，气温在 17～24℃间，东南风 3～4 级，湿度 98%。2Q33 线副母闸刀厂家：某开关有限公司；型号：SPVT；支持绝缘子高度：2.3m；爬距：6300mm；比距：25mm/kV。

针对××变电站处于污秽区域，在本次检修前，运检人员进行现场勘察时，用望远镜重点观察了全站所有闸刀表面、绝缘子表面、电压互感器和电流互感器表面等室外设备是否存在污秽，各类设备是否存在放电现象。检修过程中通过干冰冲洗对 2Q33 副母闸刀的导电部分（重点是闸刀触头部分）进行清洁处理，确保触头不因为积污而发生投运后出现闸刀发热现象，绝缘电阻试验合格。本次检修对 2Q33 副母闸刀支持绝缘子使用绒布及清洗液进行擦拭处理并重新涂抹了防水漆，防止绝缘子因积污造成运行过程发生设备闪络。2Q33 线副母闸刀 A 相支持绝缘子法兰对瓷件放电情况是运检人员进行 2Q33 线倒闸复役操作时发现的，之前在巡视和夜间特殊巡视过程中未发现此问题。

220kV××变电站运检人员在 2Q33 线复役操作过程中，在合 2Q33 线正母闸刀后值班员发现现场后台位置未到位。检修人员到现场后检查发现该正母闸刀机构箱内辅助开关信号接点接触不良，导致闸刀合位时，后台信号仍为分位。运检人员在核对图纸，排除二次原因后，发现是辅助开关接点问题，后来更换为另一副接点得到继续操作，免去“运检合一”前需要上报流程，让专业检修人员进场消缺，延误复役时间，若没有后续异常，此次复役操作可以圆满完成，解放车辆资源、专业人员人力去处理更加疑难的缺陷，从而使设备状态管控力增强，设备缺陷隐患管控更有成效。

运检人员在现场消缺处理后可以继续操作，但在 2Q33 线正母闸刀合上后，2Q33 线路副母闸刀靠近断路器及正母闸刀一端带电，现场发现 A 相支持绝缘子存在较大放电声，如图 3－10 所示。

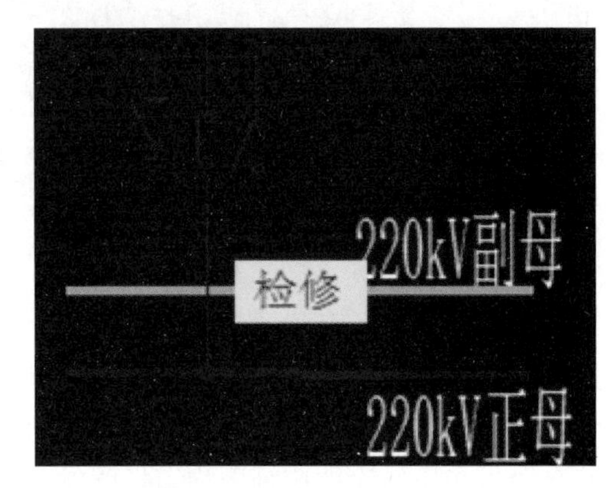

图 3－10　2Q33 线路正母闸刀合上后异常状态示意图

随后现场对 2Q33 线路副母闸刀 A 相支持绝缘子进行检查。判断因 A 相支持绝缘子法兰面对绝缘子放电，目测支持绝缘子无污秽附着现象，于是现场向调度申请对 2Q33 线路副母闸刀 A 相支持绝缘子进行检查。

随后，2Q33 线改为开关检修，检修人员进场后立即对绝缘子表面及法兰面进行全面检查，未发现绝缘子表面存在明显污垢和绝缘子漆面破损现象。检修人员讨论对法兰面使用清洗液及绒布重新清理法兰面，发现 2Q33 线路副母闸刀 A 相支持绝缘子法兰面对瓷件反而放电现象愈加明显，中间法兰和底座法兰处皆出现放电现象。

经分析，根据支持绝缘子因为检修时进行过认真清洗，表面并无污秽附着，且再次清洗后放电更加明显的情况，判断因为 2Q33 晚上复役，××变电站附近为化工园区且现场天气潮湿，法兰对瓷件第一次轻微放电声是由于潮湿空气带有大量不洁颗粒物及检修时清理法兰面时力度过大造成法兰面绝缘层轻微磨损，第二次更加严重的放电声是由于多次清理法兰面后反而造成法兰面绝缘层磨损更为严重，从而导致法兰面与瓷件接触面场强畸变引起更严重的放电。

从现场分析来看清洗液均用绒巾擦拭干净，而分离水珠使绝缘子表面电场增大，但对表面电位影响小许多，不改变整体电场和电位分布及趋势；它对电场畸变的影响范围仅在大伞裙外侧较短距离（如 0.5cm）以内的区域，对于同样形状的瓷支柱绝缘子和复合支柱绝缘子表面分离水珠对电位的畸变差别很小，因此可以排除是由于清洗液遗留造成法兰对瓷子放电原因，场强变化主要由于检修及抢修时多次擦拭法兰，造成法兰面表面磨损，从而改变了法兰及瓷子绝缘处场强造成第二次更为严重的法兰对瓷子放电，如图 3－11 所示。

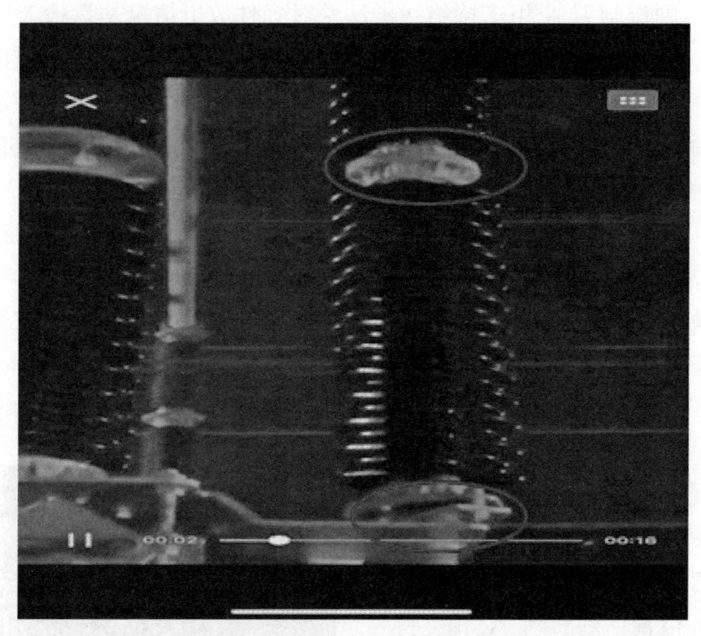

图 3－11　2Q33 线路副母闸刀 A 相支持绝缘子法兰对瓷件两处放电

××变电站现场存放了为防火防水工作准备的少量 3M 绝缘涂料。3M 涂料具有较好的绝缘性能，将其在接触面涂抹均匀后可有效地均衡支柱绝缘子表面场强，避免放电现象的发生，RTV 涂料是为了加大支柱绝缘子的绝缘强度，由于放电并非是由于绝缘距离不够产生，在均匀涂抹接触面均衡场强效果与 3M 绝缘涂料一致，为缩短抢修时间，并未回到运检室重新取 RTV 涂料。

为验证 3M 涂料涂抹是否涂抹均匀，防止因涂抹不均匀造成复役后继续存在放电，现场对三相支持绝缘子进行了耐压试验验证。试验后发现 A 相支持绝缘子放电现象消失。

当地气象台相继发布大雾橙色预警，××变电站所在区域夜间天气阴冷潮湿且空气中携带大量不洁颗粒是造成第一次法兰对绝缘子瓷件放电原因。

检修人员检修过程及抢修过程对副母闸刀的支持绝缘子及法兰面进行清理，反而加

重场强的不均匀分布，造成清理后第二次更为严重的法兰对瓷件放电现象。

本次220kV××变电站2Q33线间隔复役副母闸刀A相支持绝缘子法兰对瓷件轻微放电处置，运检人员在第一阶段自行处理，节省消缺处理时间，在复役发生问题后到位处置，应急处置快速高效，免去“运检合一”前需要上报流程，让专业检修人员进场消缺，延误复役时间，若没有后续异常，此次复役操作可以圆满完成，解放车辆资源、专业人员人力去处理更加疑难的缺陷，从而使设备状态管控力增强，设备缺陷隐患管控更有成效。但遇到无法解决的问题时，还需专业检修人员进场处理，通过使用耐压高压试验来验证涂抹效果，缺陷得到完全消除，2Q33线间隔顺利复役。

检修工艺不到位。检修时对法兰面的处理并未注意法兰面及瓷子间清洁处理工艺，对于清洁时未注意不能对法兰面绝缘造成破坏。

运检人员污秽处理经验不足。复役过程发生轻微放电后，现场运检人员不能根据现场情况及时判断轻微放电是由于夜间复役时，潮湿空气携带大量不洁颗粒且法兰面绝缘轻微破坏造成的。同时检修人员在抢修时再次擦拭反而加重法兰面绝缘层的破坏，未使用让法兰面及瓷子场强均匀的措施如涂RTV涂料，应急处置方法不妥当。

抢修时考虑回到运检室取RTV涂料需要2个多小时时间，为了加快抢修时间，采用涂抹3M绝缘漆均匀场强的方法，未向上级汇报，征得省公司同意。在抢修时间及抢修方法规范性上，取得最优抢修方案。

还需要进一步处理的措施如下：

检修前应结合天气情况和地区污染情况的预判和对法兰面及瓷件接触面检查，对在长时间处于高污染地区运行变电站制订针对性的检修方案，建议增加法兰与瓷件接触面涂抹RTV措施，且涂抹后必须利用高压试验进行验证涂抹效果。

加强运检人员检修处理和技能建设培训，提升检修现场应急状况处理能力，提高绝缘子法兰面防水防闪络处理的检修工艺。

加强抢修的规范性。对于抢修时使用方案及方法上如果需要临时使用新方法及新材料，应事先汇报省公司，征求专业意见，取得省公司同意后再行开展相关抢修。

（二）隔离开关典型案例分析二

在倒闸操作期间，运检人员操作时该间隔副母闸刀无法正常分闸，设备信息：型号为SPV；电压等级为252kV。

现场运检人员进行手动分闸失败，无法正常分闸。由于该间隔副母闸刀使用时间较长，副母闸刀上导电臂由于内部卡涩导致无法正常分闸。根据国家电网公司相关反措要求对上导电臂进行反措更换，如图3-12所示。

随后两名操作人员立刻转变身份，一人转变为工作负责人，一人转变为工作许可人，进行工作许可手续。交接与许可完毕后，工作负责人再带领运检人员进行消缺工作，工作无缝衔接，提升了缺陷处理的时效性。

运检人员对该间隔副母闸刀上导电臂进行更换，同时进行现场关键点见证拍照，并相互配合讨论副母闸刀分闸失败的原因以及处理措施，进一步体现了“运检合一”的深

图 3－12　副母闸刀上导电臂更换

度融合。更换上导电臂以后进行回路电阻测试，回路电阻合格。随后进行检修验收，验收合格，工作顺利结束，为期两天。

此次缺陷检修时间为期两天，顺利验收投产，充分体现了"运检合一"高效、快捷的工作效率，避免了以往烦琐的中间过程，共同讨论缺陷处理措施，相互学习，进一步保证设备安全稳定运行，充分保障电力可靠安全运行。后期处理建议：

严格管控超周期设备，对于超周期副母闸刀要进行更换上导电臂反措。

在倒闸操作时，对于副母闸刀要手动分闸，尽量避免直接电动分闸，以防副母闸刀上导电臂卡死无法分闸，导致电动机损坏。

第四章

电气试验“一岗多能”培养

第一节 专 业 背 景

为加快构建现代设备管理体系，有效落实设备运检全业务核心班组建设要求，电网企业围绕“降低重心、贴近设备、强化基础、精益管理”的工作思路，不断优化变电生产组织模式，推动设备主人工作深化实施，稳步建设和培育变电运检班组，打造“设备主人+全科医生”变电运检核心队伍。变电“运检合一”的生产模式革新，打破了组织关系和个人技能要求等方面的壁垒，挖掘了人员潜力，发挥了不同专业的优势，从而达到优化人力资源调配，为原本人力资源极度紧张的基层单位释放了人力资源。“一岗多能”培训旨在通过优化培训方向、明确培养目标，提升运检专业员工的专业核心能力。

传统的电力系统设备状态管理，由运维和检修两个部门共同承担，客观上造成了设备状态管理的责任不够集中、状态管控不够全面、统筹难以有效实施。变电云心岗位人员对设备状态的管理往往停留在故障的初步认识和分析，缺乏对设备结构、原理的认识，因而对缺陷、隐患等状态理解程度不能满足有效管控的要求。检修业务统包管理，使得运维、检修人员的精力分散，难以充分发挥专业优势，极易形成设备状态的管理真空地段，为电网的安全运行埋下隐患。

众所周知，电气设备在设计和制造工艺不良，或在安装运输过程中出现损坏，造成一些潜伏性故障。此外，由于运行中受过电压、短路冲击、热、化学、机械振动及其他因素的影响，电气设备的绝缘性能会出现劣化，甚至失去绝缘性能。据统计，电力系统60%以上的停电事故是由电气设备的绝缘缺陷引起的。电气设备缺陷的存在和发展，往往会使高压电气设备在工作电压或一般操作过电压的作用下，引起绝缘击穿事故，使电气设备损坏，从而造成电网部分或大面积停电。为了保证电力系统运行安全，防止设备损坏事故的发生，使运行的设备和大修后及新投产的设备具有一定的绝缘水平和良好的性能，对电力设备进行一系列的电气试验是非常必要的。电气试验按其作用和要求，可分为绝缘试验和特性试验。电气试验按设备所处的不同生命周期，可分为型式试验、出厂试验、交接试验、例行试验、诊断性试验。

随着电力系统变电运维、检修“二元”管理模式向变电运检模式转变，电网企业立足变电运检设备主人管理模式，充分挖掘变电运检岗位青年员工潜力，创新运检岗位人员培训模式，实现运检岗位人员“一岗多能”能力建设势在必行。因此，提升电气试验岗位人员专业核心能力，积极引导设备主人掌握电力设备电气试验、检测相关技能，对运检单位全面感知设备状态，及时、准确处理缺陷，降低设备故障率具有重要的现实意义，也是运检设备主人向“全科医生”转型的必经之路。

第二节　预　期　目　标

电气试验岗位人员经“一岗多能”相应阶段的培养，预期应具备不同阶段培养目标下的电气试验基础能力和专业能力。基础能力应掌握电气试验基础、安全工作规程；专业能力应掌握高电压试验专业理论、操作技能、试验结果的分析。高电压试验专业理论应掌握电气设备结构及原理、试验标准及规范、试验方法及原理；操作技能应掌握试验设备的原理、试验方案编制、试验设备使用与维护和试验操作；试验结果分析能力应具备试验数据分析与判定、试验报告编制。

一、第一年“一岗多能”培养目标

电气试验青年员工第一年“一岗多能”培养目标见表4-1。

表4-1　　第一年“一岗多能”电气试验岗位培养目标表

电气试验第一岗位预期目标	
精通	（1）绝缘电阻试验原理与方法。 （2）变电站一次设备例行停电试验项目。 （3）红外热成像检测技术。 （4）变电站一次设备的结构及原理。 （5）电力安全工作规程的相关规定
熟悉	（1）电工基础理论。 （2）电介质放电理论。 （3）紫外成像检测技术。 （4）电力系统过电压。 （5）介质损耗因数的测量原理与方法。 （6）变电站带电检测项目
了解	（1）直流泄漏及直流耐压试验原理与方法。 （2）变电站及输电线路防雷保护。 （3）交流耐压试验原理与方法。 （4）局部放电试验原理与方法。 （5）绝缘油试验原理与方法。 （6）电力变压器诊断性试验
电气试验第二岗位预期目标	
精通	（1）电力安全工作规程的相关规定。 （2）变电站一次设备例行停电试验项目。 （3）超声波局部放电检测技术。 （4）暂态地电波检测技术。 （5）红外热成像检测技术

续表

电气试验第二岗位预期目标	
熟悉	（1）电力变压器带电检测。 （2）GIS 本体带电检测。 （3）开关柜带电检测。 （4）避雷器带电检测。 （5）绝缘电阻试验原理与方法。 （6）变电站一次设备的结构与原理
了解	（1）电工基础理论。 （2）电力系统过电压。 （3）变电站及输电线路防雷保护。 （4）绝缘电阻试验原理与方法。 （5）介质损耗因数试验原理与方法。 （6）电气试验相关标准及规程

二、第三年“一岗多能”培养目标

青年员工第三年“一岗多能”培养目标见表 4-2。

表 4-2　　第三年“一岗多能”电气试验岗位培养目标表

电气试验第一岗位预期目标	
精通	（1）直流泄漏及直流耐压试验原理与方法。 （2）介质损耗因数的测量原理与方法。 （3）变电站一次设备结构与原理。 （4）超声波局部放电检测技术。 （5）SF_6 气体检测方法
熟悉	（1）避雷器泄漏电流与阻性电流检测技术。 （2）电气试验相关标准及规程。 （3）绝缘油试验原理与方法。 （4）高压断路器试验。 （5）局部放电试验原理与方法。 （6）电力系统绝缘配合
了解	（1）SF_6 气体泄漏红外成像检漏技术。 （2）变电站一次设备诊断性试验。 （3）变电站常规保护的概念和原理。 （4）变电站电气连锁及闭锁概念和原理。 （5）特高频具备放电检测技术。 （6）电力电缆带电检测
电气试验第二岗位预期目标	
精通	（1）开关柜超声波及地电波检测方法。 （2）SF_6 气体检测技术。 （3）变电站带电检测试验项目及周期。 （4）绝缘电阻试验原理与方法。 （5）电工基础理论
熟悉	（1）变电站一次设备的结构与原理。 （2）变电站一次设备例行试验项目。 （3）直流泄漏电流和直流耐压试验。 （4）介质损耗因数测量的原理与方法。 （5）超声波局部放电检测技术。 （6）特高频局部放电检测技术

续表

电气试验第二岗位预期目标	
了解	（1）电气试验相关标准及规程。 （2）SF_6气体泄漏红外成像检漏技术。 （3）交流耐压试验原理与方法。 （4）局部放电试验原理与方法。 （5）变电站一次设备诊断性试验项目

三、第五年“一岗多能”培养目标

青年员工第五年“一岗多能”培养目标见表4-3。

表4-3　　　　第五年“一岗多能”电气试验岗位培养目标表

电气试验第一岗位预期目标	
精通	（1）电力变压器例行停电试验。 （2）高压断路器例行停电试验。 （3）交流耐压试验原理和方法。 （4）绝缘油试验原理与方法。 （5）互感器诊断性试验
熟悉	（1）电力变压器诊断性试验。 （2）高压断路器诊断性试验。 （3）GIS设备诊断性试验。 （4）局部放电试验原理与方法。 （5）特高频局部放电检测技术
了解	（1）局部放电试验仪器、装备选择。 （2）特高频、超声波局部放电声电联合检测。 （3）变电站一次设备非电量保护概念及原理。 （4）变电站电气连锁及闭锁概念和原理。 （5）SF_6气体泄漏红外成像检漏。 （6）消弧线圈试验和系统有关参数测量
电气试验第二岗位预期目标	
精通	（1）电力变压器带电检测。 （2）GIS设备带电检测。 （3）避雷器泄漏电流和阻性电流检测技术。 （4）直流泄漏和直流耐压试验原理及操作。 （5）介质损耗因数的测量原理与方法
熟悉	（1）交流耐压试验原理与方法。 （2）电压互感器、耦合电容器带电检测。 （3）电力电缆带电检测。 （4）高频局部放电检测技术。 （5）特高频局部放电检测技术
了解	（1）变电站一次设备的诊断性试验项目。 （2）局部放电试验原理与方法。 （3）SF_6气体泄漏红外成像检漏。 （4）电介质放电理论。 （5）电力系统绝缘配合

第三节　培　训　内　容

电气试验岗位人员培训内容包括电力安全工作规程、电气试验基础、电力一次设备结构与原理、常规试验项目、电气试验检测原理及方法、变电站带电检测、电气试验相关规程和标准等。

一、电气试验基础

（一）电工基础理论

电工基础理论作为电气试验及运检岗位专业技术、技能从业人员开展电气试验工作必备的基础能力，应在岗位培养时着重加强学习。

电工基础理论主要包括电路的基本概念和基本定律、直流电路、电容器、磁场和电磁感应、单相正弦交流电路、三相正弦交流电路、非正弦周期电流电路、电路的过渡过程、磁路与交流铁芯线圈、电工测量基础知识、直流电流和电压的测量、电阻的测量、交流电压和电流的测量、交流电压和电流的测量、功率和电能的测量等。

1. 电路的基本概念和基本定律

本节应熟悉电路的基本概念、电路的基本构成；掌握电气元件的概念以及典型电路。

2. 直流电路

本节应掌握电阻并联、串联和混联电路的等效电阻的计算，掌握电阻串联电路的电压分配规律和电阻并联电路的电流分配规律，以及电阻的星形连接与三角形连接的等效变换方法；了解等效网络的概念。

3. 电容器

本节应熟悉电容器的概念、电容器主要技术参数、电容元件的概念，掌握电容元件的伏安关系和电容元件储能的计算方法、电容元件串、并联电路的等效电容的计算方法。

4. 磁场和电磁感应

本节应熟悉磁场、磁感应线、磁感应强度、磁通量、磁导率、磁场强度、涡流、互感等概念，掌握载流长直导线和载流螺线管周围磁场的分布、安培环路定理、法拉第电磁感应定律和楞次定律。

5. 单相正弦交流电路

本节应熟悉正弦交流电的特征量、功率因数、复阻抗和复导纳、正弦交流电路中的谐振等概念，掌握正弦交流电路各相关物理量之间的关系、向量图的画法，掌握电阻、电容、电感元件的电压和电流的瞬时值、有效值、瞬时功率、平均功率的计算方法。

6. 三相正弦交流电路

本节应掌握对称三相正弦电压、正序、负序的概念，掌握三相电路的连接方式，掌握星形连接和三角形连接的三相电路的线电压与相电压、线电流与相电流之间的关系，能够进行对称三相电路定量分析和计算；了解对称三相正弦电压产生的原理。

7. 非正弦周期电流电路

本节应掌握非正弦周期量的有效值、平均值及平均功率的计算方法，了解非正弦周期信号、谐波分量的概念。

8. 电路的过渡过程

本节应了解电路过渡过程的概念，熟悉其产生的原因；熟悉 RC 串联电路的充放电物理过程、RL 串联电路与直流电压源接通时和 RL 串联电路短接时暂态的物理过程，掌握换路定律和初始值的计算方法、RC 串联电路充放电过程中的电压和电流变化规律、时间常数的概念和 RC 电路的时间常数计算方法。

9. 磁路与交流铁芯线圈

本节应熟悉磁路、磁阻的概念，熟悉磁路的节点、支路和回路的概念，以及软磁材料和硬磁材料特点；掌握磁路的基尔霍夫定律和欧姆定律，掌握铁磁性物质的磁滞回线、磁导率和基本磁化曲线，掌握交流铁芯线圈的电动势平衡方程、铁芯损耗、电路模型及相量图；了解交流铁芯线圈的电压、电流和磁通的波形。

10. 电工测量的基本知识

本节应熟悉测量方法分类的方式和各类测量方法的概念，熟悉系统误差、偶然误差、疏失误差的概念，熟悉电工测量仪表的分类、各类仪表的概念和特点；掌握绝对误差和相对误差的概念和计算方法。

11. 直流电流和电压的测量

本节应熟悉磁电系测量机构的基本结构、工作原理，熟悉磁电系仪表的准确度、灵敏度、刻度特性、使用范围等技术性能；掌握扩大电磁系电流表、电压表量程的方法；了解磁电系电流表、电压表的结构。

12. 电阻的测量

本节应熟悉直流电阻不同测量方法（伏安测量法、万用表法、单臂电桥法、双臂电桥法及绝缘电阻表法）的优缺点及适用范围；掌握伏安法、绝缘电阻表法、数字式万用表测量电阻的方法；了解直流电桥、数字电桥、绝缘电阻表的结构和工作原理。

13. 交流电压和电流的测量

本节应熟悉电磁系测量机构的工作原理、电磁系仪表的使用范围、过载能力、刻度特性等技术性能；掌握电磁系电流表量程扩大量程的方法；了解电磁系测量机构的基本结构及原理。

14. 功率和电能的测量

本节应熟悉电动系测量机构、电动系功率表的工作原理，熟悉一表法、二表法、三表法测量三相有功功率的原理和接线方法；掌握电动系功率表、低功率因数功率表的使用方法；了解电动系测量机构的基本结构、准确度、刻度特性、使用范围等技术性能，了解低功率因数功率表的工作原理。

（二）电介质放电理论

高电压绝缘技术理论主要有电介质的极化、电导和损耗、气体放电过程及其击穿特

性、固体电介质和液体电介质的击穿特性、线路和绕组中的波过程、雷电及防雷设备、输电线路防雷保护、发电厂和变电站的防雷保护、电力系统操作过电压、电力系统工频过电压和谐振过电压、电力系统绝缘配合。

1. 电介质的极化、电导和损耗

本节应了解电介质极化、电导、介质损耗的概念及其在工程上的意义，了解电介质损耗及介质损失角的基本概念，熟悉电介质的等值电路。

电介质在电场作用下所发生的束缚电荷的弹性位移和极性分子的转向现象，称为电介质的极化。电介质的极化有电子式极化、离子式极化、偶极子式极化、夹层式极化。其中，电子式极化、离子式极化、偶极子式极化是极化的最基本形式，是由带电质点的弹性位移或转向形成的，均发生在单一电介质中。夹层极化存在于不均匀夹层介质中。由于电荷的积聚是通过介质的电导进行的，而介质的电导一般很小，所以极化过程较慢，一般需要数秒到数分钟。电介质的极化原理示意图如图 4－1 所示。

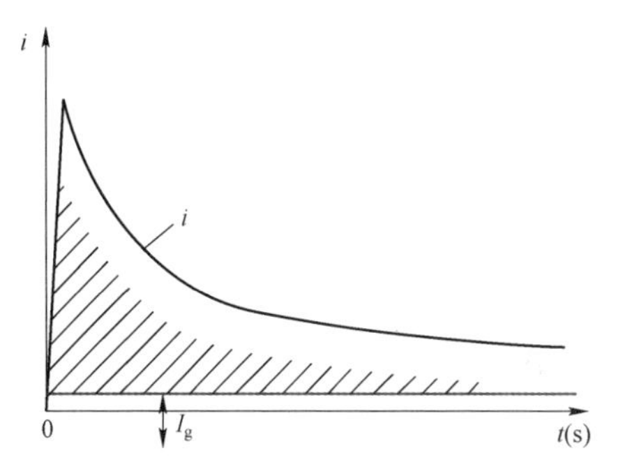

图 4－1　电介质的极化原理示意图

电介质极化在工程实际中的意义：① 选择绝缘材料；② 多层介质的合理配合；③ 介质损耗与介质极化类型有关，而介质损耗对绝缘老化和热击穿有很大的影响；④ 在预防性试验中，可用夹层极化来判断绝缘受潮情况。

电介质电导在工程实际中的意义：① 电介质电导是预防性试验的理论依据，通过测量绝缘电阻、泄漏电流可以判断电气设备的绝缘状况；② 多层电介质在直流电压作用下的稳态分布和各层电介质的电导成反比，选择合适的电导率可使各层电介质之间的电压分布更为合理；③ 注意环境条件对电介质电导的影响。

2. 气体放电过程及其击穿特性

本节应熟悉电晕放电的危害和利用；掌握气体绝缘的自恢复特性，掌握电晕放电、极性效应的概念、常用的防晕措施，掌握均匀电场中击穿电压与间隙距离的线性关系及其应用，掌握污闪的发展过程和防止污闪措施；了解电负性气体、电子崩、自持放电的概念，了解不同的自持放电的形式、自持放电的条件，了解不均匀电场气隙的放电特点。

由于受到各种射线辐射，空气中会产生少量的带电质点，因其电导极小，可认为空气是良好的绝缘体。气体电介质带电质点产生的原因有碰撞游离、光游离、热游离。

汤逊理论和流注理论用以解释气体放电的机理。汤逊理论认为有效电子的来源是正离子撞击阴极表面使阴极发生表面游离产生的，游离的电子和原有电子从电场中获得动能又可以继续撞击游离，气隙中的电子数码将按几何级数不断增加，如同雪崩一样，形成电子崩，进而放电转入自持放电。

3. 固体电介质和液体电介质的击穿特性

本节应了解常用介质的总体绝缘性能，了解固体电介质的三种击穿形式和原理，了解固体电介质老化的原因和固体绝缘材料耐热等级的划分，了解液体电介质老化机理，了解组合绝缘的电场分布特点。掌握固体电介质具有击穿场强高、非自恢复绝缘特性，掌握提高固体、液体绝缘介质的击穿电压常用方法和措施，掌握不同因素对液体电介质击穿电压的影响结果。固体电介质的击穿特性如图 4-2 所示。

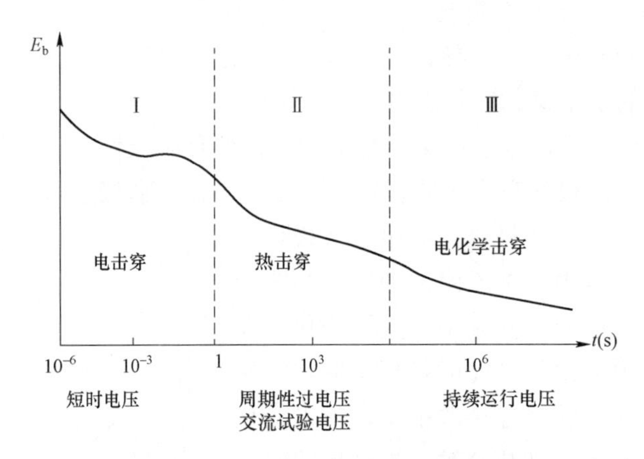

图 4-2　固体电介质的击穿特性

（三）变电站及输电线路防雷保护

1. 线路和绕组中的波过程

本节应了解电能在线路中传输的波过程的实质，掌握波阻抗、波速等基本概念及波过程的基本方程式，了解波的折射、反射规律，了解侵入波串联电感或并联电容后波头的陡度下降的规律，了解电晕的特点及其对导线波过程的影响，掌握彼得逊法则的应用。

2. 雷电及防雷设备

本节应了解雷电放电过程、雷电过电压类型和雷电特征参数，了解避雷器的工作原理、结构特点，掌握其电气参数的具体含义；掌握接触电压、跨步电压的含义和工程接地装置的而主要形式，掌握接地电阻的概念、接地的形式。

3. 输电线路防雷保护

本节应熟悉输电线路直击雷、反击雷防护的类型及其特点；了解避雷器线的耦合作用以降低感应过电压的原理，了解绕击、反击耐雷水平等基本概念，了解各种情况下导线点位、耐雷水平计算公式的由来，了解输电线路防雷的措施和原则。

4. 发电厂和变电站的防雷保护

本节应了解发电厂、变电站直接雷保护措施，了解 35kV 及以上变电站的进线段保护、35kV 及以上电缆进线段的保护、35kV 小容量变电站的简化进线段保护的作用及采用的具体措施，了解 GIS 变电站过电压保护基本概况。

（四）电力系统过电压

1. 电力系统操作过电压

本节应了解、掌握解列过电压的概念及解列过电压的物理过程；掌握影响解列过电

压的因素和限制解列过电压的措施，掌握切除空载线路的过电压、开断电容器组过电压产生的原因、影响因素、限制措施，掌握控制线路合闸过电压产生的原因、影响因素、限制措施，掌握电弧接地过电压产生的原因、影响因素和消弧线圈对限制电弧接地过电压的作用，掌握切除空载变压器引起的过电压的原因、影响因素和限制措施。

2. 电力系统工频过电压和谐振过电压

本节应了解工频过电压、线性谐振过电压、参数谐振过电压产生的原因、产生的条件和特点，了解各类过电压消除措施。

（五）电力系统绝缘配合

本节应了掌握绝缘配合的概念；了解绝缘配合的基本原则、绝缘水平的确定原则，了解不同中性点接地方式，了解内、外绝缘的冲击试验电压以及内绝缘的工频试验电压确定方法。

（六）介质损耗因数的测量原理与方法

本节应掌握 $\tan\delta$ 测量方法、意义，掌握高压交流平衡电桥（西林电桥）的原理、接线盒操作步骤，熟悉高压交流平衡电桥（西林电桥）主要部件的作用，掌握 M 型电桥测量方法、被试品电容量及电阻计算，掌握温度、试验电压和试品电容等对 $\tan\delta$ 测量结果的影响，掌握对测量结果进行分析判断的原则；了解数字式自动介损测量仪的测量原理、测试接线、功能特点及技术指标，了解 M 型（不平衡电桥）测试仪原理。

1. $\tan\delta$ 测量方法、原理及意义

在电压作用下，电介质产生一定的能量损耗，这部分损耗称为介质损耗或介质损失。产生介质损耗的原因主要有电介质电导、极化和局部放电。

通常，为分析方便，把绝缘介质看成由一个等会电容 R 和一个等值电容 C 并联组成的电路。流过绝缘介质的电流由两部分组成，即流过电阻 R 的有功电流 I_R 和流过电容 C 的电容电流（无功电流）I_C。I_R 流过电阻产生的有功损耗代表全部的介质损耗，I_R 越大介质损耗越大。由图 4-3 可以看出，I_R 大小与 I 和 I_C 之间的夹角 δ 成正比，因此称 δ 为介质损失角。介质损耗 P 与介质损失角之间的关系如下

$$P=UI_R=UI_C\tan\delta=U_2\omega C\tan\delta$$

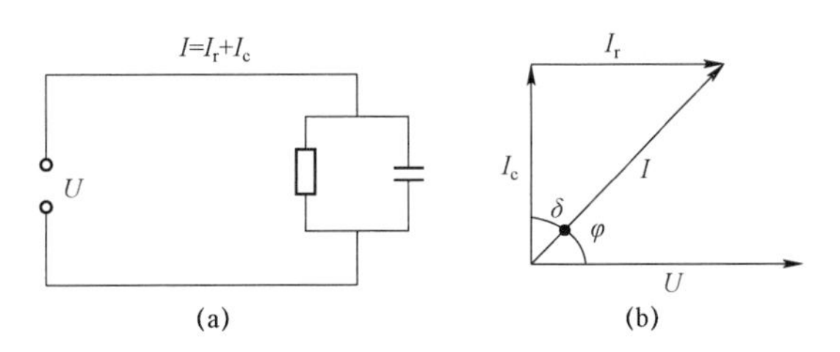

图 4-3　绝缘介质损耗等效原理示意图

（a）绝缘介质等效示意图；（b）绝缘介质电压、电流相量图

由此可见，当电介质一定，外加电压和频率也一定时，介质损耗 P 与 $\tan\delta$ 成正比。通过测量 $\tan\delta$ 值可以反映出绝缘介质损耗的大小。同类试品绝缘优劣，可直接由 $\tan\delta$ 的大小来判断，而从同一试品 $\tan\delta$ 的历次数据分析，可以掌握设备绝缘性能的发展趋势。需指出，绝缘良好的设备的损耗不随电压升高而明显增加。若绝缘内部存在缺陷，特别是存在气隙时，则其损耗将随电压的升高呈现明显转折。

介质损耗因数（$\tan\delta$）已被广泛应用于高压电气设备的出厂检验、运行设备的例行检修。实践证明，介质损耗因数（$\tan\delta$）对于发现绝缘整体受潮、老化等分布性缺陷或绝缘中的气隙放电缺陷较为灵敏。需指出，当绝缘缺陷为非分布性而是集中性缺陷时，特别是大体积设备或集中性缺陷所占体积较小时，介质损耗因数（$\tan\delta$）不能灵敏地检出。因此，测量各类电力设备 $\tan\delta$ 时，能分解试验的尽量分解试验。

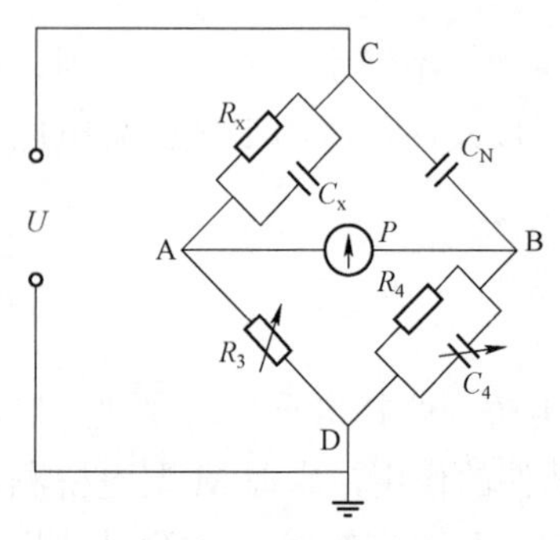

图 4－4　西林电桥正接线测试原理

2. 测量介质损耗因数（$\tan\delta$）的仪器

介质损耗因数测量方法（$\tan\delta$）有电桥平衡法、不平衡电桥法、瓦特表法、相敏电路法四种方法。

（1）高压交流平衡电桥（西林电桥）。QS1 型高压西林电桥（简称 QS1 电桥）原理接线如图 4－4 所示。不管采用正接线、反接线，电桥平衡时有 $Z_3Z_N=Z_4Z_x$，整理后得到

$$\tan\delta=C_4$$
$$C_x=C_NR_4/R_3$$

QS1 电桥接线方式有四种，即正接线、反接线、侧接线和低压法接线，最常用的是正接线和反接线。

正接线时，试品两端对地绝缘，桥体处于低电位，因此不受试品高压端对地杂散电容的影响，抗干扰性强。但由于现场设备外壳几乎都是固定接地的，故正接线受到一定的限制。

反接线适用于被试品一端接地的场合。测量时，桥体处于高电位，试验电压受电桥绝缘水平限制，高压端对地杂散电容不易消除，抗干扰性差。

（2）数字式自动介损测量仪。数字式自动介损测量仪的最大优势在于实现自动测量，可以补偿原理性误差，没有复杂的机械调节部件，测量以软件为主，其测量精度、可靠性，特别是抗干扰能力都比 QS1 电桥高。数字式自动介损测量仪为一体化结构，内置介损电桥、变频电源、试验变压器和标准电容器等。采用变频抗干扰和傅里叶变换数字滤波技术，强干扰下测量稳定。

（3）M 型（不平衡电桥）介质试验器原理。M 型介质试验器具有携带方便、操作简答的优点。它是一种不平衡电桥，测量原理是基于介质损失角 δ 很小时，$\tan\delta\approx\sin\delta=I_R/I_X=P/S$，M 型介质试验器就是测量输送给绝缘介质的有功功率 P 和视在功率 S，两者之比就是介质损耗因数（$\tan\delta$）。M 型电桥原理接线原理如图 4－5 所示。

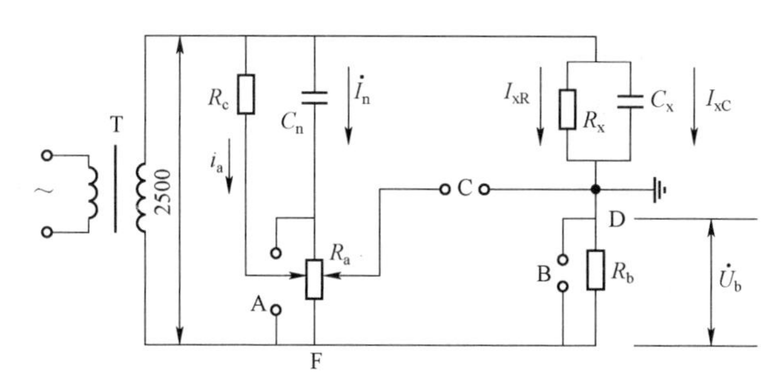

图 4－5　M 型介质试验器原理接线图

（4）西林电桥扩大量程及防干扰方法。

1）扩大西林电桥测量范围的方法。

a. 大电容量法。

b. 分流器法。

c. 高压标准电容器法。

2）西林电桥测试中的抗干扰方法。在现场测试时，往往因电磁场及被试品表面电导等的干扰引起测试结果失真。因此，需消除干扰或进行抑制，方可得到真实的试验值。

a. 磁场的干扰。当电桥靠近电抗器、阻波器等漏磁通较大的设备时，会受到磁场干扰。将西林电桥检流计的极性开关放在“断开”位置，如果光带展宽即说明有磁场干扰。消除方法是将电桥移到磁场干扰源之外，或将桥体就地转动改变角度，找到干扰最小的方位，在取检流计开关在两种极性下取得结果的平均值。

b. 磁场的干扰。试品周围有带电设备时会受到电场干扰，这是由于被试品与周围带电体之间的耦合电容使试品产生干扰电流，此电流在桥臂上引起压降，改变各桥臂之间的平衡条件，造成介质损失角偏大或偏小，甚至出现负值结果。若现场检测时，当电桥接线完毕，合上试验电源前先投入检流计，并逐渐增加灵敏度，光带明显扩展，说明有电场干扰。采用屏蔽法或换成正接线，或提高试验电压，或分级加压、选相、倒相法等方式进行消除。

3. $\tan\delta$ 的因素和结果的分析

（1）影响 $\tan\delta$ 的因素。

1）温度的影响。温度对影响程度随材料、结构的不同而异。一般情况下，$\tan\delta$ 随温度上升而上升。为便于比较，应将不同温度下的 $\tan\delta$ 值换算值 20℃。应指出，为避免换算后 $\tan\delta$ 误差较大，应尽量在同一温度或 10～30℃范围内测量 $\tan\delta$。

2）电压的影响。绝缘良好的 $\tan\delta$ 不随电压的升高而增加。绝缘内部存在缺陷时，$\tan\delta$ 将随电压升高而明显增加。

3）试品电容的影响。对电容量较小的设备，如套管、互感器、耦合电容器等，测量 $\tan\delta$ 能有效发现局部集中性和整体分布性缺陷。但对电容量较大的设备，测量 $\tan\delta$ 只能发现整体分布性缺陷，$\tan\delta$ 发现缺陷的灵敏程度受缺陷部位的体积占总体积的百分比决定。

（2）结果的分析。

1）与规程固定注意值（或警示值）比较。

2）与历史数据比较，即使数据没有超标，但有明显增长趋势，也应引起注意。此时可增加试验项目，以便对试品进行综合分析。

（七）绝缘电阻试验原理与方法

应了解绝缘电阻表基本机构，掌握绝缘电阻、吸收比和极化指数的概念及其测量意义；掌握绝缘电阻表的工作原理和接线端子的作用，掌握绝缘电阻、吸收比和极化指数测试的步骤、方法及要求；熟悉绝缘电阻表的三种型式，熟悉湿度、温度、被试设备剩余电荷、感应电压等对绝缘电阻测量结果的影响及解决措施。

1. 绝缘电阻表的原理与接线

绝缘电阻表是用来测量设备绝缘电阻的专用仪器，按其结构可分为手摇式、晶体管式和数字式。常见的绝缘电阻表一般有三个接线端子，分别是“线路”端子L、“地”端子E、“屏蔽”端子G。测量绝缘电阻时，“线路”端子L接于被试设备的高压导体上；“地”端子E接于被试设备的外壳或地上；“屏蔽”端子G接于被试设备的屏蔽环上，以消除外表面泄漏电流的影响。

2. 测量绝缘电阻和吸收比及极化指数的意义

测量电气设备的绝缘电阻和吸收比及极化指数，是检查设备绝缘状况最简便的方法，可有效检测出绝缘是否贯通的集中缺陷、整体受潮和贯通性受潮等。只有当绝缘缺陷贯通于两极之间时，绝缘电阻测量才比较灵敏。若绝缘只存在局部缺陷，而两极之间仍保持有部分良好绝缘，绝缘电阻很少下降或没有变化，测量绝缘电阻就不能发现此类缺陷。

绝缘电阻时指在设备绝缘结构的两个电极之间施加的直流电压值与流经该对电极的泄漏电流之比。若无特殊说明，均指1min的测试值。

吸收比指在进行同一次绝缘电阻试验中，1min时的绝缘电阻值与15s时的绝缘电阻值之比。

极化指数是同一次绝缘电阻测试中，10min时的绝缘电阻值与1min时的绝缘电阻值之比。

3. 绝缘电阻的测试方法

绝缘电阻测试须按如下步骤进行：

（1）记录被试设备铭牌、运行编号及大气条件等。

（2）试验前应断开被试设备电源及一切对外连接线，并将被试设备短接后接地放电1min，电容量较大的设备应至少放电5min，以免试验人员触电或烧坏仪器。

（3）校验绝缘电阻表是否短路指针指零和开路指针指示无穷大。

（4）用干燥清洁的柔软布擦去被试设备表面的脏污，以消除表面泄漏电流的影响。

（5）根据被试设备铭牌选择绝缘电阻表的电压等级。连接好试验接线，打开绝缘电阻表电源或驱动绝缘电阻表至额定转速，将L端子引出线连至被试品，待1min时读取绝缘电阻值。

（6）绝缘电阻测试完毕，应先断开接至被试品的测试线，然后停止摇动绝缘电阻表。

（7）试验完毕或重复试验时，必须将被试物短接后对地充分放电，这样既可以保证安全又可以提高测量准确性。

如在湿度较大的条件下测量或需要排除表面泄漏的影响的情况下加屏蔽线，若测量的绝缘电阻值较历史数据变化较大应查明原因。

4. 吸收比及极化指数的测试方法

进行绝缘设备吸收比及极化指数试验时，必须按正确的方法测试，步骤如下：

（1）记录被试设备铭牌、运行编号及大气条件等。

（2）试验前，应断开被试设备电源及一切对外连接线，并将被试设备短接后接地放电 1min，电容量较大的设备应至少放电 5min，以免试验人员触电或烧坏仪器。

（3）校验绝缘电阻表是否短路指针指零和开路指针指示无穷大。

（4）用干燥清洁的柔软布擦去被试设备表面的脏污，以消除表面泄漏电流的影响。

（5）根据被试设备铭牌选择绝缘电阻表的电压等级。连接好试验接线，打开绝缘电阻表电源或驱动绝缘电阻表至额定转速，将 L 端子引出线连至被试品，同时计时，并分别读取 15s、60s 及 10min 时的绝缘电阻值。

（6）试验完毕或重复试验时，必须将被试物短接后对地充分放电，这样既可以保证安全又可以提高测量准确性。

（7）计算吸收比 R_{60s}/R_{15s} 和极化指数 R_{10min}/R_{1min}，判断设备绝缘状况。

5. 影响绝缘电阻的因素和分析判断

进行绝缘电阻测试时，现场有很多因素影响绝缘电阻测量，因此应采取有效措施进行消除，并对绝缘电阻值进行分析，判断设备绝缘状况。现场温湿度、被试设备的剩余电荷、感应电压都将影响测试结果。

绝缘电阻测试结果的分析判断：

（1）所测得的绝缘电阻值应符合规程规定值。

（2）将绝缘电阻值换算到同一温度后，与出厂、交接、历年、大修前后和耐压前后的数值进行比较；与同类型设备、同一设备相间比较，绝缘电阻试验结果不应有明显的降低或较大差异，否则应引起注意。

（八）直流泄漏及直流耐压试验原理与方法

本节应掌握直流耐压的意义及其相比于交流耐压的特点，掌握直流电压测量的原理和方法，掌握泄漏电流测量的意义、测量方法、原理和特点，掌握对直流泄漏和直流耐压试验结果进行分析判断的原则；熟悉高压连接导线、温度、湿度、残余电荷等对直流泄漏及直流耐压试验结果的影响及解决方法。

1. 直流耐压试验的意义

直流耐压主要用来考核被试设备的耐电强度，其试验电压高，直流耐压对发现设备的一些局部缺陷有着特殊的意义。如直流耐压试验时，易发现发电机端部绝缘缺陷，而交流耐压试验易发现发电机槽部及出槽口的缺陷。

直流耐压具有试验设备轻巧、能同时监视泄漏电流的变化、对本市设备的绝缘损耗较小等优点。由于交、直流作用下绝缘内部的电压分布不同，直流耐压试验对绝缘的考察不如交流耐压接近设备实际运行情况，这也是直流耐压的缺点。例如，对交联聚乙烯电缆，不主张进行直流耐压试验。

2. 直流耐压试验的测量方法

测量直流高压数值是直流耐压试验中非常重要的环节，为保障测量精度，必须采用不低于 1.5 级的表计和 25 级的分压器测量。直流耐压试验的测量方法一般有四类：高电阻串联微安表测量、电阻分压器与低压电压表测量、高压静电电压表测量、试验变压器的低压侧测量。

3. 直流泄漏电流试验意义

电力设备的直流泄漏电流试验与绝缘电阻的原理相同，只是测量直流泄漏电流时所施加的电压高，测量中所采取的微安表的准确度较绝缘电表高，可以随时监视泄漏电流数值的变化，所以发现绝缘缺陷较绝缘电阻更为有效。直流泄漏电流试验的意义主要有以下四点：

（1）能发现电力设备绝缘贯通的集中缺陷。

（2）能发现整体受潮或有贯通的部分受潮。

（3）能发现一些未完全贯通的集中性缺陷。

（4）能发现开裂、破损等，较绝缘电阻发现设备缺陷更灵敏。

4. 直流泄漏电流的测试方法

直流泄漏电流的测量应使用微安表，并根据试验需求选择不同的量程。直流泄漏电流的测试方法一般以微安表在测试回路中的接线位置进行区分，主要有以下三种：微安表接在被试设备的高压端、微安表接在试验变压器高压绕组的尾部、微安表接在被试设备的低压端。直流泄漏电流测试原理如图 4-6 所示。

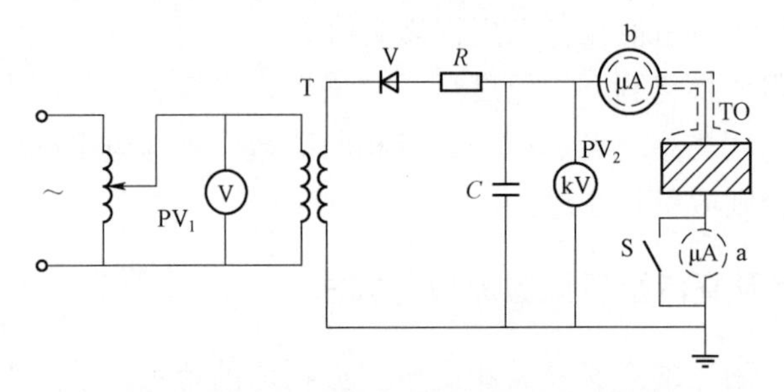

图 4-6　直流泄漏电流测试原理示意图

5. 直流泄漏及直流耐压试验的影响因素和试验结果的分析

（1）直流泄漏及直流耐压试验的影响因素。

影响直流泄漏电流和直流耐压试验测试结果的因素较多，主要有：

1）高压连接导线的影响。

2）湿度的影响。

3）温度的影响。

4）残余电荷的影响。

（2）直流泄漏及直流耐压试验的试验结果的分析

1）首先将试验结果与标准或规程相比较，不应超出标准或规程规定值，否则应查明

原因，必要时应对被试设备进行分解试验，找出症结所在。

2）对同类型设备的试验结果进行相互比较、同设备的相间比较、与历次试验数据比较，其试验结果应无明显差别。

3）试验电压一定时，被试设备的泄漏电流不应随施加电压时间的延长而有所增大，否则说明设备存在绝缘缺陷。

4）利用泄漏电流随外加电压变化的曲线进行判断。如关系曲线近似为一条直线，说明绝缘良好，若发现电压升高时，泄漏电流上升很快，说明存在绝缘缺陷。

5）对直流耐压的判断：被试设备在规定的电压和持续时间内不发生击穿，并保持泄漏电流基本不变，应判断为合格，否则为不合格。

（九）交流耐压试验原理与方法

应掌握工频交流耐压试验的目的和意义、试验接线和测量原理，应能根据交流耐压时表计、控制回路、试品状况进行分析；熟悉利用电动机组、晶闸管变频调压逆变电源、变压器以及高频发电机组获取高频电源的方式，掌握串联谐振的原理、形成串联谐振的条件和电路中电流、电压、品质因数的关系，掌握串联谐振装置的试验方法、试验接线及串联谐振耐压的优点。

1. 工频交流耐压试验的目的、意义

电力设备长期受电场、温度和机械振动的作用，会逐渐发生老化，形成缺陷。工频交流耐压试验符合设备在运行中所承受的电气状况，同时，交流耐压试验电压一般比运行电压高。因此，工频交流耐压试验合格的设备都有较大的安全裕度。工频交流耐压试验的目的是考核电力设备的绝缘强度，验证设备是否具有在电网可靠、安全运行的必要条件。

工频交流耐压试验电压一般比运行电压高得多，过高的试验电压会使绝缘介质发热、放电，会加速绝缘缺陷的发展，因此是一种破坏性试验。工频交流耐压试验是鉴定设备绝缘好坏最有效和最直接的方法，是保证设备安全运行的重要手段。

2. 工频交流耐压试验的方法

交流耐压试验一般有以下几种加压方法：一是工频耐压，二是感应耐压试验，三是冲击电压试验。工频交流耐压试验接线有一般接线和串级式接线两种。当单台试验变压器输出电压无法满足试验要求时，可采用串级式接线方法获得更高的电压。

交流耐压试验原理接线如图4－7所示。

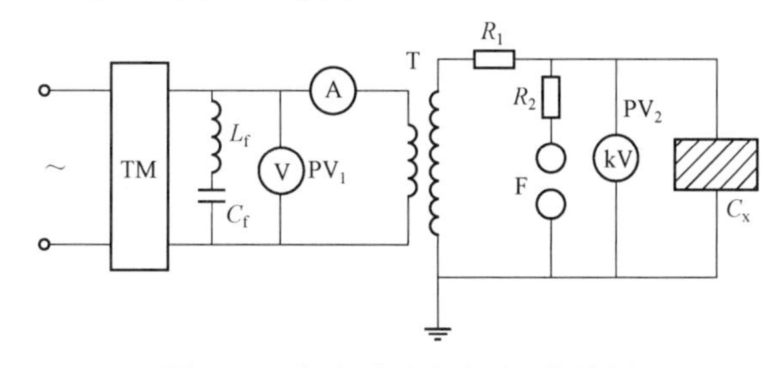

图4－7 交流耐压试验原理接线图

3. 交流高压的测量

进行交流耐压试验时，试验电压的准确测量是一个非常重要的环节。试验电压的测量方法可分为两类，即低压侧测量和高压侧测量。被试品电容量较小时，如油断路器、瓷绝缘、绝缘工器具等，试验电压可在低压侧测量，而当被试品的电容量较大及对地电压幅值及波形要求较高时，试验电压必须在高压侧测量。

（1）低压侧测量。在试验变压器低压侧或测量绕组的端子上，用 0.5 级电压表测量二次电压，然后利用校核过的试验变压器变比，换算至高压侧的电压。

（2）高压侧测量。交流耐压时易出现“容升现象”。对于大容量被试品，为避免“容升现象”给试验带来的影响，在试验时应尽量在高压侧直接测量，以克服试验电压的测量误差。高压侧测量的方法有：① 用电压互感器测量；② 用静电电压表测量；③ 用球隙测量；④ 用电容分压器测量。

4. 工频交流耐压试验分析

工频交流耐压试验中，被试设备在试验电压下未被击穿，则认为耐压试验合格，否则判定被试设备不合格。

一般情况下，若电流表计指示突然上升则表明被试设备击穿；在试验时也有被试设备被击穿时试验回路的电流不变，甚至有减小的情况。如果过流继电器整定适当，过流继电器动作使电源开关断开，则表明被试设备可能已经被击穿。被试设备在进行耐压试验过程中，发生击穿、冒烟、有气味等现象，如果确定这些现象是设备内部发生的，则认为是被试设备油绝缘缺陷或已击穿。

5. 串联谐振耐压方法

大型的变压器、发电机、电力电缆、GIS 等电容量较大的设备进行交流耐压试验，需要大容量的试验变压器、调压器和试验电源，现场往往难以实现。在此情况下常采用串联谐振的方法来解决试验电源容量不足的问题。

串联谐振主要解决试验变压器额定电流能满足试验要求，而额定输出电压小于试验电压的情况，其试验接线原理如图 4-8 所示。

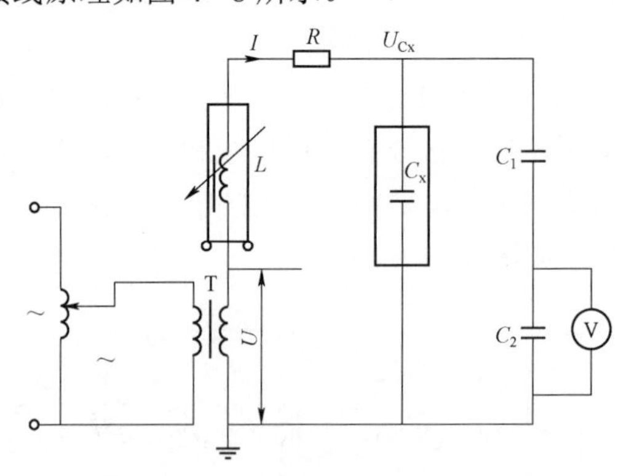

图 4-8　串联谐振回路原理接线图

调节试验回路中的电容、电感、电源频率都可以使电感、电容处于串联谐振状态，即 $\omega L=1/(\omega C)$。此时，在电感和电容器上的电压可以大大超过电源电压，达到以低电压、小容量电源使被试设备的绝缘承受高电压的目的。流过高压回路的电流，在谐振时达到最大值，被试设备上的电压 U_C 和电抗器上电压 U_L 相等，即 $U_C=U_L=QU$，$Q=X_L/R$，式中 Q 为电抗器的品质因数，一般电抗器品质因数为 10～40。

（十）局部放电试验原理与方法

应掌握局部放电的概念、检测方法，掌握脉冲电流法检测局部放电的原理，掌握脉冲电流法测量电气设备局部放电试验前的准备工作和相关安全、技术措施、试验方法；熟悉局部放电试验的接线、结果分析；了解局部放电的产生机理。

1. 局部放电的产生机理

电力设备绝缘中部分被击穿的电气放电，可以发生在导体附近，也可以发生在其他部位，称为局部放电。局部放电的开始阶段能量小，放电不会立即引起击穿，电极之间尚未发生放电的完好绝缘仍可承受住设备的运行电压，但长期的局部放电所引起的绝缘损坏会继续发展，最终导致绝缘故障发生。

高压电力设备绝缘内部由于各种原因，存在一定的绝缘缺陷，如气泡、气隙、杂质；安装或检修后，产生绝缘薄弱环节，在运行电压下发生局部电场畸变，这些是产生局部放电的根源。

局部放电从电气原理上等效为平板电容器中气泡因承受较高的电压而发生局部击穿，并在击穿时产生频率很高的放电脉冲。局部放电在电源电压的正、负半周内基本一致；放电脉冲只出现在瞬时电压绝对值上升靠近峰值附近，约为 45°～90° 和 225°～270°，而在第二和第四象限几乎看不到放电脉冲。随着电压升高，放电变得剧烈，放电脉冲才向零点扩展。

实际试品局部放电要比上述简化情况复杂得多。随着施加在试品上的电压上升，某些局部位置甚至在相当低的外施电压下就可能发生微弱的局部放电。因此，不能要求设备完全不发生局部放电，而是根据运行经验和设备的特点，规定一定的局部放电水平。多数情况下，以视在放电量 q 的多少作为局部放电水平指标，q 大小以皮库（pC）表示

$$u_g=\frac{C_b}{C_b+C_g}U_m\sin\omega t$$

$$C=C_a+\frac{C_bC_g}{C_b+C_g}$$

其等效电路如图 4-9 所示。

2. 局部放电检测方法

局部放电检测主要内容是测量放电量的大小；观察起始放电电压值和熄灭电压值；确定局部放电位置。局部放电的检测分为电的和非电的两大类，主要有以下检测方法：脉冲电流法、介质损耗法、DGA 法、超声波法、RIV 法、光测法、射频检测法、高频法和特高频法等。

（1）脉冲电流法。局部放电时，试品两端产生一个瞬时电压变化，接入检测回路，就会有脉冲电流流过。因此，用一个灵敏度高的电子仪器测出脉冲电流，就可以判断是

否存在局部放电及其放电强度，这就是脉冲电流法的原理。

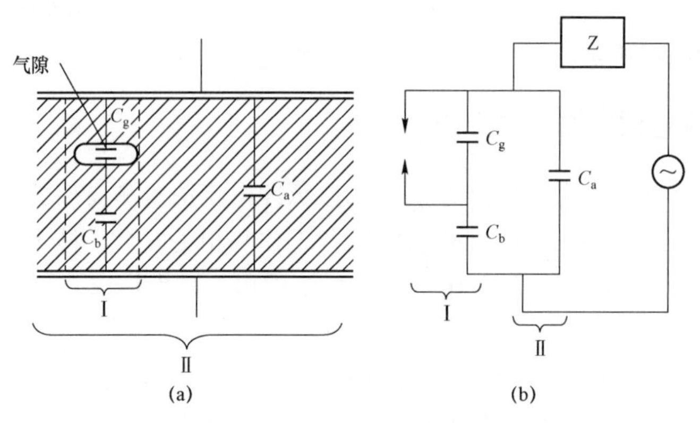

图 4-9　电介质局部放电原理示意图

（a）电介质结构示意图；（b）电介质电容参数等效示意图

（2）介质损耗法。利用局部放电消耗能量，使介质增加附加损耗，测量这种附件损耗来显示局部放电的方法，称为介质损耗法。

（3）气相色谱法。充油设备产生局部放电时，使油分解，产生各种气体，主要是 H_2、CH_4、C_2H_2、CO、CO_2 等。检测溶解于油中的气体组合，来判断设备是否存在局部放电及严重程度。这种方法对于充油量较少的设备较为灵敏，对于充油量大的设备，只有当局部放电量很大、故障很严重时才能发现。

（4）超声波法。超声波检测主要用于定性判断局部放电信号的有无，以及结合脉冲电流法或直接利用超声信号对局部放电源进行物理定位，目前在在线和离线检测中，它主要作为一种辅助方法。

（5）特高频（UHF）法。通过特高频传感器对电力设备中局部放电时产生的特高频电磁波（300～3000MHz）信号进行采集，从而获得局部放电的相关信息，实现局部放电监测。根据现场设备情况的不同，可以采用内置式特高频传感器和外置式特高频传感器。其测试接线原理如图 4-10 所示。

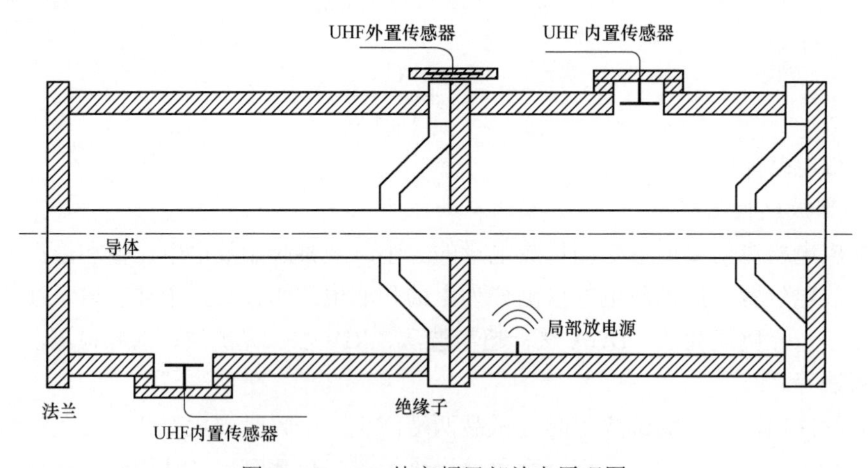

图 4-10　GIS 特高频局部放电原理图

3. 脉冲电流法检测局部放电

测量局部放电脉冲电流法有三种回路，其中，两种为直接测量，一种为平衡法测量，如图 4－11 所示。

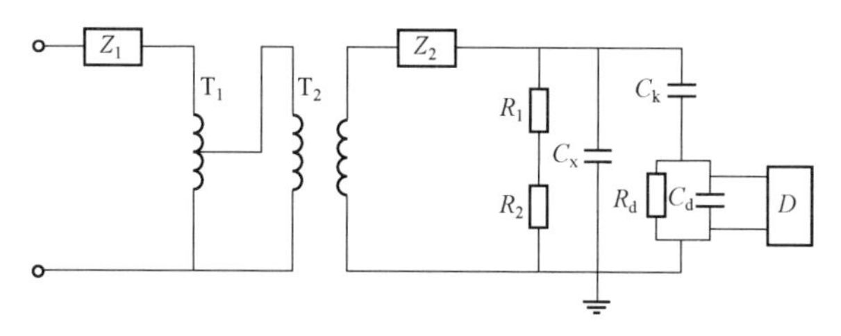

图 4－11　脉冲电流法检测局部放电接线原理图

（十一）绝缘油试验原理与方法

应了解新油和投运前的油质验收方法，掌握绝缘油验收标准，掌握色谱分析的绝缘油取样，掌握绝缘油电气试验的项目、目的、方法、判断标准，掌握故障时绝缘油产生的特征气体及特定含义，掌握用特征气体法和三比值法对油中溶解气体结果进行判断的方法；熟悉油中溶解气体色谱分析的方法。

1. 绝缘油的验收及其标准

新油指未使用过的充入设备前的绝缘油。新油验收应严格按照有关标准方法和程序进行。其验收标准是国产变压器油应符合 GB 2536，超高压变压器油应符合 SH0040 标准。投运前的油质验收目的是检查油的各项指标是否符合要求，其验收标准是 GB 50150—2016。

2. 油中溶解气体的气相色谱分析

充油电气设备绝缘材料主要是绝缘油、绝缘纸、树脂及绝缘漆等，故障下产生的气体主要是来源于纸和油的热解裂化。这些故障气体的组成、含量与故障的类型及严重程度有密切关系。因此，分析溶解于油中的气体就能尽早发现设备内部存在的潜伏性故障，监视故障的发展状况。

实现油中溶解气体故障分析的方法，目前主要有气相色谱法和光声光谱法两种。油中溶解气体组分检测技术主要步骤包括充油电气设备的样品采集、从油中脱出溶解气体、检测各气体组分浓度及根据试验数据进行故障识别和诊断。

3. 通过油中溶解气体进行故障判断

（1）充油电气设备故障诊断理论依据。

1）故障下产气的累积性。充油电气设备的潜伏性故障所产生的可燃性气体大部分会溶解于油。随着故障的持续，这些气体在油中不断积累，直至饱和甚至析出气泡。因此，油中故障气体的含量及其累积程度是诊断故障的存在与发展情况的一个依据。

2）故障下产气的加速性（即产气速率）。正常情况下充油电气设备在热和电场的作用下也会老化分解出少量的可燃性气体，但产气速率很缓慢。当设备内部存在故障时，就会加快这些气体的产生速率。因此，故障气体的产生速率，是诊断故障的存在与发展程度的另一依据。

3）故障下产气的特征性。变压器内部在不同故障下产生的气体有不同的特征。例如局部放电时其故障特征气体是氢和甲烷；较高温度的过热时总会有乙烯，而电弧放电时也总会有氢、乙炔。因此，故障下产气的特征性是诊断故障性质的又一个依据。

4）气体的溶解与扩散。只要故障不是发展得特别迅速，故障下的产气就会在油中溶解与扩散，从取样阀中取样就具有均匀性、一致性和代表性。

（2）充油电气设备故障诊断步骤。对于一个有效的分析结果，应按以下步骤进行诊断：

1）判定有无故障。

2）判断故障类型。

3）诊断故障的状况，如热点温度、故障功率、严重程度、发展趋势以及油中气体的饱和水平和达到气体继电器报警所需的时间等。

4）提出相应的处理措施，如能否继续运行，继续运行期间的技术安全措施和监视手段。

二、电力安全工作规程的相关规定

电气试验岗位人员应掌握高压电气试验中关于人员安全、设备安全、线路、输变电安全要求以及高压实验室安全要求，具体学习内容包括 GB 26861—2011《电力安全工作规程 高压试验室部分》、GB 26860—2011《电力安全工作规程—发电厂和变电站电气部分》、GB 26859—2011《电力安全工作规程—电力线路部分》等。

三、变电站一次设备结构及原理

1. 电力变压器的结构及原理

了解变压器的主要结构、基本工作原理及主要额定值的意义；掌握负载运行时的等值电路；熟悉三相变压器的连接组别，并能根据绕组接线图判别其连接组别或按照已知的连接组别画出绕组的接线图。

电力变压器是一种静止的电机。它利用电磁感应原理将一种电压、电流的交流电能转换成同频率的另一种电压、电流的电能，实现电能在不同电压等级的转换。当原绕组外加电压 U_1 时，原边就有电流流过，并在铁芯中产生与 U_1 同频率的交变主磁通，主磁通同时链绕原、副绕组，根据电磁感应定律，会在原、副绕组中产生感应电势 E_1、E_2，副边在 E_2 的作用下产生负载电流，向负载输出电能，原理图如图 4－12 所示。

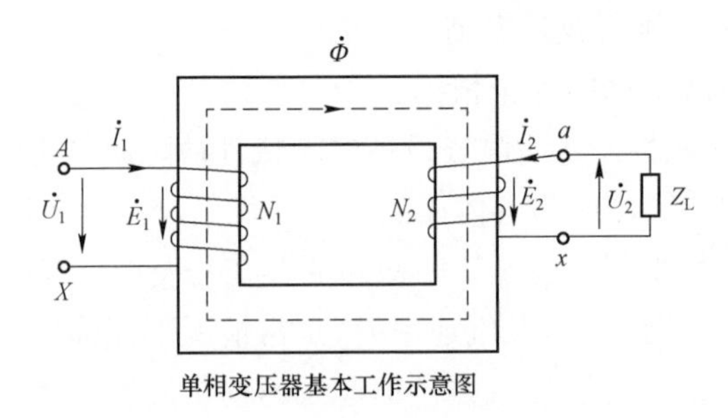

图 4－12　双绕组变压器工作原理图

2. 电流互感器的结构及原理

常见的几种电流互感器外形如图 4－13 所示。

图 4－13　电流互感器

电流互感器是根据电磁感应原理制成的，其主要工作部件是闭合的铁芯和绕组，如图 4－14 所示。电流互感器一次绕组匝数较少，通常串接在被测电流回路中，二次绕组匝数比较多，串接在测量仪表和保护回路中，如图 4－15 所示。电流互感器在工作时，它的二次回路始终是闭合的，其工作状态接近短路，不可开路。

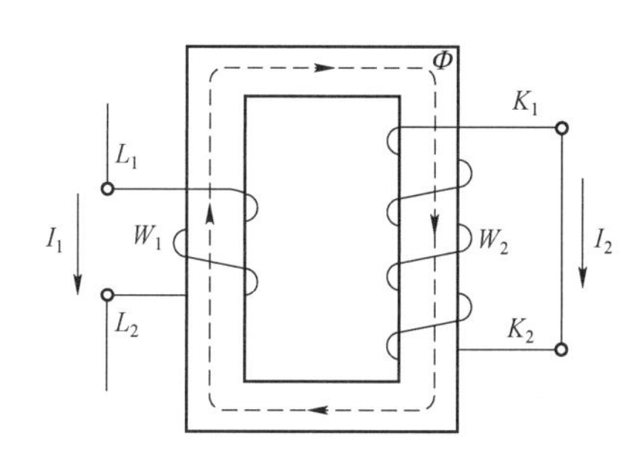

图 4－14　电流互感器工作原理图

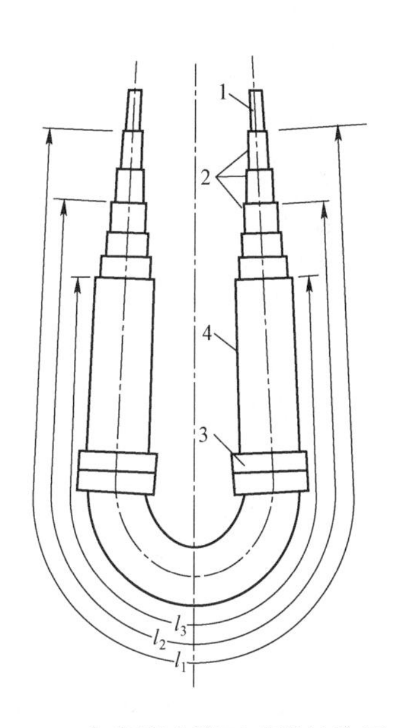

图 4－15　电容型电流互感器结构原理图

1—一次绕组；2—电容屏；3—二次绕组及铁芯；4—末屏

其余一次设备包括但不限于以下设备：电力电缆、电磁式电压互感器、电容式电压互感器、高压断路器、套管、避雷器、隔离开关、绝缘子、电抗器、消弧线圈。其结构及原理本书不再赘述。

四、变电站一次设备例行停电试验项目

1. 电力变压器例行停电试验

掌握变压器绝缘电阻测量的方法，熟悉变压器绝缘电阻测量的标准值，掌握对试验数据分析以及在不同温度下绝缘电阻换算的方法，掌握变压器吸收比、极化指数试验的方法和标准。

2. 变压器介质损耗正切值（$\tan\delta$）

熟悉 $\tan\delta$ 的测试方法，以及不同温度下 $\tan\delta$ 的换算方法。

（1）变压器感应耐压试验。掌握对全绝缘变压器和分级绝缘变压器进行耐压试验的目的，掌握备频感应耐压试验的原理和试验电压持续时间，掌握感应耐压不同试验接线方法及相量图，熟悉变压器感应耐压试验结果分析和判断方法。

（2）变压器电压比测。掌握变比的概念及其试验目的，掌握用直接双电压表法和经电压互感器的双电压表法测量电压比的方法，了解变比电桥测量电压比的原理，了解全自动变比测试仪的特点。

（3）变压器的极性和组别试验。掌握变压器极性试验的意义及直流法、交流法极性试验的方法，掌握变压器接线组别试验的意义，掌握用直流法、双电压表法、相位表法测试变压器连接组别。

（4）变压器绕组的直流电阻测量。掌握变压器绕组直流电阻测量过渡过程，掌握变压器直流电阻测试的接线、仪表的选择、试验步骤、结果分析等，掌握缩短直流电阻测试时间的方法。

3. 互感器例行停电试验

（1）电流互感器极性检查。掌握电路互感器极性检查的意义和方法。

（2）电流互感器的励磁特性试验。掌握电流互感器励磁特性的概念及其试验的目的和方法，掌握电流互感器铁芯剩磁的产生原因和铁芯去磁的方法，以及试验电流大小的选取原则。

（3）电压互感器的感应耐压试验。掌握全绝缘电压互感器外施耐压方法，掌握电压互感器感应耐压试验方法和试验电压、时间的要求，掌握三倍频电源获取方法。

（4）电压互感器的 $\tan\delta$ 值测量。掌握串级式电压互感器常规法、自激法、末端加压法及末端屏蔽法测量 $\tan\delta$。

（5）串级式电压互感器感应耐压试验。掌握串级式电压互感器感应耐压试验的方法及要求。

4. 高压断路器例行停电试验

（1）断路器导电回路直流电阻的测量。掌握断路器导电回路直流电阻测试的意义、方法及注意事项。

（2）断路器的机械特性试验。掌握断路器分、合闸时间和通气性、分合闸速度及分合闸动作电压的基本概念，以及测试的意义、方法和结果分析。

5. GIS 例行停电试验

（1）主回路直流电阻测量。掌握 GIS 导电回路直流电阻测试的意义、方法及注意事项。

（2）GIS 元件电气试验。掌握 GIS 元件电气例行试验、诊断性试验的项目和试验要求。

（3）现场耐压试验的原理及接线。掌握 GIS 现场耐压试验的意义以及串联谐振耐压的原理和方法、注意事项。

（4）现场交流耐压试验方法。掌握 GIS 现场交流耐压试验的加压方法、试验程序、结果判据以及对被试品的要求。

（5）SF_6 气体湿度测试。掌握 GIS 中 SF_6 气体湿度测试的意义、方法、注意事项和判断标准。

6. 绝缘子例行停电试验

（1）绝缘子串电压分布规律。掌握杂散电容对绝缘子电压分布的影响，掌握绝缘子串电压分布规律。

（2）绝缘子电压分布测量方法。熟悉采用火花间隙法、电阻分压杆法和电容分压杆法测量绝缘子电压分布的方法。

7. 电力电缆例行停电试验

（1）电力电缆绝缘试验项目和要求。掌握橡塑电力电缆绝缘试验项目及要求。

（2）电缆主绝缘电阻试验的规定。掌握电缆主绝缘电阻的测试步骤、注意事项及结果判据，掌握电缆主绝缘电阻试验的有关规定。

（3）电缆外护套绝缘电阻试验要求与规定。掌握电缆外护套绝缘电阻的测试步骤、注意事项及结果判据，掌握电缆外护套破损的诊断方法。

（4）电缆内衬层绝缘电阻试验要求与规定。掌握电缆内衬层绝缘电阻的测试步骤、注意事项及结果判据，掌握电缆内衬层破损的诊断方法。

（5）铜屏蔽层电阻和导体电阻比试验。掌握电缆铜屏蔽层电阻和导体电阻比试验的方法和试验数据判断依据。

1）交联电缆主绝缘交流耐压试验方法与要求。掌握交联聚乙烯电缆主绝缘耐压试验的必要性和有效性、试验原理与要求。

2）交叉互联系统试验规定和要求。掌握交联聚乙烯电缆交叉互联系统的概念及其试验的项目、原理、要求。

8. 电容器例行停电试验

（1）电容器的试验项目及方法。掌握电容器绝缘电阻、极间电容量、两极对外壳交流耐压以及冲击合闸试验等项目的方法。

（2）电容器极间电容量的测量方法。掌握电容表法、电压电流表法、双电压表法和电桥法测量电容器极间电容量的测试方法。

9. 避雷器例行停电试验

（1）运行电压下交流泄漏电流试验。掌握氧化锌避雷器运行电压下交流泄漏电流试验的意义、方法和注意事项。

（2）MOA 阻性电流测量。掌握氧化锌避雷器运行电压下进行电流测试的意义、方法和注意事项。

（3）MOA 在直流 1mA 下的电压及 75%该电压下泄漏电流试验。掌握氧化锌避雷器在直流 1mA 下的电压及 75%该电压下泄漏电流试验的意义、方法和注意事项。

10. 局部放电试验

（1）互感器局部放电测量。掌握电压互感器、电流互感器局部放电测试回路及测量方法，掌握使用平衡测量法的目的和作用。

（2）电力变压器局部放电试验。熟悉变压器局部放电检测的条件及试验要求，掌握试验的接线方式、试验的加压时间及步骤，对结果的判断依据。

（3）局部放电波形分析及图谱识别。熟悉电气设备内部局部放电的类型，掌握识别和抑制电气设备现场局部放电试验干扰的方法，熟悉典型放电图谱。

五、变电站一次设备诊断性试验项目

变电站一次设备诊断性试验是在例行检修试验项目基础上，有针对性开展的试验，试验内容包含例行停电试验、带电检测等，还包含特定目的和诊断意图的试验。

1. 变压器诊断性试验

变电站诊断性试验包含变压器绝缘电阻试验、变压器介质损耗正切值、变压器感应耐压试验、变压器电压比测、变压器的极性和组别试验、变压器绕组的直流电阻测量、变压器局部放电试验。

2. 互感器诊断性试验

互感器诊断性试验包含电流互感器极性检查、电流互感器的励磁特性试验、电流互感器的铁芯退磁、电压互感器的感应耐压试验、电压互感器的 $\tan\delta$ 值测量、串级式电压互感器感应耐压试验。

3. 断路器诊断性试验

断路器诊断性试验包含断路器的机械特性试验、交流耐压试验、SF_6 气体分解产物分析、SF_6 气体纯度试验、SF_6 密度继电器校验。

4. GIS 诊断性试验

GIS 诊断性试验包含现场耐压试验、SF_6 气体泄漏检查、GIS 本体现场交流耐压、SF_6 气体分解产物分析、SF_6 气体纯度试验、SF_6 密度继电器校验。

5. 绝缘子诊断性试验

绝缘子诊断性试验包含绝缘子串电压分布规律、绝缘子电压分布测量、交流耐压、超声波探伤。

6. 电力电缆诊断性试验

电力电缆诊断性试验包含铜屏蔽层电阻和导体电阻比试验、交联电缆主绝缘交流耐压试验、交叉互联系统试验、交流耐压试验、振荡波测试。

7. 避雷器诊断性试验

避雷器诊断性试验包含交流泄漏电流试验、MOA 阻性电流测量、MOA 在直流 1mA 下的电压及 75%该电压下泄漏电流试验、非线性系数测量。

8. 消弧线圈试验和系统有关参数测量

消弧线圈试验包含系统中性点不对称电压测量、系统中性点位移电压测量、消弧线

圈伏安特性试验、消弧线圈补偿系统的调谐试验、消弧线圈补偿系统的电容电流测量。

六、带电检测技术及方法

电网设备带电检测是开展状态检修的基础，通过持续、规范的带电跟踪检测，准确掌握设备实际运行状态，并制订科学、合理的检修策略。因此，积极开展检测新技术的研究和应用，对及时发现设备隐患、降低故障概率、降低电网风险等方面具有重要的意义。

带电检测技术在发达国家已发展成熟，在我国也已有10多年的推广过程。带电检测技术适合当前我国电力生产管理模式，因此在电网设备状态检测中的重要性日趋显著。

带电检测技术主要有红外热成像测温、红外热成像检漏、紫外成像、局部放电特高频检测、局部放电超声波检测、局部放电高频检测、铁芯接地电流、油中溶解气体分析、避雷器阻性电流及泄漏电流检测、开关柜暂态地电波检测、开关柜超声检测、SF_6气体湿度检测、SF_6气体组分检测、SF_6纯度检测、电力电缆护层接地电流检测等。

1. 红外热成像检测技术

红外热成像检测技术是随着红外探测器的发展而衍生出的非接触式测温技术，其实质是对设备发射的红外辐射进行探测并显示处理的过程。红外热成像检测仪接收并聚焦在红外探测器上，并把目标的红外辐射信号功率转化成便于处理的电信号，再经放大和处理，以二位热图像的形式显示目标设备表面的温度值和温度场分布。

2. 紫外成像检测技术

外绝缘发生局部放电时，周围气体被击穿而电离，电离的氮原子在复合时发射光谱主要落在紫外光波段。紫外成像仪接收到放电产生的紫外光信号，经处理成像并与可见光图像叠加，达到确定电晕位置和强度的目的，这就是紫外成像技术的基本原理。

3. 高频局部放电检测技术

高频局部放电检测技术，是利用耦合器（多采用罗哥夫斯基线圈）对流经电力设备的接地线、中性点以及电缆本体中放电脉冲电流型号进行采集，从而实现内部故障的识别。该技术可进行局部放电的量化描述，具有检测灵敏度高、检测方式便捷等优点。

4. 特高频局部放电检测技术

局部放电发生时，产生的电流脉冲能在内部激励形成频率高达吉赫兹的电磁波。特高频局部放电检测技术通过检测这类电磁波信号，进行内部故障的识别和定位。由于该技术主要检测频段为300～3000MHz，因此称为特高频法。

5. 超声波局部放电检测技术

超声波局部放电检测时通过采集局部放电产生的超声波脉冲信号，并进行处理和分析以获取设备运行状态的一种检测技术。与局部放电电测法相比，超声波的传播速度较慢，对测试系统的精度要求相对较低，且其空间传播方向性较好，对于大多数局部放电类型较为敏感，因此常用于故障定位。超声波局部放电检测分为接触式和非接触式两种，GIS 超声波检测就属于接触式检测，对尖端放电、悬浮放电、沿面放电较为灵敏，对绝缘内部缺陷（气隙）不能有效检测。

6. 暂态地电波检测技术

设备内部局部放电脉冲激发的电磁波在设备金属壳体上产生瞬时的对地电压，该电压可由安装在设备表面的电容传感器所捕获。暂态地电波检测技术就是基于该原理提出的一种接触式局部放电检测方法。暂态地电波局部放电检测技术对尖端放电、电晕、绝缘内部放电比较灵敏，检测效果好；但该技术对绝缘的沿面放电、表面放电不敏感。在实际应用时，暂态地电波检测技术与超声波检测技术配合使用。

7. 避雷器泄漏电流与阻性电流检测技术

氧化锌避雷器在运行电压下呈现绝缘状态，仅通过微弱的电流。当内部的氧化锌阀片受潮或老化时，泄漏电流中的阻性电流分量将会增加。针对氧化锌避雷器的上述特性，氧化锌避雷器泄漏电流带电或在线监测已成为判断避雷器运行状态的重要手段，基于上述技术的避雷器泄漏电流带电监测已在电力系统广泛应用。相应的检测方法有总泄漏电流法、阻性电流基波法、容性电力以补偿法、三次谐波法、波形分析法等。

8. 接地电流检测技术

（1）变压器铁芯接地电流。接地电流检测主要是在电力设备运行状态下检测其工作接地、中性点等对地通过的电流。常见的有变压器铁芯接地电流检测，测试仪器有普通钳形电流表直接测试、专用铁芯接地电流检测仪、变压器铁芯接地电流在线监测、钳形电流表差值法测量。但由于变压器运行时周围或多或少存在漏磁现象，通过上述方式检测的电流与流过接地的真实电流存在一定的误差，对检测用的仪器、仪表抗干扰性有较高的要求。

（2）电力电缆护层接地电流。对于单芯电力电缆，运行时金属护套由于受到磁力线交链，通常会在电缆两端感应电压，出现环流。该环流主要有感应电流、电容电流、泄漏电流组成。当电力电缆正常的单端接地系统发生异常造成意外的双端接地，环流将会变得很大，形成较大的损耗，使电缆金属屏蔽层发热，加速电缆绝缘老化。检测并关注金属护层接地电流变化，能够发现电缆是否发生双端接地的意外情况，避免电流老化加速。

9. 油中溶解气体检测技术

充油设备发生内部放电、过热故障时，绝缘油过热分解产生特征气体，这些气体在油中经对流、扩散不断溶解于油中。故障气体的组分和含量与故障的类型及其严重程度密切相关。因此，分析溶解于油中的气体就能尽早发现充油设备内部的潜伏性故障。目前，分析绝缘油油中溶解气体的组分和分量是监视充油电气设备安全运行的最有效手段。

10. SF_6气体检测技术

SF_6气体绝缘设备的主绝缘和灭弧介质是SF_6气体，SF_6气体的质量决定了设备绝缘性能和灭弧性能。因此，需对其开展SF_6气体湿度检测、SF_6气体组分检测、SF_6纯度检测。

11. SF_6气体泄漏红外成像检漏技术

SF_6气体泄漏红外成像检漏仪主要由光学系统、红外探测器、信号处理器、显示器组成。光学系统主要接收目标物体发出的红外辐射并将其聚焦到红外探测器上。与普通的红外热成

像检测仪相比，SF_6气体泄漏红外成像检漏仪探测器工作波段更窄，通常在10～11μm。

七、电力一次设备带电检测

1. 电力变压器带电检测

电力变压器带电检测项目包括：变压器铁芯和夹件接地电流检测、变压器高频局部放电检测、变压器特高频局部放电检测、变压器超声波检测、变压器套管末屏接地电流检测、变压器红外热成像检测、变压器紫外成像检测、变压器油中溶解气体检测。

2. 高压套管带电检测

高压套管带电检测项目包括：红外热成像检测、紫外成像检测、相对介质损耗因数、相对电容量比值检测、高频局部放电检测。

3. 电流互感器带电检测

电流互感器带电检测项目包括：电流互感器末屏接地电流检测、红外热成像检测、紫外成像检测、电流互感器油中溶解气体检测、相对介质损耗因数、相对电容量检测。

4. 电压互感器、耦合电容器带电检测

电压互感器、耦合电容器带电检测包括：红外热成像检测、高频局部放电检测、相对介质损耗因数、相对电容量检测。

5. 避雷器带电检测

氧化锌避雷器带电检测项目包括：红外热成像检测、高频局部放电检测、运行中持续电流检、阻性电流检测。

6. GIS 带电检测

GIS 带电检测项目包括：红外热成像检测、超高频局部放电检测、超声波局部放电检测、SF_6气体湿度测试、SF_6气体纯度测试、SF_6气体分解物测试、SF_6气体泄漏检查。

7. 敞开式 SF_6断路器带电检测

GIS 带电检测项目包括：红外热成像检测、SF_6气体湿度检测、SF_6气体纯度检测、SF_6气体分解物检测、SF_6气体泄漏成像法检测。

8. 隔离开关带电检测

GIS 带电检测项目包括：红外热成像检测和紫外成像检测。

9. 绝缘子带电检测

绝缘子设备带电检测项目包括：红外热成像检测和紫外成像检测。

10. 电力电缆带电检测

电力电缆带电检测项目包括：红外热成像检测、外护套接地电流、电缆终端及中间接头高频局部放电检测、电缆终端及中间接头超高频局部放电检测、电缆终端及中间接头超声波局部放电检测。

11. 开关柜带电检测

开关柜带电检测项目包括：超声波局部放电检测和暂态地电压检测。

12. 接地网带电检测

接地网带电检测项目包括：接地导通检测和接地阻抗检测。

八、电气试验相关标准及规程

电气试验相关的标准主要涉及电气设备交接试验标准、绝缘试验导则、局部放电检测导则等。

电气设备交接试验主要执行标准为 GB 50150—2016《电气装置安装工程 电气设备交接试验标准》。

电气设备例行停电试验主要执行标准有 Q/GDW 1168—2013《输变电设备状态检修试验规程》、DL/T 596—1996《电力设备预防性试验规程》。

电气测量及试验相关检测标准和导则有 DL 417—2006《电力设备局部放电现场测量导则》、DL/T 474.1—2006《绝缘电阻、吸收比和极化指数试验》、DL/T 474.2—2006《直流高电压试验》、DL/T 474.3《介质损耗因数 tanδ 试验》、DL/T 664—2016《带电设备红外诊断应用规范》。

第四节　实　践　案　例

一、电流互感器介质损耗角正切值（tanδ）的测试项目培训案例

本培训案例介绍电流互感器介质损耗角正切值 tanδ 的测试方法和技术内容。通过工作流程的学习，掌握电流互感器介质损耗角正切值测试前准备工作和相关安全、技术措施、技术要求及测试数据分析判断。

电气试验第一岗位人员应精通油纸电容型及串级式电流互感器介质损耗测试目的、测试原理及步骤、危险点分析及控制措施、测试结果分析，熟悉测试前的准备工作、电流互感器电气结构、相关试验规程及标准，了解测试仪器的选择。电气试验第二岗位人员应精通油纸电容型电流互感器测试的目的、测试原理，熟悉串级式电容型电流互感器介损测试目的、测试原理、测试步骤、测试结果分析，了解测试前的准备工作、测试仪器的选择、危险点分析及控制措施、电流互感器电气结构、相关试验规程及标准。

（一）测试目的

电流互感器介质损耗角正切值 tanδ 的测试能灵敏地发现油浸链式和串级绝缘结构电流互感器绝缘受潮、劣化及套管绝缘损坏等缺陷，也能反映油纸电容型电流互感器由于制造工艺不良造成电容器极板边缘的局部放电和绝缘介质不均匀产生的局部放电、端部密封不严造成底部和末屏受潮、电容层绝缘老化及油的介电性能下降等缺陷。所以，介质损耗角正切值 tanδ 是判定电流互感器绝缘介质是否存在局部缺陷、气泡、受潮及老化等的重要指标。

（二）测试仪器的选择

tanδ 的测试可选用 QS1 型高压西林电桥或数字式自动介损测试仪，所选测试仪必须

符合 DL/T 962《高压介质损耗测试仪通用技术条件》要求，并按期进行校验，保证其测量准确性。

（三）危险点分析及控制措施

（1）防止高处坠落。

（2）防止高处落物伤人。

（3）防止人员触电。

（四）测试前的准备工作

（1）了解被试设备现场情况及试验条件。查勘现场，查阅相关技术资料，包括该设备的历年试验数据及相关试验规程等，掌握该设备运行及缺陷情况。

（2）测试仪器、设备准备。选择合适的电桥（测试仪）、测试线、温（湿）度计、放电棒、接地线、梯子、安全带、安全帽、电工常用工具、试验临时安全遮栏、标示牌等，查阅测试仪、设备及绝缘工器具的检定证书有效期。

（3）办理工作票并做好试验现场安全和技术措施。

（五）测试原理及步骤

1. 油浸链式和串级式电流互感器电容量和 $\tan\delta$

35～110kV 电压等级的电流互感器多数为油浸链式（如 LCWD－110 型）和串级式（如 L－110 型）结构。L－110 型串级式电流互感器没有末屏端子引出，现场测量 C 和 $\tan\delta$ 可按 QS1 电桥正接线测量一次绕组对二次绕组的 $\tan\delta$，也可按 QS1 电桥反接线测量一次绕组对二次绕组和外壳的 $\tan\delta$。

用正接线测量时，一次绕组加高压，二次绕组短路（引线拆除）后，接电桥 Cx 线。反接线时，Cx 接高压及一次绕组，二次绕组短路接地。

2. 电容型电流互感器电容量和 $\tan\delta$

220kV 及以上电压等级电流互感器一般为油纸电容型结构，结构原理如图 4－15 所示。

电容型电流互感器主绝缘测量一般采用正接线，测量一次绕组和末屏之间的电容量和 $\tan\delta$。测试时，一次绕组短接后接高压，电流互感器末屏接电桥 Cx 端，二次绕组短接后接地，电流互感器外壳接地。测试电压为 10kV。

将电容型电流互感器外壳接地，对互感器绕组放电、接地，拆除一次连接线，一次绕组短接，二次绕组短接后接地，打开末屏接地线，将电桥 Cx 端与末屏相连，测试仪高压引线接至互感器一次绕组，取下接地线。检查接线无误后，升压进行测试，测试完毕后，读取测试结果，切断电桥电源，对被试品放电、接地。恢复电流互感器一、二次绕组连接线，恢复末屏接地引线。

（六）测试注意事项

（1）测试应在良好的天气，湿度小于80%，互感器本体及环境温度不低于5℃。

（2）互感器表面脏污、潮湿时，应采取擦拭和烘干等措施以减少表面泄漏的影响。

（3）测试前，应先测试被品的绝缘电阻，其值应正常。

（4）测试用电桥本体用截面较大的裸铜线可靠接地。被试互感器外壳可靠接地，电桥本体应直接与互感器外壳接地点连接且连接线尽量短。

（七）测试结果分析

1. 测试结果分析

测试结果应符合相应的试验标准要求。交接试验时，电流互感器主绝缘电容量与介质损耗角正切值 $\tan\delta$ 应满足GB 50150—2016《电气装置安装工程 电气设备交接试验标准》的规定；例行停电试验时，测试值应符合Q/GDW 1168—2013《输变电设备状态检修试验规程》或相应的企业标准的要求。当对绝缘性能有怀疑时，可采用高电压介损法进行试验，电压在（0.5～1）$U_m/\sqrt{3}$ 范围内，介质损耗角正切值 $\tan\delta$ 变化量不应大于相关规程的要求。

2. 报告编制

测试报告填写应包括测试设备运行信息、测试时间、测试人员、天气、环境温湿度、互感器参数、测试结果、测试结论、试验性质、测试仪型号和出厂编号，备注其他需要注意的内容，如是否拆除引线等。

二、GIS现场交流耐压试验培训案例

本案例介绍GIS交流耐压试验方法和技术要求。通过试验工作流程的介绍，掌握GIS现场交流耐压试验前的准备工作和相关安全、技术措施、技术要求及测试数据分析判断。

电气试验第一岗位人员应精通测试目的、危险点分析及控制措施、现场试验步骤及要求、测试结果分析，熟悉测试前的准备工作、GIS电气结构、相关试验规程及标准，了解测试仪器的选择。电气试验第二岗位人员应精通测试目的，熟悉试验原理、试验程序、结果分析，了解测试前的准备工作、测试仪器的选择、危险点分析及控制措施、相关试验规程及标准。

（一）测试目的

气体绝缘封闭开关设备（GIS）因体积较大，需现场组装，受现场条件的限制，比如环境温度、湿度和空气的洁净度、安装工器具的精度、安装工艺水平等都很难有效控制，为GIS安装造成了一定影响。GIS的内部空间极为有限，工作场强很高，且绝缘裕度相对较小。GIS投运初期，绝缘击穿大多是金属颗粒、悬浮导体、表面毛刺或颗粒等缺陷造成的。

交流耐压试验对检查是否存在杂质比较灵敏。GIS 现场交流耐压试验的主要目的是通过耐压试验检验被试设备的运输和安装是否正确，检查被试设备内部是否存在异物，检验被试设备内部洁净度和绝缘是否达到规定要求。

（二）测试仪器的选择

1. 工频耐压试验设备的选择

由于 GIS 中带电导体对壳体的间距小，对地电容较大，若用常规工频试验变压器进行耐压，试验设备笨重，不易搬运，给现场试验带来困难，一般较少采用。如采用常规工频耐压试验变压器，其容量应满足要求，即

$$P=\omega C_X U^2\times 10^{-3}$$

式中　P——试验变压器容量；

ω——角频率；

C_X——被试品电容；

U——试验电压。

2. 串联谐振试验设备的选择

（1）调感式串联谐振设备的选择。调感式谐振装置采用铁芯气隙可调节的高压电抗器调节串联电抗值，但试验电压为工频，一般在 GIS 间隔较少的情况下使用。串联电抗器电感、励磁变高压侧及串联电抗器的电流、励磁变容量应分别满足

$$L=1/[(100\pi)^2 C_X]$$

$$I_C=\omega C_X U_S\times 10^{-3}$$

$$P=I_C U_N$$

式中　L——串联电抗器电感；

P——励磁变容量；

ω——角频率；

C_X——被试品电容量；

U_S——试验电压；

U_N——励磁变压器高压侧额定电压。

（2）变频式串联谐振设备的选择。变频式串联谐振试验装置适用于大容量试品，具有试验电源电压低、功率小、试验电压波形良好的特点。

1）谐振频率。串联谐振试验频率范围为 10～300Hz，应根据 GIS 的电容量和电抗器的电感量计算得到谐振频率，可按下式计算

$$f_0=[1/(2\pi\sqrt{LC})]\times 10^3$$

2）电抗器电流。流过电抗器的电流等于流过被试品的电流，可按下式计算

$$I_L=I_C=\omega C_X U_S\times 10^{-3}$$

3）励磁变压器容量。励磁变压器要求的容量 P 应大于下式要求

$$P=I_C C_N$$

4）变频电源容量。变频电源的容量等于励磁变压器要求的容量，其输入电流应按下

式计算

单相：
$$I_1=P/U_1$$
三相：
$$I_1=P/(\sqrt{3}\cdot U_1)$$

（三）危险点分析及控制措施

（1）防止高处坠落。

（2）防止高处落物伤人。

（3）防止人员触电。

（四）测试前的准备工作

1. 了解被试设备现场情况及试验条件

查勘现场，查阅相关技术资料，包括该设备的历年试验数据及相关试验规程等，掌握该设备运行及缺陷情况。

2. 测试仪器、设备准备

选择合适的变频电源、高压串联电抗器、控制箱、励磁变压器、交流分压器、大截面高压引线、带剩余电流动作保护器的单相和三相电源接线板、温（湿）度计、放电棒、接地线、绝缘梯、安全带、安全帽、电工常用工具、试验临时安全遮栏、标示牌等，查阅测试仪、设备及绝缘工器具的检定证书有效期。

3. 办理工作票并做好试验现场安全和技术措施

（五）现场试验步骤及要求

1. 试验接线

变频式串联谐振 GIS 交流耐压试验原理接线如图 4－16 所示。

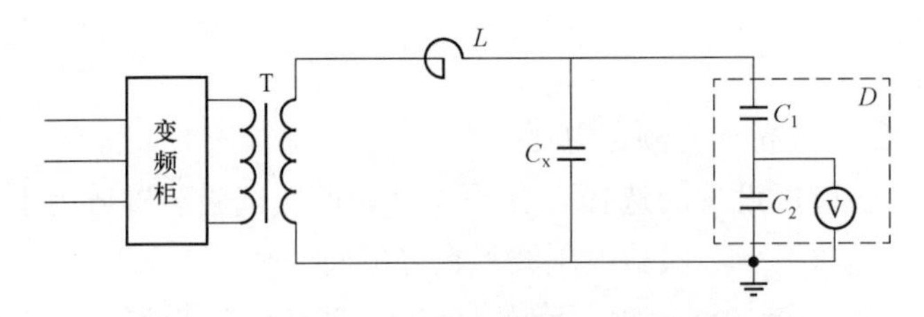

图 4－16　GIS 主回路交流耐压试验接线原理图

2. 试验步骤

（1）检查试品。被试设备应调试合格，其他绝缘、特性试验合格后，检验 SF_6 气体在额定压力试验回路中的电流互感器二次侧应短接接地，试验回路中的避雷器和保护火花间隙应与被试 GIS 间隔断开。试验前，检查间隔与出线是否断开，两者断开后方可进行耐压试验。对于部分电磁式电压互感器，如采用变频电源，电磁式电压互感器经频率计算不会引起磁饱和，也可以和主回路仪器耐压。

（2）接线并检查。每一相都应进行试验，非试验相和外壳仪器接地，三相同筒式组合电气可三相同时对地进行试验，也可分相进行试验，但非被试相应接地。如怀疑断口在运输、安装过程中受到损坏或经过解体，应做断口间耐压试验。

试验时，根据实际情况合理布置设备，尽量使试验设备接线紧凑并安放稳固，接地线应使用专用接地线。检查试验设备的接地、分压器的变比和挡位是否正确。

（3）耐压试验前的老练试验。GIS 交流耐压前应进行老练试验，通过逐次增加电压达到两个目的：将设备中可能存在的活动微粒迁移到低电场区域，通过放电烧掉细小的微粒或电极上的毛刺、附着的尘埃等。

老练试验施加的电压和时长可与制造厂、用户协商，根据具体情况绘制“试验电压–试验时间”曲线。以下举例说明：

1）1.1 倍设备额定相对地电压 10min，然后下降至零，最后上升至现场交流耐压额定值 1min。

2）1.0 倍设备额定相对地电压 5min，然后升到 1.73 倍设备额定相对地电压 3min，最后上升至现场交流耐压额定值 1min。

（六）测试注意事项

（1）试验电源的容量必须满足试验要求。

（2）试验天气对品质因数 Q 影响较大，因此，试验应在较干燥的天气情况下进行。另外，为减小电晕损失，提高串联谐振系统品质因数 Q，高压引线应采用扩径金属软管。

（3）试验回路的电路互感器二次侧应短路接地。

（4）进行耐压时，应在较低电压下调谐至谐振频率，然后才可以进行耐压试验。

（5）如电压互感器与 GIS 一起进行耐压，检查电压互感器一次绕组、二次绕组尾端应接地，其二次绕组不应短接。

（七）测试结果分析

1. 测试结果分析

试验判据：如 GIS 的每一部件均已按规定的试验程序耐受规定的试验电压而无击穿放电，则认为 GIS 通过试验。

现场耐压试验发生击穿，则应确定放电类型。耐压时应采用局部放电带电检测仪进行同步测量，根据监听放电的情况移动放电定位仪传感器，确定放电部位，判断放电类型。

（1）非自恢复放电。固体绝缘沿面击穿放电，则应打开封闭间隔，仔细检查绝缘表面的损伤程度，做必要的而处理后再进行耐压试验。

（2）自恢复放电。由于脏污和表面缺陷，在分析的基础上重新进行试验，试验加压方法应与设备制造厂研究确定。

2. 报告编制

测试报告填写应包括测试设备运行信息、试验时间、试验人员、天气、环境温湿度、

GIS 参数、试验结果、试验结论、试验性质、试验设备型号和出厂编号，备注其他需要注意的内容，如是否拆除引线等。

三、GIS 局部放电试验培训案例

本案例介绍 GIS 局部放电试验方法和技术要求。通过试验工作流程的介绍，掌握 GIS 局部放电试验前的准备工作和相关安全、技术措施、技术要求及测试数据分析判断。

电气试验第一岗位人员应精通测试目的、试验原理及现场试验步骤、危险点分析及控制措施、测试结果分析，熟悉测试前的准备工作、GIS 内部绝缘结构、相关试验规程及标准，了解测试仪器的选择。电气试验第二岗位人员应精通 GIS 局部放电的目的，熟悉试验原理及现场试验步骤、试验程序、结果分析，了解测试前的准备工作、危险点分析及控制措施、试验规程及标准。

（一）测试目的

GIS 内的绝缘分为气体绝缘和固体绝缘，气体绝缘在长期局部放电作用下会使 SF_6 分解，固体绝缘在分解物的腐蚀、电蚀下会发生老化。局部放电发生时，通常会产生能量损耗和声、光、电磁辐射等。通过局部放电仪采集和检测放电脉冲信号、声信号等，能及早发现和定位绝缘缺陷，保证 GIS 的安全运行。

（二）测试仪器的选择

根据测量原理和方法的不同，可采用不同的检测仪器进行局部放电信号的采集。

1. 脉冲电流法

在电气设备停电状态下，可采用脉冲电流法进行局部放电的定量测试。

现场进行局部放电试验时，可根据环境干扰水平选择相应的仪器。当干扰较强时，一般选用窄频带测量仪器；当干扰较弱时，一般选用宽频带测量仪器；对于 f_2=(1~10)kHz 的很宽频带的仪器具有较高的灵敏度，适用于屏蔽效果好的试验室。

2. 超声波法和超高频法

在设备带电运行状态下，可采用超声波或超高频法进行检测。

超声波法常用的传感器为加速度传感器和 AE 传感器。为了消除其他的声源干扰，监测频率一般选择 1～20kHz。由于测量频率比较低，采用加速度传感器可能比声发射传感器灵敏度更高。

GIS 中局部放电的电磁波特性与在空气中有所不同，具有更高的频率，其波头的时间更短，从数千赫兹到兆赫兹。利用内、外置天线测量从 300MHz～1.5GHz 的局部放电信号，灵敏度都能达到 10pC，甚至更低。

（三）危险点分析及控制措施

（1）防止高处坠落。

（2）防止人员损伤。

（3）防止 GIS 外壳损害。

（4）防止工作人员触电。

（四）测试前的准备工作

1. 了解被试设备现场情况及试验条件

查勘现场，查阅相关技术资料、GIS 历年试验数据及相关规程等，掌握该 GIS 运行及缺陷情况，编写作业指导书及试验方案。

2. 测试仪器、设备准备

选择合适的 GIS 局部放电测试仪、带漏电保护器的电源接线板、放电棒、接地线、安全带、安全帽、电工常用工具、试验临时安全遮栏、标示牌、万用表、温（湿）度计、电源线轴等，并查阅测试仪器、设备及绝缘工器具的检定证书有效期。

3. 办理工作票并做好试验现场安全和技术措施

向其余试验人员交代工作内容、带电部位、现场安全措施、现场作业危险点，明确人员分工及试验程序。

（五）试验原理及现场试验步骤

1. 试验方法

（1）脉冲电流法。局部放电发生时伴随有脉冲电荷产生，利用这一原理，在试验室可采用耦合电容和检测阻抗与试品组成一个回路，高频的局部放电信号由检测阻抗获得。脉冲电流方法得到的局部放电信号信息丰富，可利用电流脉冲的统计特征（如$\phi-q-n$谱图）和实测波形来判定放电的严重程度。脉冲电流法也是 IEC 推荐的局部放电检测方法。

（2）超声波法。GIS 发生局部放电时分子间剧烈碰撞并在瞬间形成一种压力，产生超声波脉冲，尖型包括纵波、横波和表面波。不同的电气设备、环境条件和绝缘状况产生的声波频谱都不相同。GIS 中沿 SF_6 气体传播的只有纵波，这种超声纵波以某种速度以球面波的形式向四面传播。由于超声波的波长较短，因此其方向性较强，从而能量也较为集中，可以通过设置在外壁的压敏传感器收集超声信号。

局部放电产生的声波频谱分布很广，约为 10～10^7Hz。随着电气设备、放电情况、传播介质及环境的不同，能检测到的声波频谱有不同，在 GIS 中，由于高频分量在传播过程中都衰减掉了，能监测到的声波包含的低频分量比较丰富。国际大电网会议（CIGRE）认为超声波局部放电检测方法的声波范围是 20～100kHz。

超声波法的优点是灵敏度高、抗电磁能力强，可以直接定位，适应于现场测试，缺点是结构复杂，需要有经验的人员进行操作。对于在线监测系统，如果需要对故障精确定位时，所需要的传感器过多。

（3）超高频法。在发生局部放电的过程中，由于放电的存在，都会向外界发散出电磁波，利用专用的天线和仪器检测，就可以了解到 GIS 内局部放电的情况，这种方法被称为电磁波法。由于 SF_6 气体的高绝缘能力，因此在 GIS 中发生的局部放电的电磁波特性与在空气中发生的不同，具有更高的频率，其波头的时间非常短，而且分布得比较散，从几千赫兹到几千兆赫兹都有分布。

超高频局部放电测量方法是利用检测 GIS 中局部放电发射的大量高频放电信号来确定局部放电是否发生的，它可以利用内、外置天线进行测量。由于除了少数的 GIS 外，绝大多数在出厂时未配置内置传感器，只能外置传感器进行测量，因此使用外置传感器的仪器的抗干扰能力、灵敏度、滤波方法、信号处理策略和算法以及有无指纹库或诊断系统就成为衡量不同仪器需要考虑的问题。

2. 试验接线

（1）脉冲电流法。脉冲电流法可以采用检测阻抗与试品串联或并联的接法，这与试品的接地方式有关。这两种接线方法都可以称为直接法测量回路。为了抑制外部干扰，还可以利用平衡法测量回路，即利用两个相同试品来消除共模干扰，对于抑制从高压侧进入的干扰有一定作用。但是，平衡法的检测灵敏度要比直接法低。

（2）超声波法。超声波法是一种可在低压侧测量的方法，可在运行的 GIS 中或 GIS 现场交接耐压试验时进行。因此，需要人员手持传感器或在 GIS 上装设传感器进行测量。

（3）超高频法。用超高频法测试局部放电的测试接线原理如图 4－17 所示。

超高频传感器尺寸比较大，可利用绑带直接固定在盆式绝缘子的位置进行测量，直接利用内置传感器效果更好。

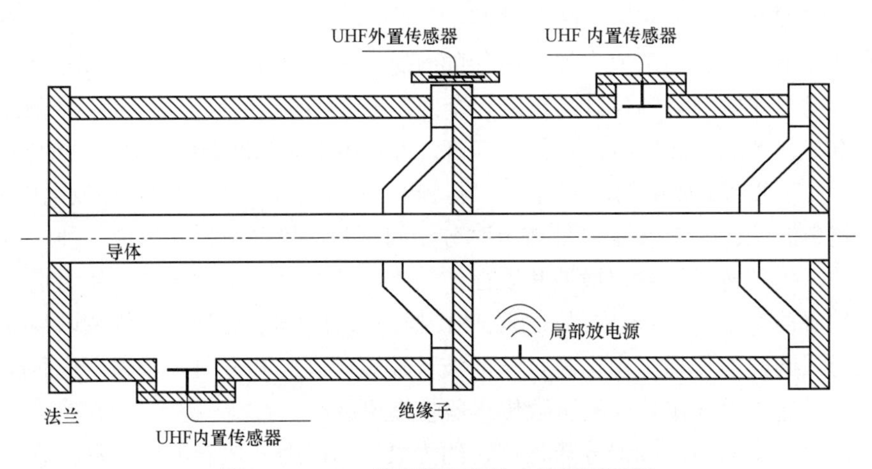

图 4－17　GIS 特高频局部放电检测原理图

3. 试验步骤

（1）脉冲电流法。

1）清除试验场地周围的杂物，对于难以移动的、有尖角的金属物体应予以接地，防止悬浮放电干扰。

2）参考试品的接地条件，选择不同试验接线方式搭接试验回路。

3）按照试品的容量，选择不同的检测阻抗，以保证测量灵敏度。

4）按试验回路接线。

5）试验前进行校准标定，校准结束后应将其从试验回路中拆除，防止损坏。

6）按照加压程序给被试 GIS 加压，到达局部放电试验电压后进行局部放电测量，电

压太高时可切断信号。另外，应注意局部放电的起始电压和熄灭电压。

7）全部试验结束后，迅速降低试验电压，当电压降到30%试验电压以下时，可以切断电源。

（2）超声波法。以运行中的GIS测量为例，若在GIS交接时测量，可结合现场交接耐压试验进行。

1）参考现场环境决定是否使用前置放大器。

2）做好传感器连接，做好仪器的接地，防止干扰。

3）测量时应在传感器与被试设备间使用耦合剂，如凡士林等，以达到排除空气、紧密接触的目的。GIS的每个气室都应检查，每个检查点间距不要太大，一般取2m左右。

4）按照使用说明书操作仪器，进行测量并记录。

5）若发现信号异常则应用多种模式观察，并在附近其他点位测试，尽量找到信号最强的位置。

6）试验结束后，收置好设备，清除残留在被试设备表面的耦合剂。

（3）超高频法。以运行中GIS测量为例，若在GIS交接时测量，可结合现场交接耐压试验进行。

1）将仪器放置在平稳的位置。

2）依照被试品条件，使用内置或外置的传感器，并做好连接。

3）按照使用说明书操作仪器，进行测量并记录。

4）利用盆式绝缘子或观察窗等位置进行测量，传感器与被试设备尽量靠近，或利用绑带固定到被试设备上，最好对被试的盆式绝缘子及相邻的盆式绝缘子进行屏蔽，以防止干扰。

5）若在某位置上检测到信号，则应加长观测时间，在左右相邻盆子处检查，还可利用双传感进行定位。若检测到的信号比较微弱，可以利用放大器进行放大后再测量。

6）试验结束后恢复现场状况，收置好仪器。

（六）测试注意事项

1. 脉冲电流法

由于脉冲电流法容易受到外界干扰的影响，因此对试验环境、连线、试验回路等有比较严格的要求。

（1）试验前先清除试验场地周围杂物，可能产生放电的金属物体应可靠接地，防止因杂散电流耦合而产生悬浮电位放电。

（2）试验设备都需要留一定裕度，即高压试验设备本身在进行局部放电试验的电压下不会产生放电。

（3）高压连接线都应该使用扩径导线，防止电晕产生，回路应尽量紧凑，减少尺寸。

（4）所有的电气连接都应该保证接触良好，最好使用屏蔽措施改善电场，还要注意接地的连接最好使用铜皮铺设并单点接地。

（5）对于测量回路和单元应注意电磁屏蔽和阻抗匹配。试验回路和测量回路都应采用电源隔离措施，防止干扰从电源进入，回路中还应考虑使用滤波器来消除高频干扰。

（6）试验回路每次使用都必须进行校准，局部放电试验后可再进行一次校准。

（7）检测中若存在明显干扰可通过开时间窗进行消除，若干扰过于明显则应通过其他方法解决，比如更改滤波器配置、改进试验通路或者另择时间，选择环境干扰较小的时刻进行试验。

2. 超声波法

（1）在传感器上施加一定的垂直于 GIS 表面的压力，这样可以减少因为传感器接触不紧或来回滑动造成的测量偏差。

（2）检测过程中，若发现比背景信号偏高或与其他测点的信号有明显的不同，则应该在该点周围间隔约 0.2m 多次测量，争取找到在该位置处信号幅值最大的点位。

3. 超高频法

（1）应使传感器的金属屏蔽外壳与 GIS 的金属外壳或盆式绝缘子的金属法兰边沿接触，以减少空间的干扰电磁波进入天线干扰测量。

（2）需要同步信号的仪器可从现场 220/380V 的工作电源中获得，对于有相位要求的同步信号则可以在 TV 二次侧获得，注意防止 TV 二次短路。

（七）测试结果分析

1. 试验标准及要求

脉冲电流法是 GIS 产品出厂试验时进行的局部放电检查项目，按照 IEC 标准和国家标准及电力行业标准的规定，一般要求单件元件的局部放电值在额定试验电压（$1.2/\sqrt{3}U_0$）下不超过 3pC，组合部件不超过 10pC，一些特殊的产品可以单独商定对局部放电的试验要求。

超声波局部放电无统一的参照标准，主要依靠测试的数据与背景数据、历史测试数据、同类型被试品测量数据之间对照比较来确定。超高频方法主要以测试图谱与典型放电缺陷的图谱进行比较来确定。

2. 试验结果分析

试验过程中，若发现持续性的超过局部放电要求的视在放电量，则认为局部放电试验没有通过，需查明原因，直到试验通过为止。

在超声波法中，若存在测量数据超过背景、以往数据和其他测点数据的情况存在，则应仔细查找，确定该位置信号最大点。若该数据与历史数据相比有显著的增长或检测到的图谱具有放电特征，则应缩短检测周期、加强监测。若发生明显增大的情况，则考虑停电检修。

第五章

继电保护“一岗多能”培养

第一节　专　业　背　景

继电保护在电力系统中的作用及其对电力系统安全连续供电的重要性，要求继电保护必须具有一定的性能、特点，因而对继电保护工作者也应提出相应的要求。继电保护的主要特点及对保护工作者的要求如下。

电力系统是由很多复杂的一次主设备和二次保护、控制、调节、信号等辅助设备组成的一个有机的整体。每个设备都有其特有的运行特性和故障时的工况。任一设备的故障都将立即引起系统正常运行状态的改变或破坏，给其他设备以及整个系统造成不同程度的影响。因此，继电保护的工作牵涉到每个电气主设备和二次辅助设备。这就要求继电保护工作者对所有这些设备的工作原理、性能、参数计算和故障状态的分析等有深刻的理解，还要有广泛的生产运行知识。此外对于整个电力系统的规划设计原则、运行方式制订的依据、电压及频率调节的理论、潮流及稳定计算的方法以及经济调度、安全控制原理和方法等都要有清楚的概念。

电力系统继电保护是一门综合性的学科，它奠基于理论电工、电机学和电力系统分析等基础理论，还与电子技术、通信技术、计算机技术和信息科学等新理论、新技术有着密切的关系。纵观继电保护技术的发展史，可以看到电力系统通信技术上的每一个重大进展都导致了一种新保护原理的出现，例如高频保护、微波保护和光纤保护等；每一种新电子元件的出现也都引起了继电保护装置的革命。由机电式继电器发展到晶体管保护装置、集成电路式保护装置和微机保护，就充分说明了这个问题。目前微机保护的普及及光纤通信和信息网络的实现正在使继电保护技术的面貌发生根本的变化。在继电保护的设计、制造和运行方面都将出现一些新的理论、新的概念和新的方法。由此可见，继电保护工作者应密切注意相邻学科中新理论、新技术、新材料的发展情况，积极而慎重地运用各种新技术成果，不断发展继电保护的理论、提高其技术水平和可靠性指标，改善保护装置的性能，以保证电力系统的安全运行。

继电保护是一门理论和实践并重的学科。为掌握继电保护装置的性能及其在电力系统故障时的动作行为，既需运用所学课程的理论知识对系统故障情况和保护装置动作行为进行分析，还需对继电保护装置进行实验室试验、数字仿真分析、在电力系统动态模型上试验、现场人工故障试验以及在现场条件下的试运行。仅有理论分析不能认为对保护性能的了解是充分的。只有经过各种严格的试验，试验结果和理论分析基本一致，并满足预定的要求，才能在实践中采用。因此，要搞好继电保护工作不仅要善于对复杂的系统运行和保护性能问题进行理论分析，还必须掌握科学的实验技术，尤其是在现场条件下进行调试和实验的技术。

继电保护的工作稍有差错，就可能对电力系统的运行造成严重的影响，给国民经济和人民生活带来不可估量的损失。国内外几次电力系统瓦解，进而导致广大地区工农业生产瘫痪和社会秩序混乱的严重事故，常常是由一个继电保护装置不正确动作引起的。因此继电保护工作者对电力系统的安全运行肩负着重大的责任。这就要求继电保护工作者具有高度的责任感和严谨细致的工作作风，在工作中树立可靠性第一的思想。此外，还要求他们有合作精神，主动配合各规划、设计和运行部门分析电力系统发展和运行情况，了解对继电保护的要求，以便及时采取应有的措施，确保继电保护满足电力系统安全运行的要求。

目前，打造知识型技能型创新型的电力系统专业人才队伍，为服务电网安全生产与智能化电网转型升级提供有力保障，助力具有中国特色国际领先的能源互联网企业建设，是国家电网公司发展战略的关键一环。随着电网结构日益复杂、变电设备逐渐增多，保护自动化和智能化水平不断提升，电网及用户对人员的技能素质要求也逐步提高，管理标准也更加严格规范，电网运行安全、智能电网转型对继电保护专业人才提出了更高的要求。

实行“一岗多能”，让员工在学好本职岗位的业务技术干好本职工作的基础上，学习其他岗位的专业技能，不仅是电网企业发展的需要，更是青年员工提高综合素质和自身竞争力的需要。

第二节　预　期　目　标

从创新和培训着手，促进青年员工尽快成长为公司的主力军，制订教育培训框架培训方案，以服务公司生产工作为核心。通过以青年员工“一三五”阶梯式培训框架方案为总指引，加快新青年员工成长成才，加强各岗位业务技能培训，使员工能胜任所在岗位的各项工作，促进员工技术技能水平的有序提升，加快公司人才培养。

一、第一年“一岗多能”培养目标

继电保护青年员工第一年 “一岗多能”培养目标见表 5-1。

二、第三年“一岗多能”培养目标

继电保护青年员工第三年 “一岗多能”培养目标见表 5-2。

表 5-1　　第一年“一岗多能”继电保护岗位培养目标表

继电保护第一岗位预期目标	
熟练	（1）继电保护的基本任务及要求。 （2）线路保护的基本特点、配置原则和影响因素。 （3）常规站继电保护安全措施（110kV 及以下）。 （4）保护调试工作流程（110kV 及以下）。 （5）110kV 线路保护装置功能校验。 （6）二次回路的识图与阅读。 （7）电力安全工作规程的相关规定
掌握	（1）交流电流电压回路的要求及配置。 （2）危险点分析及预防控制措施（110kV 及以下）。 （3）绝缘检查。 （4）电力安全生产基础知识。 （5）电力生产基础理论知识
了解	（1）规程、规定及反措要求。 （2）试验仪器仪表及工具使用。 （3）电力系统故障分析与故障电气量变化主要特征。 （4）继电保护配置的考虑因素。 （5）继电保护基本元器件。 （6）质量管理知识。 （7）法律法规
继电保护第二岗位预期目标	
熟练	（1）继电保护的要求。 （2）线路保护的基本特点。 （3）常规站继电保护安全措施（110kV 及以下）。 （4）二次回路的分类。 （5）电力安全工作规程的相关规定
掌握	（1）保护装置通电检查。 （2）试验仪器仪表及工具使用。 （3）电力安全生产基础知识。 （4）电力生产基础理论知识
了解	（1）故障电气量变化主要特征。 （2）继电保护基本元器件。 （3）质量管理知识。 （4）法律法规

表 5-2　　第三年“一岗多能”继电保护岗位培养目标表

继电保护第一岗位预期目标	
熟练	（1）变压器保护的基本特点、配置原则和影响因素。 （2）母线保护的基本特点、配置原则和影响因素。 （3）常规站继电保护安全措施（220kV 及以下）。 （4）智能站继电保护安全措施（110kV 及以下）。 （5）保护调试工作流程（220kV 及以下）。 （6）220kV 线路保护装置、110kV 变压器保护装置功能校验
掌握	（1）重合闸的要求。 （2）安全自动装置的要求。 （3）危险点分析及预防控制措施（220kV 及以下）。 （4）二次回路检查。 （5）控制回路断线处理（110kV 及以下）。 （6）继电保护配置双重化的要求

续表

继电保护第一岗位预期目标	
了解	（1）TA 二次断线的影响与处理。 （2）TV 二次断线的影响与处理。 （3）装置内部异常的处理。 （4）整组传动试验。 （5）规程、规定及反措要求。 （6）质量管理知识。 （7）法律法规
继电保护第二岗位预期目标	
熟练	（1）变压器保护的基本特点。 （2）母线保护的基本特点。 （3）常规站继电保护安全措施（220kV 及以下）。 （4）智能站继电保护安全措施（110kV 及以下）。 （5）保护调试工作流程（110kV 及以下）。 （6）二次回路的识图与阅读。 （7）电力安全工作规程的相关规定
掌握	（1）交流电流电压回路的要求及配置。 （2）危险点分析及预防控制措施（110kV 及以下）。 （3）绝缘检查。 （4）电力安全生产基础知识。 （5）电力生产基础理论知识
了解	（1）规程、规定及反措要求。 （2）装置内部异常的处理。 （3）电力系统故障分析。 （4）质量管理知识。 （5）法律法规

三、第五年"一岗多能"培养目标

继电保护青年员工第五年"一岗多能"培养目标见表 5-3。

表 5-3　　第五年"一岗多能"继电保护岗位培养目标表

继电保护第一岗位预期目标	
熟练	（1）常规站继电保护安全措施（220kV 及以下）。 （2）智能站继电保护安全措施（220kV 及以下）。 （3）220kV 母线保护保护装置、220kV 变压器保护装置功能校验。 （4）重合闸保护功能校验。 （5）备自投功能校验。 （6）带负荷试验
掌握	（1）控制回路断线处理（220kV 及以下）。 （2）TA 二次断线的影响与处理。 （3）TV 二次断线的影响与处理。 （4）智能变电站的结构。 （5）智能站检修机制。
了解	（1）二次回路的施工要求。 （2）二次回路异常处理。 （3）规程、规定及反措要求。 （4）质量管理知识

续表

继电保护第二岗位预期目标	
熟练	（1）变压器保护的基本特点。 （2）母线保护的基本特点。 （3）常规站继电保护安全措施（220kV 及以下）。 （4）智能站继电保护安全措施（110kV 及以下）。 （5）110kV 线路保护装置、110kV 变压器保护装置功能校验
掌握	（1）重合闸的要求。 （2）安全自动装置的要求。 （3）危险点分析及预防控制措施（220kV 及以下）。 （4）二次回路检查。 （5）整组传动试验。 （6）控制回路断线处理（110kV 及以下）
了解	（1）TA 二次断线的影响与处理。 （2）TV 二次断线的影响与处理。 （3）装置内部异常的处理。 （4）规程、规定及反措要求。 （5）电力系统故障分析与故障电气量变化主要特征。 （6）质量管理知识

第三节 培 训 内 容

继电保护岗位人员培训内容包括专业基础知识、专业技术知识和继电保护检修技能要求等三部分内容，具体如下所示。

一、专业基础知识

继电保护人员应熟悉电力生产基础理论知识、电力安全生产基础知识、质量管理知识和法律法规等相关的专业基础知识。

（一）电力生产基础理论知识

（1）电工原理基础知识。
（2）电子电路和微机基础知识。
（3）电力生产过程基础知识。
（4）电力系统一次设备基础知识。
（5）电力系统二次设备基础知识。
（6）继电保护及自动装置原理。
（7）发电厂生产运行过程基础知识。
（8）电力系统分析计算基础知识。
（9）通信与网络知识。

（二）电力安全生产基础知识

（1）电力安全工作规程。

（2）安全防火知识。
（3）触电及紧急救护知识。

（三）质量管理知识

（1）质量管理的性质与特点。
（2）质量管理的基本方法。
（3）电力系统继电保护及自动装置质量监督管理规定。
（4）二次回路验收规范。

（四）法律法规

（1）《中华人民共和国劳动法》相关知识。
（2）《中华人民共和国环境保护法》相关知识。
（3）《中华人民共和国合同法》相关知识。
（4）《中华人民共和国安全生产法》相关知识。
（5）《中华人民共和国电力法》相关知识。
（6）《中华人民共和国消防法》相关知识。

二、专业技术知识

专业技术知识包括继电保护要求与配置、线路保护、重合闸、变压器保护、母线保护、安全自动装置、二次回路、智能变电站、现场试验、异常应急处理等内容，见表5-4。

表5-4　　专业技术知识

继电保护要求及配置	故障分析
	整定计算原则
	保护配置原则
	继电保护基本元件
线路保护	线路的保护配置
	相间短路的阶段式电流保护
	接地保护
	距离保护
	纵联差动保护
重合闸	自动重合闸的作用和要求
	影响因素及问题
	与保护配合
	重合闸方式的选择
变压器保护	变压器的保护配置
	变压器故障和异常运行状态

续表

变压器保护	瓦斯保护
	差动保护
	电流速断保护
	后备保护、接地保护及过负荷保护
母线保护	母差的保护配置及影响因素
	断路器失灵保护
安全自动装置	备用电源自动投入装置的作用及基本要求
	备用电源自动投入装置的投入方式及逻辑
	切负荷装置
	解列装置
二次回路	交流电流回路
	交流电压回路
	控制回路
	信号回路
	二次接线及读图方法
	二次回路接线及抗干扰
智能变电站	数字变电站的特点
	IEC 61850 标准对智能变电站的影响
	数字化采样（SV）的影响
	检修机制
电气安全用具的检查使用	常用安全用具的检查及使用
	万用表的检查及使用
	绝缘摇表的检查及使用
	继电保护测试仪的检查及使用
现场试验	校验规程和标准化作业指导书
	保护功能校验、分立元件校验、整组试验
	试验项目及注意事项，正确接试验线
	装置硬件检查，不同设备人机界面的基本交互
	电流互感器、电压互感器及相关回路检验
	二次回路检查
	带负荷试验
异常应急处理	缺陷处理原则
	直流异常处理
	控制回路断线
	TV 断线、TA 断线影响及处理

（一）继电保护要求及配置

1. 继电保护的基本任务

自动、迅速、有选择性地将故障元件从电力系统中切除，使故障元件免于继续遭到损坏，保证其他无故障部分迅速恢复正常运行；反映电气设备的不正常运行状态，并根据运行维护的条件（例如有无正常值班人员）而动作于发出信号、减负荷或者跳闸。

继电保护装置必须具有正确区分被保护元件是处于正常运行状态还是发生了故障，是保护区内故障还是区外故障的功能。保护装置要实现这一功能，需要根据电力系统发生故障前后电气物理量变化的特征为基础来构成。

2. 故障电气量变化主要特征

① 电流增大；② 电压降低；③ 电流与电压之间的相位角改变；④ 测量阻抗发生变化；⑤ 不对称短路时，将出现序分量，正常运行时这些分量不出现或者含量较低（系统三相不对称运行时）等。

通过比较故障前后系统电气量的变化，便可构成各种原理的继电保护，即过电流保护、低电压保护、过电压保护、功率方向保护、距离保护、差动保护、纵联保护、零序电流/电压保护、阻抗保护。此外，除了上述反映工频电气量的保护外，还有反映非工频电气量的保护，如瓦斯保护。

3. 电力系统故障分析

了解电力系统标幺制的定义和电气元件阻抗一般计算方法，运用对称分量法进行短路故障计算分析。

4. 继电保护要求

电网继电保护的运行整定，应满足可靠性、速动性、灵敏性和选择性的基本要求，应以保证电网全局的安全稳定运行为根本目标。可靠性是由继电保护装置的合理配置、本身的技术性能和质量以及正常的运行维护来保证；速动性由配置的全线速动保护、相间和接地故障的速动段保护以及电流速断保护来保证；而对选择性和灵敏性要求及处理运行中对快速切除故障的特殊要求，是通过继电保护运行整定实现的。

可靠性要求：任何电力设备都不允许无保护运行，且应由分别作用于不同断路器、有规定灵敏系数的两套独立保护装置作为主保护和后备保护，以确保电力设备的安全。220kV及以上电网一般采用近后备保护方式，110kV及以下电网一般采用远后备保护方式。

速动性要求：保护装置应能尽快地切除短路故障，以提高系统稳定性，减轻故障设备的损坏程度，缩小故障波及范围。继电保护在满足选择性的前提下，应尽可能缩短保护动作时间。

灵敏性要求：反映了保护对故障的反应能力，在被保护对象的末端发生金属性短路，故障量与整定值之比或整定值与故障量之比。系统保护分为主保护和后备保护，主保护的灵敏度仅考虑被保护设备，后备保护的灵敏度在采用远后备方式时还需考虑相邻设备。对保护装置的启动、方向判别和选相等元件的灵敏度应大于所控制的测量、判别等主要元件的灵敏度。灵敏度一般根据可能出现的最小运行方式和最不利的单一故障情形进行校验。

选择性要求：首先由故障设备或线路本身的保护切除故障，当故障设备或线路本身的保护或断路器拒动时，才允许由相邻设备、线路的保护或断路器失灵保护切除故障。为保证选择性，对相邻设备和线路有配合要求的保护和同一保护内有配合要求的两元件，其灵敏度和动作时间在一般情况下应相互配合。

5. 继电保护配置的考虑因素

中性点接地方式：目前我国电力系统中采用的接地方式有中性点直接接地方式、中性点经消弧线圈接地方式、中性点经小电阻接地方式和中性点不接地方式。不同电压等级的电网所采用的接地方式不同，其故障的表现形式也有所不同。

电网结构方式：在电网电压等级和中性点接地方式确定后，电网的结构方式和运行方式是影响继电保护方案的主要因素。例如，220kV 双母接线母线保护误动可造成大面积停电，母线保护需增加电压闭锁功能防误动；500kV 一个半断路器接线即使母差保护误动也不会造成停电事故，但拒动将扩大事故影响范围，母线保护不需增加电压闭锁功能防拒动。

电网对有选择性切除故障时间的要求：主要由系统稳定性、电网电压等级及电网保护配合的要求等因素决定。

故障类型、发生概率：对常见的故障类型保护应具有选择性和灵敏性；对稀有故障，可根据对电网影响程度和后果采取相应措施，确保故障能够可靠切除。

保护要尽可能统一：保护装置的配置尽可能统一，以利于运行管理，提高运行水平。

6. 继电保护配置双重化的要求

在保护配置时，为了实现近后备，往往要实行双套保护配置，即所谓双重化配置。在双地重化配置时，除遵循保护装置相互独立的原则外，还应做到：① 每套完整、独立的保护装置应能处理可能发生的所有类型的故障。两套保护之间不应有任何电气的联系，当一套保护退出时不应影响另一套保护的运行。② 两套保护装置的交流电压宜分别接入电压互感器的不同二次绕组；交流电流应分取自电流互感器互相独立的绕组，其保护范围应交叉重叠，避免死区。③ 两套保护装置的直流电源应取自不同蓄电池组供电的直流母线段。④ 两套保护装置的跳闸回路应分别作用于断路器的两个跳闸线圈。⑤ 两套保护装置与其他保护或设备配合时应遵循相互独立的原则等。

7. 继电保护基本元器件

电力系统中的不同电气元件分别采用了不同原理的保护装置，这些保护装置又根据自身特性由一些基本的保护元件构成，包括启动元件、选相元件、方向元件、零序元件、距离元件、差动元件以及交流回路断线监视元件等，当故障发生时，先由启动元件启动，由选相元件选出故障相，随之判别故障方向（区内故障或区外故障），确定故障范围，从而正确切除故障。

（1）启动元件：应保证各种情况下（各种类型短路故障、经过渡电阻的短路故障、系统振荡等）启动元件能够可靠反映系统故障，确保保护装置正确动作；通常包括相电流和相电流突变量启动、零序/负序电流启动、电流工频变化量启动、电压工频变化量启动、纵联差动或远跳启动等。

（2）选相元件：在单相故障时通过选相元件选出故障相实现单相跳闸，在相间故障时及时判断故障类型实现三相跳闸和故障测距，应确保选相元件具有较好的灵敏性以确保重载和高阻接地时能正确选相；通常包括阻抗选相、相电流差突变量选相、稳态序分量选相、电压差突变量选相和低电压选相等。

（3）方向元件：是保证保护选择性的重要元件，可以用来闭锁保护范围外短路时可能引起的误动作，提高保护装置的灵敏度。保护对方向元件有以下要求：① 要有明确的方向性正方向故障动作，反方向故障不动作；② 方向元件在各种故障情况下都应该没有死区并有足够的动作灵敏度；③ 在纵联方向保护中还要求反方向元件比正方向元件动作得更快、更加灵敏，且能够闭锁正方向元件。通常包括稳态功率方向元件（相电流功率方向元件、零序功率方向元件、负序功率方向元件、方向阻抗元件等）、暂态功率方向元件（具有不受过渡电阻、负荷电流的影响，不受系统振荡等影响，不受串补电容的影响、动作速度快）。

（4）零序元件：零序分量构成的保护具有简单、可靠、灵敏等优点，是反映高阻单相接地的有效方案。通过自产或外接获取零序电流和零序电压，通过比较自产和外接零序电流校验保护装置采样是否正确。

（5）距离元件：通过输入保护的电流电压分量计算保护安装处至故障点之间的距离，包括接地距离元件和相间距离元件、工频变化量阻抗元件等。

（6）差动元件：利用基于基尔霍夫第一定律的差动元件构成的差动保护具有动作速度快、灵敏性高、选择性好等优点，作为电力系统输电线路、变压器、母线等设备的主保护。

（7）交流回路断线监视元件：构成保护的电气量是通过电压互感器和电流互感器二次侧获取的。当交流电压或交流电流回路因某些原因出现断线时，对应的保护测量到的电气量就不能正确反映系统一次侧的数值，从而有可能引起相应的测量元件不正确动作，甚至引起保护不正确动作。为此，需要设置交流回路断线监视元件，当出现断线时，闭锁相应不正确动作，并发出信号，以便运行人员及时检查尽快消除这种异常现象。交流回路断线监视元件分交流电压回路断线和交流电流回路断线。

（二）线路保护的基本特点、配置原则和影响因素

1. 线路保护的基本特点

输电线路在整个电网中分布最广，自然环境也比较恶劣，是电力系统中故障概率最高的元件。输电线路故障往往由雷击、雷雨、鸟害等自然因素引起。线路的故障类型包括单相接地故障、两相接地故障、相间故障、三相故障，一般架空线路以单相接地故障为主。

2. 线路保护配置原则

35kV 及以下电压等级系统往往是不接地系统，线路保护要求配置阶段式过流保护和阶段式距离保护。110kV 线路保护要求配置阶段式相过流保护和零序保护或阶段式相间和接地距离保护，辅以一段反映电阻接地的零序保护。110kV 及以下线路的保护采用远

后备的方式，当线路发生故障时，若本线路的瞬时段保护不能动作则由相邻线路的延时段来切除。220kV 及以上线路保护采用近后备的方式，配置两套不同原理的纵联保护和完整的后备保护。全线速动保护主要指高频距离保护、高频零序保护、高频突变量方向保护和光纤差动保护。后备保护包括三段相间和接地距离、四段零序方向过流保护。通常要求线路主保护整组动作时间为：近端故障不大于 20ms，远端故障不大于 30ms（不包括通道时间）。此外 220kV 线路保护还要配置三相不一致保护；近后备保护需有断路器失灵保护，线路主保护、后备保护动作时能够启动断路器失灵保护；与自动重合闸相互配合。

3. 距离元件的影响因素

了解阻抗元件的动作方程、方向性阻抗元件的死区以及消除死区的方法、工频变化量距离元件的特点；了解过渡电阻、分支电流、系统振荡、交流电压回路断线对线路距离元件正确动作的影响及相应的应对措施。

4. 差动保护的影响因素

当线路两侧装置不同步采样误差为 1ms 时，由于采样不同步造成差动电流为 $I_d=0.313I$，将严重影响保护的灵敏度。通常采用基于数据通道的同步方法、基于参考向量的同步方法和基于GPS/北斗的同步方法确保保护各端均采用同一时刻电流电压分量进行保护计算。

差动保护的影响因素还有：TA 稳态不平衡电流、TA 暂态不平衡电流、TA 断线、TA 饱和对差动保护的影响；负荷电流和过渡电阻的影响等；非全相运行对保护的影响及相应的措施。

（三）重合闸的要求

重合闸的启动方式包括保护启动和位置不对应启动，大部分情况是先由保护动作跳开故障相断路器后发重合闸命令，位置不对应启动方式是在断路器“偷跳”以后启动重合闸，位置不对应启动主要判断跳闸位置继电器动作和断路器手动合闸继电器未返回。

了解重合闸的充电和闭锁条件，无电压检定和同期检定的重合闸配置，重合闸前加速保护和重合闸后加速保护。110kV 线路采用三相一次重合闸方式，220kV 及以上线路采用单相重合闸或综合重合闸方式。

（四）变压器保护的基本特点、配置原则和影响因素

1. 变压器保护的基本特点

变压器可能发生的故障有：各向绕组之间的相间短路；单相绕组部分线匝之间匝间短路，单相绕组和铁芯绝缘损坏引起的接地短路；引出线的相间短路；引出线通过外壳发生的单相接地短路以及油箱和套管漏油。变压器的不正常工作情况有外部短路或过负荷引起的过电流；变压器中性点电压升高或由于外加电压过高引起的过励磁等。

2. 变压器保护配置原则

变压器一般情况要配置以下保护：变压器油箱内部短路故障和油面降低的瓦斯保护、压力释放、油温过高、冷却器全停等非电量保护；变压器绕组和引出线多相短路、大电流接地系统侧绕组和引出线的单相接地短路及绕组匝间短路的纵联差动保护或电流速断保护。后备保护包括复合电压起动的过电流保护、零序电流保护、过负荷保护、过激磁保护、油温保护、压力释放保护等。

不同电压等级和容量的变压器配置有所区别，电压等级越高、变电容量越大的变压器配置越复杂。对电压为220kV及以上大型变压器除非电量保护外，要求配置两套完全独立的差动保护和各侧后备保护。220kV侧的后备保护包括：零序方向过流（两段两时限）和不带方向的零序过流；复合电压方向过流（一段两时限）和复合电压过流；间隙零序电流和电压保护。110kV侧的后备保护包括：零序方向过流（两段两时限）和零序过流；复合电压方向过流（一段两时限）和复合电压过流；间隙零序电流和电压保护。35kV侧的后备保护包括：复合电压方向过流（一段三时限）。各侧装设过负荷保护，自耦变压器还装设公共绕组过负荷保护。

（五）母线保护的基本特点、配置原则和影响因素

1. 母线保护的基本特点

（1）高度的安全性和可靠性。母线保护的拒动和误动将造成严重的后果。母线保护非必要的误动会造成大面积的停电；母线保护拒动更为严重，可能造成电力设备的损坏及系统的瓦解。

（2）选择性强、动作速度快。母线保护不但要能很好地区分区内故障和外部故障，还要确定哪条或哪段母线故障。由于母线安全运行影响到系统的稳定性，尽早发现并切除故障尤为重要。

2. 母线保护配置原则

220kV母线保护功能一般包括母线差动保护、母联相关的保护（母联失灵保护、母联死区保护、母联过流保护、母联充电保护、母联非全相运行保护等）、断路器失灵保护。对重要的220kV及以上电压等级的母线都应当实现双重化，配置两套母线保护。500kV母线往往采用3/2接线，相当于单母线接线，其母线保护相对简单，一般仅配置母线差动保护，而断路器失灵保护往往置于断路器保护中。

3. 与其他保护及自动装置的配合

母线保护关联到母线上的所有出线元件，应考虑与其他保护及自动装置相配合。

母线保护动作、失灵保护动作后，对闭锁式保护作用于纵联保护停信；对允许式保护作用于纵联保护发信。闭锁线路重合闸。起动断路器失灵保护。发远跳命令。当母线保护区内发生故障时，为使线路对侧断路器能可靠跳闸，应发远跳命令去切除对侧断路器。

（六）安全自动装置的要求

电力系统在受扰动后，系统元件可能会超过其定额，母线电压、频率超过允许范围，严重时会使负荷损失、设备损坏甚至引起稳定破坏。安全自动装置的通过采集电压、电流等信息，分析判断电力系统是否处于安全状态，然后执行相应的策略，保证电网安全与稳定运行。

继电保护主要解决故障切除的问题，是电力系统的第一道安全防线。而安全自动装置是故障隔离后采取的安全控制措施，主要解决限制设备过负荷、限制系统电压过高或过低、限制系统频率过低或过高、防止失步运行、防止系统稳定破坏的问题，是电力系统的第二、三道安全防线。

安全自动装置一般要求独立配置，不能在保护装置或测控装置中实现其功能，主要包括电源备自投、低频低压切负荷、过载联切、振荡解列、失步解列等自动装置。其中备用电源备自投装置主要用于110kV及以下的中低压配电系统中，主要有母分（内桥）备自投、进线备自投。

（七）二次回路识图与阅读

1. 二次回路的分类

二次回路通常包括用以反映、采集一次系统电压、电流信号的交流电压回路、交流电流回路，用以对断路器及隔离开关等设备进行操作的控制回路，用以反映一二次设备运行状态、异常及故障情况的信号回路，用以供二次设备工作的操作电源系统等。

交流电压、交流电流回路由电压互感器（TV）、电流互感器（TA），以及保护、测量等设备的交流采样（线圈）等回路组成。控制回路由控制开关和控制对象（断路器、隔离开关）的传递机构及执行（或操动）机构组成。其作用是对一次开关设备进行“分”“合”闸操作。信号回路由信号发送机构、传送机构和信号器具构成，其作用是反映一二次设备工作状态。操作电源系统由电源设备和供电网络组成，有直流和交流电源系统两种，其作用是给上述各回路提供工作电源。

2. 二次回路的标号与阅读

为了便于二次回路的施工与日常维护，必须对电缆和电缆所用芯进行编号，编号应该做到使使用者能根据编号了解回路用途，能正确接线。二次编号应根据等电位的原则进行，就是电气路中遇于一点的导线都用同一个数码表示，当回路经过接点或者开关等隔离后，因为隔离点两端已不是等电位，所以应给予不同的编号。

（1）二次回路的标号。220kV出线间隔E，母联EM，旁路EP，110kV出线间隔Y，母联YM，旁YP，分段YF。35kV出线间隔U，分段UF，电容器C，主变压器及主变压器各侧开关B。220kVTV：EYH；110kVTV：YYH；35kVTV：UYH。

电源电缆编号：交流电源编JL，直流电源ZL，从01开始依顺序编号。

电流回路：流入第一个装置为1，流出后进入下一个装置为2，依次类推。编号：一般的TA有4组绕组，保护用的编号41，遥测、录波用42，计度用44，留一组备用。相别：A、B、C、N，N 为接地端。220kV 母差：A320、B320、C320、N320；110V 母差：A310、B310、C310、N310；主变压器中性点零序电流：L401，N401；主变压器中性点间歇零序电流：L402，N402。

电压回路：变电站一次电压等级由罗马数值表示，高压侧Ⅰ，中压侧Ⅱ，低压侧Ⅲ，零序电压不标。TV 在Ⅰ母或者母线Ⅰ段上，保护遥测等标 630，计度用标 630′，TV 在Ⅱ母或者母线Ⅱ段上，则分别标 640 与 640′。相别：A、B、C 为三相电压，L 为零序电压。线路电压编号 A609。电压回路接地端都统一编号 N600，但是开口三角形接地端编 N600’或者 N600△以示区别。传统的同期回路需要引入母线开口三角形电压回路的 100V 抽头用来与线路电压做同期比较，该抽头编号 Sa630 或者 a630。

控制回路：对于分相操作的 220kV 线路开关，在上面的编号前还要加 A、B、C 相名加以区分。母差跳闸 R33，对于双跳圈的 220kV 以上开关，母差跳闸编 R133 与 R233，跳闸回路编 37 与 37′以示区别，这些方法也同样适用与其他双跳圈回路。主变压器非电量保护：正电源 01，本体重瓦斯 03，有载重瓦斯 05，压力释放 07 等（轻瓦斯属于信号回路）。

信号回路：701～999 范围的奇数编号，一般信号正电源 701，信号负电源 702；801～899 之间为遥测信号，801 表示正电源，802 表示负电源，803～899 为遥测信号。

（2）二次回路阅读。读图前首先要弄懂该图纸所绘继电保护的功能及动作原理、图纸上所标符号的含义，然后按照先交流后直流、先上后下、先左后右的顺序读图。对交流部分，要先看电源，再看所接元件。对直流元件，要先看线圈，再查接点，每一个接点的作用都要查清。如有多张图纸时，有些元件的线圈与接点可能发布在不同的图纸上，不能疏漏。

3. 交流电流电压回路要求及配置

（1）保护用电流互感器的要求如下：

1）电流互感器带实际二次负荷在稳态短路电流下的准确限值系数或励磁特性（含饱和拐点）应能满足所接保护装置动作可靠性的要求。

2）电流互感器在短路电流含有非周期分量的暂态过程中和存在剩磁的条件下，可能使其严重饱和而导致很大的暂态误差。在选择保护用电流互感器时，应根据所用保护装置的特性和暂态饱和可能引起的后果等因素，慎重确定互感器暂态影响的对策。

a. 330kV 及以上系统保护、高压侧为 330kV 及以上的变压器和 300MW 及以上的发电机变压器组差动保护用电流互感器宜采用 TPY 电流互感器。互感器在短路暂态过程中误差应不超过规定值。

b. 220kV 系统保护（见图 5-1）、高压侧为 220kV 的变压器和 100MW～200MW 级的发电机变压器组差动保护用电流互感器可采用 P 类、PR 类或 PX 类电流互感器。互感器可按稳态短路条件进行计算选择，为减轻可能发生的暂态饱和影响宜具有适当暂态系数。220kV 系统的暂态系数不宜低于 2，100MW～200MW 级机组外部故障的暂态系数不宜低于 10。

c. 110kV 及以下系统保护用电流互感器可采用 P 类电流互感器。

d. 母线保护用电流互感器可按保护装置的要求或按稳态短路条件选用。

3）保护用电流互感器的配置及二次绕组的分配应交叉重叠，尽量避免主保护出现死区，且第一套保护的保护范围大于第二套保护。按近后备原则配置的两套主保护应分别接入互感器的不同二次绕组。

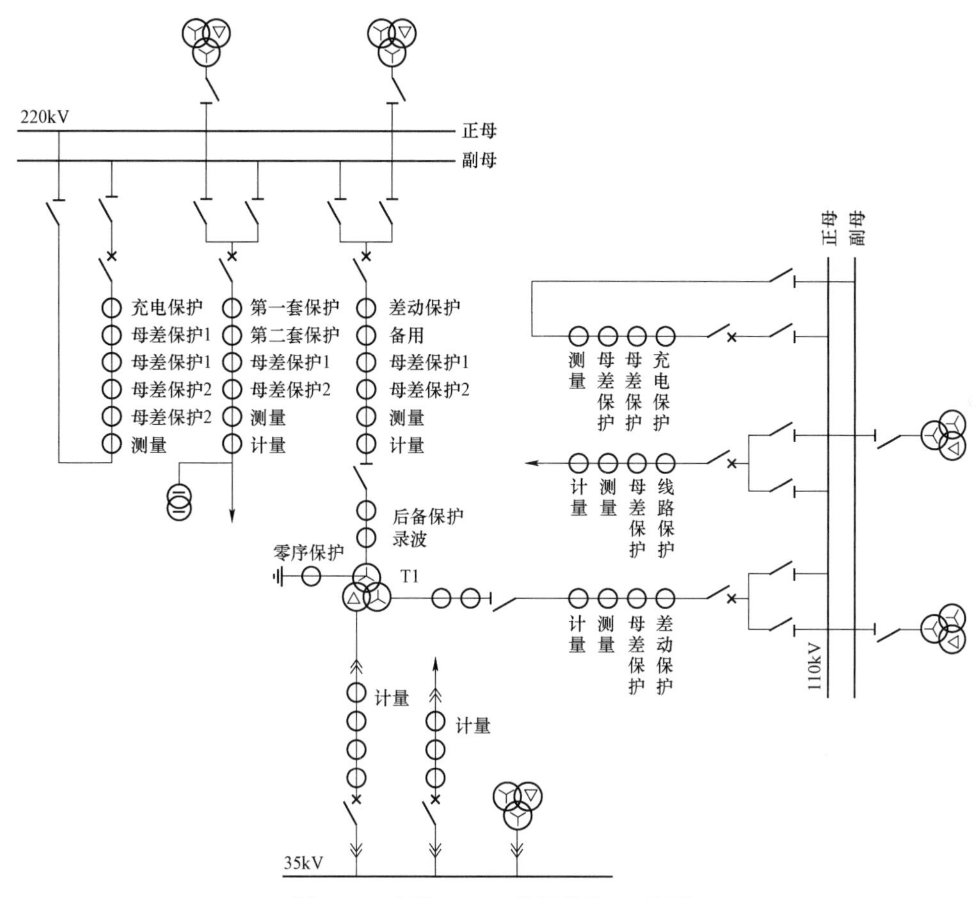

图 5－1　典型 220kV 的保护和 TA 配置

（2）保护用电压互感器的要求如下：

1）电压互感器的二次输出额定容量及实际负荷应在保证互感器准确等级的范围内。

2）双断路器接线按近后备原则配备的两套主保护，应分别接入电压互感器的不同二次绕组；对双母线接线按近后备原则配置的两套主保护，可以合用电压互感器的同一二次绕组。

3）电压互感器的一次侧隔离开关断开后，其二次回路应有防止电压反馈的措施。对电压及功率调节装置的交流电压回路，应采取措施防止电压互感器一次或二次侧断线时，发生误强励或误调节。

4）在电压互感器二次回路中，除开口三角线圈和另有规定者（例如自动调整励磁装置）外，应装设自动开关或熔断器。接有距离保护时，宜装设自动开关。

（3）互感器的安全接地。

1）电流互感器的二次回路必须有且只能有一点接地，一般在端子箱经端子排接地。但对于有几组电流互感器连接在一起的保护装置，如母差保护、各种双断路器主接线的保护等，则应在保护屏上经端子排接地。

2）电压互感器的二次回路只允许有一点接地，接地点宜设在控制室内。独立的、与其他互感器无电联系的电压互感器也可在开关场实现一点接地。为保证接地可靠，各电压互感器的中性线不得接有可能断开的开关或熔断器等。

3）已在控制室一点接地的电压互感器二次线圈，必要时可在开关场将二次线圈中性点经放电间隙或氧化锌阀片接地，应经常维护检查防止出现两点接地的情况。

4）来自电压互感器二次的四根开关场引出线中的零线和电压互感器三次的两根开关场引出线中的N线必须分开，不得共用。

（4）电压互感器并列切换。

1）电压并列：适用于单母分段接线，如Ⅰ段母线TV一次检修，但Ⅰ段母线仍处于运行状态，此时按照运行方式要求，会合上母联开关，转为Ⅰ、Ⅱ段母线并列运行，此时需要将Ⅱ母TV的电压二次并列过来，提供给Ⅰ段母线间隔的保护及测控装置。

2）电压切换：适用于双母接线，此类保护装置的电压有可能取至Ⅰ母，也可能取至Ⅱ母，除了母线刀闸双跨之外，通过母线刀闸位置，从硬件上实现母线电压的自动选取并切换，对于单套保护配置采用双位置切换继电器，双套保护配置采用单位置切换继电器进行切换。

4. 控制回路的要求

断路器控制回路应满足下列要求：① 能进行手动跳、合闸和由继电保护与自动装置配合，必要时实现自动跳、合闸，并在跳、合闸动作完成后自动切断跳合闸脉冲电流。② 能指示断路器的分、合闸位置状态，自动跳、合闸时应有明显信号。③ 能监视电源及下次操作时分闸回路的完整性，对重要元件及有重合闸功能、备用电源自动投入的元件，还应监视下次操作时合闸回路的完整性。④ 有防止断路器多次合闸的“跳跃”闭锁装置。防跳的定义、防跳回路的实现原理、防跳功能的检测、防跳的取消。⑤ 当具有单相操作机构的断路器按三相操作时，应有三相不一致的信号。⑥ 气动操作机构的断路器，除满足上述要求外，尚应有操作用压缩空气的气压闭锁；弹簧操作机构应有弹簧是否完成储能的闭锁液压操作机构应有操作液压闭锁。⑦ 控制回路的接线力求简单可靠，使用电缆最少。

（八）智能变电站的结构

1. 智能变电站的结构

基于IEC 61850规约的智能变电站有三层两网结构——三层：间隔层、过程层、站控层；两网：GOOSE/SV网、MMS网。

智能变电站实现了：① 间隔层和站控层之间保护数据交换。② 间隔层与远方保护（不在IEC61850标准范围内）之间保护数据交换。③ 间隔层内数据交换。④ 过程层和间隔层之间 GOOSE/SV 采样数据交换。⑤ 过程层和间隔层之间控制数据交换。⑥ 间隔和变电站层之间控制数据交换。⑦ 变电站层与远方工程师办公地数据交换。⑧ 间隔层之间直接数据交换。⑨ 站控层数据交换。⑩ 变电站和远方控制中心（主站）的控制数据交换。

2. 智能变电站检修机制

当检修硬压板投入时，有以下作用：

（1）过程层：发送的 GOOSE、SV 报文置检修状态标志。

（2）间隔层：仅当继电保护装置接收到的 GOOSE、SV 报文与自身检修状态为同一状态时才处理收到的报文。

（3）站控层：发送的 MMS 报文置检修状态标志，监控、远动、子站做相应的处理。

SV 检修机制：当合并单元装置检修压板投入时，发送采样值报文中采样值数据的品质 q 的 test 位应置 True；SV 接收端装置应将接收的 SV 报文中的 test 位与装置自身的检修压板状态进行比较，只有两者一致时才将该信号用于保护逻辑，否则应按相关通道采样异常进行处理；对于多路 SV 输入的保护装置，一个 SV 接收软压板退出时应退出该路采样值，该 SV 中断或检修均不影响本装置运行。

GOOSE 检修机制：投入待检修设备检修压板；退出待检修设备相关 GOOSE 出口软压板；退出与待检修设备相关联的运行设备的 GOOSE 接收软压板。

（九）现场试验

继电保护现场试验的目的是检查和校核保护装置工作状况及其二次回路设计、接线、整定值等的正确性和工作状况，确保保护运行时设备能够正常工作并可靠动作。现场试验主要包括回路检查、通电试验、保护调试、投产前检查、带负荷试验等项目。现场试验应严格按照 DL/T 995—2006《继电保护和电网安全自动装置检验规程》及相关保护装置标准化校验规程进行，按照规范化的作业流程及规范化的质量标准，执行规范化的安全措施，完成规范化的工作内容，是防止继电保护人员“三误”（误碰、误接线、误整定）事故的有效措施。

1. 二次回路检查

继电保护二次回路检查是继电保护工作的重点，回路接线是否正确直接影响电力运行的可靠性。回路检查的目的是检查实物与回路设计是否相符，检查是否存在影响回路正常工作的错误或寄生回路，检查是否存在影响保护正确动作的因素等。回路检查要求调试人员熟练掌握各类保护校验相关规程，以及各类反事故措施要求。

在检查二次回路电缆接线的可靠性时，应保证屏内设备及端子排上内、外部连线的标号正确完整，接触牢靠。调试人员应将检查各接线端子接触可靠性和紧固性作为查线过程中的重点，可在接线和查线过程中同时进行，其中端子排间的连接片检查不要遗漏。运行过程中，若保护设备有接线螺栓未紧固或导体接触不良，往往会出现各种故障，甚至影响保护的正确动作。因此，对于二次回路端子排引线螺栓紧固的可靠性、端子连接片紧固的可靠性、排引线压接的可靠性，均可采用拔、拉、摇等方法再次检查接线的可靠性。

典型二次回路包括断路器、隔离开关二次回路（重点关注断路器防跳回路是否正确）、电流互感器二次回路（重点关注电流回路投入和退出时是否始终具有一点接地，是否存在电流二次回路未接地或两点及以上接地，对于多组电流互感器相连的保护应在保护屏内经端子排接地等）、电压互感器二次回路（重点关注全站公共电压互感器二次回路仅允许在主控室一点接地 N600，检查时应测量接地点对地电阻）、主变压器本体非电量保护回路、电压切换继电器回路（重点关注双重化配置保护电压切换回路应采用单位置继电器）等。

2. 绝缘检查

要确保各回路对地的绝缘以及确保各回路之间的绝缘良好，以防止回路互串或寄生回路造成回路不能正常工作甚至造成保护不正确动作。应先将交流电流回路、交流电压回路、跳合闸回路、信号回路、直流电源回路、装置光耦输入回路等端子分别短接，拆除交流回路和装置本身的接地端子（试验结束后注意恢复），将打印机串行口与微机保护装置断开，投入逆变电源插件及保护屏上各连接片，断开与其他保护装置之间的有关连线。除此之外，微机保护屏要求有良好可靠的接地，接地电阻应符合设计要求。所有测量仪器外壳应与保护屏在同一点接地。对保护屏内部微机保护装置，用 1000V 绝缘电阻表对交流电流回路、交流电压回路、跳合闸回路、信号回路之间和所有回路与地之间的绝缘分别进行检查，对单装置进行绝缘电阻测试，要求大于 10MΩ（直流电源回路装置光耦输入回路要求用 500V 绝缘电阻表）交流电流回路、直流电压回路、信号回路、出口引出触点全部短接后，用 100V 绝缘电阻表对地进行绝缘电阻测试，要求应大于 1MΩ。

3. 保护装置通电检查

电源回路：检查装置额定电压与系统电压是否匹配（220V/110V）。

电流、电压回路检查：执行继电保护安全措施票，应做好安全隔离措施，防止 TV 短路、TA 开路，防止失去一点接地或者造成多点接地，并逐项恢复避免遗漏。对装置电流电压通流确定采样精度（零漂特性检验、模拟量输入幅值/相位特性检验）满足要求。

版本和校验码：应检查版本是否满足相关调度规定的最新版本要求。应确保线路两侧纵联保护型号版本的一致性，并与整定单核对一致。

开入开出量：投退硬压板、切换开关，短接输入公共端与开关量输入端子，检查保护装置是否显示正确。

继电器动作返回：电压型中间继电器，其启动电压通常应为额定值的 50%～70%，返回电压不应小于额定值的 5%；电流型中间继电器，其启动电压通常应为额定值的 50%～100%，返回电压不应小于额定值的 5%。此外，还应注意断路器跳合闸回路压降是否满足小于额定电压的 10%，熔断器和低压断路器（空气开关）的脱扣特性和级差配合是否符合相关规定，直流电源回路是否接线正确、绝缘良好、极性无误等。

4. 危险点分析及预防控制措施（见表 5–5）

表 5–5　　危险点分析及预防控制措施

危险因素	风险度	控制措施
接拆电源时未断开电源侧开关造成人员低压触电	一般	工作人员间密切配合，使用完整合格的安全开关，接、拆试验电源时，必须断开电源侧开关
二次回路绝缘试验引起人身触电	一般	摇测绝缘时应通知有关人员暂时停止在回路上的一切工作，断开直流电源，拆开回路接地点，拔出所有逻辑插件。注意：绝缘摇测结束后应立即放电、恢复接线
若工作时拔错插件，易引起运行母线对应的二次电压失电，造成保护异常或误动	一般	工作前应认准装置插件位置，对运行的插件应用明显的标志隔离，插拔插件时应二人同时进行，并由二次安全员确认后方可进行
拆（接）试验接线造成作业人员低压触电伤害	一般	（1）认真熟悉图纸，查清自动装置和有关设备之间的联系，拆、搭线头时要使用绝缘工具并站在绝缘垫上，逐个包好或剥去绝缘带，防止误碰。 （2）拆（接）试验线时，必须把电流、电压降至零位，关闭电源开关后方可进行。 （3）工作人员间密切配合，使用完整合格的安全开关，接、拆试验电源时，必须断开电源侧开关并经第二人检查无误。 （4）试验用的接线卡子必须带绝缘套，试验接线不允许有裸露处，接头要用绝缘胶布包好，接线端子旋钮要拧紧，试验用的隔离开关应使用有明显断开点的双极隔离开关，隔离开关有绝缘罩。 （5）相序试验时，要防止电压端子短路，操作人应站在绝缘垫上，并设专人监护
跳闸出口及联跳回路未断开或虽已断开但拆头不规范或未包好造成运行中开关跳闸	一般	（1）严格执行标准化作业指导书（卡），对于标准化作业指导书（卡）中继保典型安全措施在现场必须再次核对无误后执行。 （2）跳闸出口及联跳回路以断开保护装置侧为主，电缆侧最好用红色绝缘胶布包好，以起警示作用
若拆除电压回路后恢复电压回路不当易引起电压回路异常	一般	在确须做安全措施前应仔细查看图纸，正确填写二次安全措施票或补充安全措施卡，由二次安全员确认及按照补充安全措施卡说明严格执行
走错屏，误触运行设备造成触电伤害	一般	工作继电保护屏与运行屏以明显标志隔开，对邻近运行盘挂“运行中”红布幔，对工作继电保护屏挂“在此工作”标示牌

5. 常规站继电保护安全措施

对于常规站，应逐项记录压板、空气开关、保护定值区、切换把手、保护通道等原始状态，逐项执行电流回路（主变压器三侧）、电压回路（主变压器三侧）、启母差失灵回路（主变压器母差启动失灵及解复压回路）、跳合闸出口回路（主变压器联跳）、遥信/录波/闭锁等信号回路安全措施。

6. 智能站继电保护安全措施

对于智能站，应逐项记录硬压板、空气开关、保护定值区、切换把手、功能投入软压板、SV 接收压板、GOOSE 出口压板，逐项执行直连光纤和组网光纤安全措施（依次记录背板光纤的板件号、作用、光口号、标签）。操作前核实光纤标识是否规范、明确，且与现场运行情况一致；取下的光纤应做好记录，恢复时应在专人监护下逐一进行，并仔细核对；严禁将光纤端对着自己和他人的眼睛；插拔光纤过程中应小心、仔细，光纤拔出后应及时套上防尘帽，避免光纤白色陶瓷插针触及硬物，从而造成光头污染或光纤损伤；恢复原始状态后，检查光纤是否有明显折痕、弯曲度是否符合要求；恢复以后，查看二次回路通信图，检查通信恢复情况。

工作结束后按照继电保护安全措施票逐项恢复。

7. 保护功能校验

在进行保护检验之前，工作（试验）人员应认真学习《继电保护和电网安全自动装置现场工作保安规定》《继电保护及电网安全自动装置检验规程》和相关标准化保护装置校验规程，理解和熟悉检验内容和要求进行线路保护、主变压器保护、母线保护调试。

根据保护装置的状态评估结果，确定检修项目，准备经检测合格的工器具和仪器仪表、材料备品备件、进行危险点分析及预防控制措施分析，明确校验工作流程（总流程和分流程）和校验项目，记录试验结果，完成试验报告。

8. 保护调试工作流程（见表 5–6）

表 5–6　　保护调试工作流程

工作总流程	工作分流程
根据所填二次工作安全措施票完成安全措施	
插件外观检查	
二次回路绝缘检查	
压板检查	
屏蔽接地检查	
保护功能校验	逆变电源测试；通电初步检查；开关量输入回路检验；开出量检查；TA/TV 模数变换系统准确度校验；保护定值校验；整组动作时间测试
整组试验及验收传动、后台信号核对	
防跳检查、刀闸辅助接点位置检查、电流直阻检查	
逐项恢复安全措施、现场整理	
保护屏检查、清扫及插件外观检查	
工作完成汇报，完成试验报告	

9. 整组传动试验

各保护压板的正确性，在相关压板退出后，不应存在不经控制的迂回回路。保护功能整体逻辑的正确性，包括与相关保护、安全自动装置、通道以及对侧保护装置的配合关系（启动、联动、闭锁等动作）。单一保护装置的独立性，既要保证单套保护装置能够按照预定要求独立完成其功能，也要保证两套或以上保护装置同时动作时，相互之间不受影响。保护装置动作信号、异常告警的完整性和准确性，对于由远方进行监视或控制的保护装置，还应检查、核对其远方信息的完整、准确与及时性，确保集控站值班员、调度人员能够对其健康状况、动作行为实施有效监控。各保护回路及控制回路须经 80% 直流额定电压整组传动并正确动作和出口。

断路器就地试验、远控试验、防跳回路试验、信号及跳合闸闭锁试验应按照相关规程依次执行确认。检查隔离开关辅助触点重动回路是否与实际隔离开关位置一致，包括操作箱电压切换继电器、母差保护闸刀位置、电度表电压重动继电器等。

（十）异常应急处理

1. 缺陷的分类

紧急缺陷：在运行中发现的危及保护正常运行，可能立即造成保护装置误动或拒动，影响系统安全的保护装置及二次回路的缺陷。紧急缺陷应在24h内安排处理。对于存在紧急缺陷的设备，如因系统需要等原因不能及时停役，需带缺陷继续运行的，需经过生产局长或总工批准。设置为红牌装置。

重要缺陷：在运行中发现影响保护正常运行，但尚不致立即造成保护误动或拒动，或虽可能引起拒动，但有双重保护或后备保护，允许短时间退出运行的保护装置及二次回路的缺陷。重要缺陷应在30d内安排处理。

一般缺陷：运行中发现的能维持保护正常运行的保护装置及二次回路缺陷为一般缺陷。一般缺陷应在一个检修预试周期内处理完毕；如无检修预试周期者，应在1年内处理。

2. 控制回路断线

（1）造成的影响及后果。线路间隔在正常运行过程中出现“控制回路断线”信号，这表示各类保护装置对该间隔所发出的分闸指令都不能执行。线路故障时故障点不能有效隔离，这将导致越级跳闸扩大事故范围，由于需要较长时间切除故障，因此对电网的稳定运行造成极大威胁。

（2）现场检查处理。引起控制回路断线的原因主要有：控制直流电源低压断路器跳开或熔丝熔断导致控制电源失去；SF_6压力降低至闭锁值；液压机构压力降低至闭锁值；用于串接发信的跳合闸位置继电器误动；断路器合闸线圈或跳闸线圈断线或烧损。

（3）注意事项：由于相关缺陷在处理时一次设备多在运行，要严防误跳运行开关，查找缺陷时禁止使用万用表电阻挡测量直流电压，特别是用电阻挡测量操作箱的跳闸回路防止误碰跳合闸端子，而误跳运行开关；检查直流电压回路时，注意力集中，严防误碰使直流电压接地或短路；停开关后，检验操作箱继电器好坏时，缓慢施加电压，以防烧坏继电器；禁止带电插拔保护及操作箱插件。

3. TA二次断线的影响与处理

（1）造成的影响及后果。保护在正常运行过程中出现“TA断线”信号表示保护采样到的电流量缺相或三相消失，TA断线将对使用电流量的保护元件造成影响，导致保护误动或拒动。

（2）现场检查处理。引起线路间隔TA断线的原因主要有：保护屏端子排接线松动；保护采样插件故障；TA本身发生故障或二次开路；接入保护的TA次级绕组出现断线开路。

（3）注意事项。严禁将电流互感器二次侧开路；短路电流互感器二次绕组必须使用短路片或短路线，短路应妥善可靠，严禁用导线缠绕；禁止划开电流回路划片及解开其永久接地点；严禁带电插拔保护插件。

4. TV二次断线的影响与处理

（1）造成的影响及后果。

保护在正常运行过程中出现“TV断线”信号表示保护所采样到的电压量缺相或三相

消失，后备保护方向元件要利用电压量，对线路保护而言，可能导致保护误动或拒动，TV 断线将导致电压闭锁开放，增加了主变压器保护和母线保护误动的可能性。

（2）现场检查处理。

一般来说，引起 TV 断线的原因主要有：保护屏端子排接线松动；保护屏上的交流电压空气开关跳开；保护电压切换不到位或切换回路发生故障；保护采样插件故障。

（3）注意事项。

使用万用表时确保在电压交流挡；严防误碰运行端子，防止误跳运行断路器；检查保护屏后隔离开关辅助触点端子时，严防直流回路接地；禁止带电插拔保护及操作箱插件；停开关后，检验操作箱继电器好坏时，应缓慢施加电压，以防烧坏继电器。

5. 装置内部异常的处理

当保护装置出现告警信息或者自检信息导致保护装置不能正常运行时，应根据保护厂商技术说明书中保护装置异常汇总和处理办法进行异常处理。

三、继电保护检修技能要求

（一）专业理论

1. 继电保护装置与构成

（1）线路保护。了解线路纵联距离零序保护、纵联方向保护、纵差保护、距离保护、电流/电压保护、零序保护和重合闸等的构成；了解微机线路成套保护装置各种型号的典型组屏方案；了解线路保护的作用原理及逻辑框图；了解线路纵联保护通道的基本原理及要考虑的特殊问题，光纤保护原理；差动保护电流数据的同步处理，影响线路差动保护的性能因素及解决办法；线路保护的整定配合。

对于第二岗位，第一年应了解线路保护的作用原理及逻辑框图，能进行 35kV 及以下线路过流Ⅰ/Ⅱ/Ⅲ段保护的校验；第三年能进行 110kV 及以下线路距离Ⅰ/Ⅱ/Ⅲ段保护、零序Ⅰ/Ⅱ/Ⅲ段保护的校验；第五年能进行 220kV 及以下线路过流Ⅰ/Ⅱ/Ⅲ段保护、距离Ⅰ/Ⅱ/Ⅲ段保护、零序Ⅰ/Ⅱ/Ⅲ段保护的校验，并判断结果准确性。

（2）变压器保护。掌握变压器的种类及变压器的故障，不同变压器的保护配置要求，变压器纵差保护、零差保护、相间短路保护、单相接地短路保护、过励磁保护、过负荷保护、非电量保护的保护范围及基本原理，变压器接线组别及其相位补偿原理，方向元件的整定原则，不同保护出口跳闸的动作对象要求；空投变压器时涌流对纵差保护的影响及各种涌流闭锁元件的基本原理；变压器成套保护装置各种型号的典型组屏方案；了解变压器差动保护要考虑的特殊问题；变压器充电对保护的影响；变压器保护的逻辑框图；变压器保护的整定计算及定值的设置方法。

对于第二岗位，第一年应了解变压器的种类及变压器的故障，能进行 110kV 变压器差动启动电流定值校验工作；第三年能进行 110kV 变压器差动速断电流定值、二次谐波制动系数、零序电流保护、零序电流保护定值校验工作；第五年能熟练计算 110kV 变压器差动电流和制动电流，进行比率制动系数校验工作，并判断结果准确性。

（3）母线保护。掌握所属变电站的母线运行方式及对母线保护的基本要求；母线的一次接线方式及母线的故障类型；母差保护的基本原理；母线成套保护装置各种型号的典型组屏方案；母联过流及充电保护的作用及逻辑框图；母差保护 TA 断线告警、TV 断线告警的影响及处理方法；了解母线保护的整定原则及定值设置。

对于第二岗位，第一年应了解母线的一次接线方式及母线的故障类型；第三年能进行 110kV 母线保护差动启动电流定值校验工作；第五年能进行 220kV 双母线母线保护差流平衡加量，计算差动电流和制动电流，完成大差高低值、小差高值校验工作，了解合位死区/分位死区保护动作逻辑。

2. 电力系统运行及故障分析

（1）电力系统运行知识。掌握一次系统的操作流程等；电力系统一次接线方式，变电站的电气连接方式及潮流分布。

（2）电力系统短路故障分析方法。应知：掌握电力系统简单故障的分析计算方法。了解标幺制的基本概念、对称分量法及其应用、电力系统元件阻抗分析、系统故障分析计算（短路故障和断线故障、三相短路故障、单相接地故障、两相相间故障、两相接地故障）。

对于第二岗位，了解标幺制的基本概念，了解常见故障短路电流、短路电压特性。

3. 自动装置原理及构成

掌握自动重合闸装置、备用电源自动投入装置、联切、远切装置、电力系统故障录波器、低频、低压及过负荷自动减负荷装置、振荡解列等的基本原理、构成及在电网稳定运行中所起到的作用。了解故障信息系统、区域综合稳定装置的基本原理。

对于第二岗位，应了解自动重合闸的分类、充电条件和放电条件，备自投的种类、充电条件和放电条件。

4. 二次回路原理

（1）电流、电压回路和控制信号回路的原理接线。掌握电流、电压回路及控制、信号回路的作用及原理；二次回路在运行中的一些要求及维护过程中应采取的一些安全措施；现场实际的接线原理图；各类保护的跳闸回路；有关保护及安全自动装置间的相互闭锁。

对于第二岗位，第一年能进行应 110kV 电流回路、电压回路的图纸识读，并正确执行安全措施；第三年能进行 110kV 直流电源回路、信号回路的图纸识读，对事故总、控回断线信号有初步的认识；第五年能进行 110kV 控制回路的图纸识读，对合闸回路、分闸回路、防跳回路、压力闭锁回路有较清晰的认识。

（2）继电保护、自动装置与其他装置之间的接口回路。掌握继电保护、自动装置与通信、站内自动化等其他装置之间的接口回路作用及其原理组成。

对于第二岗位，要求为了解即可。

（3）保护用电流、电压互感器知识。掌握电流互感器的 10%误差曲线；电流互感器、电压互感器的减极性标注原则；电流二次回路、电压二次回路工作中的注意事项。电流互感器、电压互感器特性及安装位置对保护的影响。

对于第二岗位，能检查交流电流、电压回路一点接地情况，确保电流回路切换前后有且仅有一点接地，全站公共电压 N600 一点接地。

（4）微机保护装置及二次回路产生干扰的原因及抗干扰措施。了解雷击、刀闸及开关操作及二次回路开断对微机保护装置的干扰及防范措施，防止静电耦合干扰的措施；防止电磁感应干扰的措施；防止电位差产生干扰的措施；了解二次回路干扰电压的来源；提高二次回路抗干扰能力的措施；了解二次回路干扰引起的事故分析。

5. 保护通道知识

（1）载波通道、高频收发信机及原理。了解高频通道的构成、各部件的作用及工作原理，包括高频收发信机的原理方框图、收信回路、发信回路的组成、保护故障时的动作逻辑分析及高频收发信机的通道检查和远方启动功能；阻波器的作用；耦合电容器的作用；结合滤波器作用及试验方法和要求；放电间隙、接地刀闸的作用；高频电缆及对高频电缆的要求。

（2）光纤通道、光电接口及原理。了解光纤通道的实现形式；光信号接口装置的原理及光信号传输装置的原理。

6. 智能变电站继电保护知识

（1）智能变电站继电保护的构成、各部件的作用及工作原理。了解合并单元的功能、作用及采集数据的处理机制；智能终端的功能、作用及数据的处理机制；SV、GOOSE 报文的编码规则、接收机制、告警机制及检修处理机制；全站保护的信息流；智能变电站保护的通用要求。

对于第二岗位，了解基于 IEC 61850 的智能变电站三层两网结构，了解检修机制。

（2）智能变电站继电保护的调试及检修安措。了解系统组态工作主要内容；IED 配置文件的下装；合并单元、智能终端及保护测试的主要项目及测试方法；继电保护现场检修安全措施；SCD 配置文件管控。

对于第二岗位，能够正确执行智能变电站安全措施。

（二）专业技能

1. 识、绘图

了解掌握电网一次主接线配置图；掌握变电站保护配置，并能看懂其二次图纸。

2. 试验仪器仪表及工具使用

掌握常规试验仪器、仪表的使用方法，并能进行正常维护；掌握微机保护试验仪的正确使用方法。

3. 现场作业流程和记录

掌握对现场工作进行危险点分析的方法；正确填写继电保护安全措施票并实施；熟练掌握作业指导书的内容，并遵照作业指导书进行标准化作业。

4. 保护及安全自动装置的安装、调试与维护

能对保护装置进行日常维护、一般性缺陷的消除；保护装置的常规调试；会正确填写保护试验报告、工作票；掌握保护装置整组试验及带负荷测试方法；故障录波器的安

装流程，调试项目；故障录波信息的调取，看懂一般故障的录波信息。

掌握保护装置的调试项目、方法，动作报告及录波调取，并简单进行分析。掌握距离保护的试验方法，了解距离保护测量阻抗特征分析方法；掌握差动保护、零序方向电流保护及自动装置的试验方法。

（三）二次回路

1. 二次回路原理

根据现场的实际情况接入电流、电压回路和控制信号回路；电流二次回路的二次负载测试方法；电流互感器的伏安特性测试方法及饱和特性校核。

2. 二次回路的施工要求

能正确选择工器具和二次回路材料，能够按图正确进行二次回路的施工，保证二次回路接线正确性和工艺；二次回路检验的内容及标准；使用试验仪器，试验接线，保证试验方法正确，记录完备。

（四）异常处理

1. 保护装置常见异常情况的处理

通过保护异常信息，对一些简单的异常情况进行分析和处理。

2. 二次回路异常处理

应能对常见二次回路存在的问题进行处理；微机接地检测装置的信息查阅，并根据现场环境大致判断直流接地点；查找直流接地的方法及要求，对拉路法寻找、分段处理的方法必须清楚。

（五）规程、规定及反措要求

继电保护、自动装置技术规程：技术规程的一般规定；技术规程对二次回路的要求；了解继电保护装置的配置原则。

继电保护、自动装置运行规程。

电力系统继电保护技术监督规程。

继电保护自动装置检验规程。

电力系统继电保护反事故措施（十八项电网重大反事故措施的各项要求）。

第四节　实　践　案　例

一、保护装置定期检修校验

继电保护第一岗位人员应精通继电保护装置定期检修校验的目的，保护工作原理、校验步骤、危险点分析及安全控制措施、结果分析，熟悉测试前的准备工作、相关试验规程及标准、检修工作全流程把控，了解测试仪器的选择；继电保护第二岗位人员应精通继电保护装置定期检修校验的目的、测试原理，熟悉安全控制措施、试验接线及保护装置采样校验、校验报告记录与结果分析，了解测试前的准备工作、测试仪器的选择、危险点分析及控制措施、相关试验规程及标准。

（一）前期准备

检验工器具及材料：继电保护微机试验仪及测试线、万用表、摇表、钳形相位表等、电源盘（带漏电保护器）、安全带、绝缘梯、绝缘绳等；电源插件、绝缘胶布。

图纸资料：与实际状况一致的图纸、最新定值通知单、装置资料及说明书、上次检验报告、作业指导书、检验规程。

（二）调试

1. 试验注意事项

按工作票检查一次设备运行情况和措施、被试保护屏上的运行设备；工人应加强监护，防止误入运行间隔；电流回路先短接再将电流划片划开；电压回路将划片划开，并用绝缘胶布包好；控制回路、联跳和失灵（运行设备）回路应拆除外接线并用绝缘胶布封好，对应压板退出，并用绝缘胶布封好；拆除信号回路、故障录波回路公共端外接线并用绝缘胶布封好；保护装置外壳与试验仪器必须同点可靠接地；检查实际接线与图纸是否一致，如发现不一致，应以实际接线为准，并及时向专业技术人员汇报。

2. 装置检查

开始调试前应对保护屏及装置进行检查，保护装置外观应良好，插件齐全，端子排及压板无松动。对直流回路、交流电压、交流电流回路进行绝缘检查时，必须断开保护装置直流电源，拔出所有逻辑插件。合上直流电源对装置进行上电检查，核对程序版本应与现场要求符合，定值能正确整定。

3. 交流回路校验

（1）零漂检验。检验零漂时，要求在一段时间（几分钟）内零漂值稳定在 0.01IN（或 0.05V）以内。

（2）模拟量输入的幅值及线性度特性检验。调整输入交流电压分别为 5V、30V、60V，电流分别为 0.1IN、1IN、5IN，要求保护装置的采样显示值与外部表计测量值的误差应小于 5%。

（3）模拟量输入的相位特性检验。在保护屏端子排上加三相电压和三相电流，记录相角测量值，要求误差不大于 3°。

4. 开入/开出量检验

首先确定各开入回路正常，按照工程图纸逐一测试开入回路。装置直流工作电源电压为 80%额定电压值下进行开出量检验。

5. 保护功能检查（以主变压器保护为例）

试验前准备；纵差差动保护；复合电压闭锁方向过流保护；复合电压闭锁过流保护；过流保护；零序方向过流保护；间隙零序过流保护；失灵联跳功能；限时速断过流保护；

过负荷保护；TV 断线保护；TA 断线保护等。

6. 二次回路检验

（1）二次回路外观检查。

1）检查二次回路接线，如发现图纸与实际不符，应查线核对，如有问题应查明原因，并经管辖继电保护机构确认后，按正确接线修改更正，然后记录修改理由和日期，严禁擅自修改图纸或现场接线。

2）对回路的所有部件进行检查、清扫，包括就地控制箱、端子箱、操作把手、端子排、空气开关等。

3）检查 TA、TV 二次回路有且只有一个接地点。TA 二次回路接线可靠，无开路。TV 二次回路接线可靠，无短路。

（2）二次回路绝缘检查。用 1000V 兆欧表测量回路对地绝缘，绝缘电阻应大于 1MΩ。完成后恢复接地点。

（3）TA 通流试验、TV 升压试验。

1）在 TA 二次侧加三相电流，在保护屏上测量二次电流的幅值及相位应一致。

2）在 TV 端部二次侧加三相电压，在保护屏上测量二次电压的幅值及相位应一致。

（4）操作箱或操作继电器检验。

1）使用欧姆表测量线圈的直流电阻，其值和标称值及新安装时的测量值比较相差小于 10%。

2）动作电压、返回电压校验：继电器动作电压应小于 70%U_n，出口继电器动作值满足 $0.55U_n \leqslant U_{dz} \leqslant 0.7U_n$，要求继电器动作功率不小于 5W。

3）绝缘电阻测试：用 1000V 兆欧表测量线圈之间，线圈与接点，接点之间及线圈、接点对支架（底座）的绝缘值，其值应大于 10MΩ。

7. 整组试验

（1）检查保护开入信号正常；检查失灵联跳开入信号正确；模拟保护动作，检查至断路器回路正确。

（2）模拟保护装置运行异常告警、保护装置故障告警、保护动作，检查保护至故障录波器、监控系统及保信系统的信号回路正确。

（3）与断路器控制回路检查。断路器在检修或冷备状态下，远方拉、合开关正常。检查试验断路器防跳功能正常。根据图纸，检查断路器的各闭锁回路正常。

（4）整组动作时间测试。

8. 80%直流电源传动断路器试验

试验时应把保护屏的直流工作电源和相关开关直流控制电源接到 80%直流额定电源下，进行开关的传动试验。断路器传动试验应在保证检验质量的前提下，尽可能减少断路器的动作次数。

9. 投运前定值与开入量的核查

装置在正常工作状态下，断、合一次直流电源，然后分别打印出各种实际运行方式可能用到的定值，与上级继电保护部门下发的整定单进行核对。对装置的各开入量进行核对，确保装置内部开入量状态与实际位置保持一致。

10. 验收

按照二次工作安全措施票恢复安全措施，整理工作现场；与运行人员核对，保护设备正常运行，完成工作交接。

二、主变压器保护 TA 断线处理

继电保护第一岗位人员应精通 TA 断线造成的影响及后果、现场检查步骤，熟悉 TA 断线的现象、安全控制措施，了解 TA 断线运行处理、测试仪器的使用；继电保护第二岗位人员应精通 TA 断线造成的影响，熟悉 TA 断线的现象及后果、现场检查步骤，了解测安全控制措施、测试仪器的使用。

当主变压器保护发生“TA 断线”时，将立即闭锁主变压器差动保护和该侧后备保护。当发生“TA 断线”异常时，应检查“TA 断线”异常产生的原因，分析判断是否存在误发信的可能。在现场检查时，应做好个人安全防护。

当发生“TA 断线”异常时，应对主变压器差动保护差流情况开展检查，记录差流数据，若存在差流异常时，应向相关调度申请差动保护改信号；差动保护改信号后，应对差动保护各侧输入电流进行检查，检查中发现某侧电流异常，则可能是该侧电流回路存在异常；检查中可通过电流检测、红外测温、声音及气味辨识等方法，判断电流回路是否有发热、放电现象；若未发现保护电流回路有明显的异常现象，则可以判断“TA 断线”是由保护装置内部故障引起的。

若主变压器某一侧 TA 二次电流回路存在开路现象需要停电进行进一步检查的，则向相关调度申请将该侧开关改冷备用后进行；若因保护装置内部原因引起的，可向相关调度申请将该套主变压器保护改信号后，做进一步检查；若因电流互感器、主变压器保护需要更换，或者二次回路需要整治时，可申请将主变压器停电进行处理。

当检查发现原因后，在对异常处理后若需要主变压器保护进行冲击试验或带负荷试验时，应向相关调度申请冲击试验及带负荷试验。

三、主变压器保护改造验收

继电保护第一岗位人员应精通主变压器保护改造工程验收的标准、交直流电源、跳合闸回路验收要求，熟悉重点检查验收的项目、保护装置验收，了解事故措施以及上级部门相关规定要求；继电保护第二岗位人员应精通工艺验收、交直流电源验收，熟悉验收标准，了解保护装置验收和跳合闸回路验收。

（一）工艺验收

1. 屏柜外观检查

装置型号正确，装置外观良好，面板指示灯显示正常，切换断路器及复归按钮开入正常。保护屏前后都应有标志，屏内标识齐全、正确，与图纸和现场运行规范相符，防火封堵正常。

2. 二次电缆检查

电缆型号和规格必须满足设计和反措的要求。电缆及通信联网线标牌齐全正确、字迹清晰，不易褪色，须有电缆编号、芯数、截面及起点和终点命名。所有电缆应采用屏蔽电缆，断路器场至保护室的电缆应采用铠装屏蔽电缆。电缆屏蔽层接地按反措要求可靠连接在接地铜排上，接地线截面不小于 $4mm^2$。端子箱与保护屏内电缆孔及其他孔洞应可靠封堵，满足防雨防潮要求。

3. 二次接线检查

回路编号齐全正确、字迹清晰，不易褪色。正负电源间至少隔一个空端子，每个端子最多只能并接二芯，严禁不同截面的二芯直接并接。跳、合闸出口端子间应有空端子隔开，在跳、合闸端子的上下方不应设置正电源端子，端子排及装置背板二次接线应牢固可靠，无松动。

4. 抗干扰接地

保护屏内必须有不小于 $100mm^2$ 接地铜排，所有要求接地的接地点应与接地铜排可靠连接，并用截面不小于 $50mm^2$ 多股铜线和二次等电位地网直接连通。对于不经附加判据直接跳闸的非电量回路，当二次电缆超过 300m 宜采用大功率继电器跳闸，并有抗 220V 工频干扰的能力。

5. 连接片

连接片应开口向上，相邻间距足够，保证在操作时不会触碰到相邻连接片或继电器外壳，跳闸线圈侧应接在出口压板上端。

（二）交直流电源验收

1. 直流电源独立性检查

保护装置的直流电源和断路器控制回路的直流电源，应分别由专用的直流空气断路器（熔断器）供电，并且从保护电源到保护装置到出口必须采用同一段直流电源。当断路器有两组跳闸线圈时，其每一跳闸回路应分别由专用的直流空气断路器（熔断器）供电，且应接于不同段的直流小母线。

2. 空开配置原则检查

保护装置交流电压空开要求采用 B 型，保护装置电源空开要求采用 B 型并按相应要求配置。

3. 失电告警检查

当任一直流空气断路器断开造成保护、控制直流电源失电时，都必须有直流断电或装置异常告警，并有一路自保持接点、两路不自保持接点。

4. 开入电源检查

保护装置的 24V 开入电源不应引出保护室。

（三）保护装置验收

1. 铭牌及软件版本检查

装置铭牌与设计一致，装置软件版本与整定单一致。

2. 主变压器接线方式检查

整定单及保护装置内主变压器接线方式设置应与主变压器实际接线方式一致。

3. 双重化配置检查

双重化配置的主变压器保护宜取自不同的 TA、TV 二次绕组，保护及其控制电源应满足双重化配置要求，每套保护从保护电源到保护装置到出口必须采用同一组直流电源；两套保护装置及回路之间应完全独立，不应该有直接电气联系。

4. 模数采样值检查

正常工况下电流电压采样值检查，各通道接线符合设计要求，幅值、相位正确，精度误差符合规程要求。

5. 开入量检查

模拟实际动作接点检查保护装置各开入量的正确性，部分不能实际模拟动作情况的开入接点可用短接动作接点方式进行。

6. 时钟同步装置

装置已接入同步时钟信号，并对时正确。

7. 逻辑功能检查

同类型同版本装置中随机抽取一套，根据装置校验规程进行全部校验并形成首次校验报告；具有可编程逻辑的保护装置，则应逐套校验。主变压器动作启动失灵功能，保护与 220kV 母差保护配合功能应符合相关技术规范要求。

8. 出口继电器检查

出口电压、电流继电器应检查动作值和返回值并符合规程要求。

9. 非电量保护检查

非电量回路经保护装置跳闸的（包括经保护逻辑出口的），有关接点均应经过动作功率大于 5W 的出口重动继电器，应检查该继电器的动作电压、动作功率并抽查动作时间符合反措要求。

（四）跳合闸回路验收

1. 跳合闸动作电流校核

在额定直流电压下进行试验，校核跳合闸回路的动作电流满足要求。

2. 动作相别一致性检查

在 80%额定直流电压下进行试验，保护分相出口跳闸回路与断路器动作相别一致，动作正确，信号指示正常。

3. 直流电源一致性检查

分别拉开各侧断路器的各组控制电源，第一/二套保护跳闸出口与第一/二直流电源对应正确。

4. 对断路器的要求

三相不一致保护功能应由断路器本体机构实现，协助断路器专业测试动作时间，三相不一致时间整定符合相关要求。断路器防跳功能应由断路器本体机构实现。断路器跳、

合闸压力异常闭锁功能应由断路器本体机构实现。

5. 保护出口回路检查

第一套保护动作跳 220kV 侧断路器第一组跳圈、跳 110kV 母联、跳 110kV 侧、跳 35kV 母分、跳 35kV 侧断路器。第二套保护动作跳 220kV 侧断路器第二组跳圈、跳 110kV 母联、跳 110kV 侧、跳 35kV 母分、跳 35kV 侧断路器。非电量保护动作跳 220kV 侧断路器第一组跳圈、跳 110kV 侧、跳 35kV 侧断路器。非电量保护动作跳 220kV 侧断路器第二组跳圈、跳 110kV 侧、跳 35kV 侧断路器。

6. 失灵回路检查

第一套保护动作启动第一套母差断路器失灵保护；第二套保护动作启动第二套母差断路器失灵保护。

7. 与 220kV 母差保护配合回路检查

启动 220kV 第一套/第二套母差保护；解锁 220kV 第一套/第二套母差保护复压闭锁。

8. 失灵联跳回路

220kV 第一套/第二套母差失灵保护动作延时联跳主变压器三侧断路器。

9. 非电量跳闸（信号）回路检查

本体重（轻）瓦斯、压力释放、油温高、有载重（轻）瓦斯、冷却器全停等非电量跳闸及信号回路满足技术规范及设计要求，回路跳闸或发信动作正确。

第六章

自动化“一岗多能”培养

第一节 专 业 背 景

传统的电力系统设备状态管理由运维和检修两个部门共同承担，客观上造成了设备状态管理的责任不够集中、状态管控不够全面、统筹难以有效实施的局面。变电云心岗位人员对设备状态的管理往往停留在故障的初步认识和分析，缺乏对设备结构、原理的认识，因而对缺陷、隐患等状态理解程度不能满足有效管控的要求。检修业务统包管理，使得运维、检修人员的精力分散，难以充分发挥专业优势，极易形成设备状态的管理真空地段，为电网的安全运行埋下隐患。

电力系统自动化是指应用各种具有自动检测、决策和控制功能的装置系统，通过信号系统和数据传输系统对电力系统各元件、局部系统或全系统的运行工况进行本地或远方的自动监视、调节和控制，保证电力系统安全、可靠、经济运行和向电力用户提供合格的电能。电力系统自动化是二次系统的一个组成部分。通常是指对电力设备及系统的自动监视、控制和调度。从电力系统运行管理区分，可以将电力系统自动化的内容划分为几个部分：电网调度自动化、发电厂综合自动化、变电站综合自动化和配电网综合自动化。

变电站自动化将变电站远动四遥、继电保护、测量仪表等二次系统功能综合于一体，实现对变电站一次设备的监视、控制、操作和事件记录等，是保证变电站安全、经济运行的一种新型技术手段。变电站综合自动化系统包括变电站微机监控、微机保护、微机自动装置、微机五防等子系统。变电站综合自动化是自动化技术、计算机技术、信号处理技术、现代通信技术等高新技术在变电站领域的综合应用，即将变电站的二次设备（包括测量仪表、信号系统、继电保护、自动装置和远动装置等）经过功能组合和优化设计，利用上述技术，实现对变电站的主要设备和输、配电线路的自动监视、测量、自动控制及与调度通信等综性自动化功能。

变电站综合自动化就是通过微机测控单元采集变电站各种信息，如母线电压、线路电流、直流温度、断路器位置及各种遥信状态等，并对采集到的信息加以分析和处理，借助于计算机通信手段，相互交换和上送自动化信息，实现变电站运行监视、控制、协调和管理。变电站综合自动化既包括了横向综合，即利用计算机手段将不同间隔不同厂

家的设备连在一起，又包括了纵向综合，即通过纵向通信联系，实现变电站与控制中心、调度端的紧密结合。

近些年频发的国内外网络安全事件，使得网络安全也成为自动化专业不可缺少的内容之一。这些电力系统网络攻击事件说明：通信网络技术的发展促进了电力系统的高度智能化，但是电力系统网络安全防护出现了新的、更高难度的挑战。分析、预测智能变电站的网络安全风险，并对风险进行可控管理，保障变电站网络系统的安全可靠运行，刻不容缓。

随着自动化专业不断地发展壮大，变电站自动化技术与时俱进，对变电运检人员的专业知识储备和技能素质要求也随之提高，运检管理标准也更加严格规范。新入职青年员工呈现高学历、年轻化的趋势。为了适应新的形势，制订契合自动化专业最新发展的教育培训方案变得尤为重要。

在实际工作中，变电站自动化与变电各个专业紧密相关，如变电检修专业一次设备的遥信、遥测状态都能通过监控后台直观监视，发生的历史事件记录也有助于缺陷定位和事故复盘；变电运行人员常规巡视、日常运行操作和维护都与需要掌握必备的变电站自动化知识；继保专业由于微机保护、智能变电站等信息化技术的进步，与自动化专业更是密不可分。学历普遍较高的青年员工已经具备一定的计算机基础知识，有利于学习变电站自动化。新员工就业时的专业理论水平和专业技能水平不能完全满足各种岗位要求，急需从创新和培训着手，将青年员工培养成为“一岗多能”的复合型技能人才，促进青年员工尽快成长为企业的主力军。

第二节　预　期　目　标

自动化岗位人员经“一岗多能”相应阶段的培养，预期应具备不同阶段培养目标下的变电站基础能力和专业能力。基础能力应掌握自动化基础、电力监控安全工作规程；专业能力应掌握测控装置相关二次回路、变电站监控系统基本操作、主站 OPEN3000 系统 Web 页面基本操作、Linux 系统常用命令以及典型缺陷处理方法。

一、第一年“一岗多能”培养目标

青年员工第一年“一岗多能”培养目标见表 6-1。

表 6-1　　第一年“一岗多能”自动化岗位培养目标表

自动化第一岗位预期目标	
精通	（1）《电力安全工作规程（电力监控部分）》及相关条文。 （2）执行二次安全措施票，完善安全措施。 （3）常用工器具使用方法和保养方法。 （4）测控装置的检验规程和检修工作流程。 （5）测控装置三遥（遥测、遥信、遥控）核对。 （6）变电站主流监控系统（CSC2000、NS2000V8）基本操作

续表

熟悉	（1）控制、信号、测量等二次回路图。 （2）各类测控检验及报告编制。 （3）根据图纸对二次回路错接线的查找和纠错。 （4）专业工具使用方法和保养方法。 （5）各类测控装置定值、参数和运行的查看及修改方法
了解	（1）测控装置原理图、接线图、“四统一”端子排图。 （2）班组安全活动学习内容及备品存放情况。 （3）安全生产法律、法规、国家标准、企业标准、技术规范等。 （4）质量管理的一般知识。 （5）常规变电站和智能变电站自动化系统网络结构
自动化第二岗位预期目标	
精通	（1）《电力安全工作规程（变电部分）》。 （2）二次系统上工作的安全措施。 （3）常用工器具使用方法和保养方法。 （4）继电保护与电网安全自动化装置现场工作保安规定。 （5）变电站主流监控系统程序启动和退出方法
熟悉	（1）继电保护和安全自动装置技术规程。 （2）电气作业人员的安全职责。 （3）本专业仪表、仪器和继电保护试验设备。 （4）110kV 及以下各类测控检验。 （5）各类测控装置定值、参数和运行值的查看方法。 （6）变电站自动化基础知识。 （7）变电站自动化网络拓扑。 （8）电力调度数据网网络拓扑
了解	（1）了解班组所在相关设施、备品备件存放情况。 （2）《中华人民共和国网络安全法》。 （3）质量管理的一般知识。 （4）常规变电站和智能变电站自动化系统设备分类及区别。 （5）典型网络故障诊断方法

二、第三年“一岗多能”培养目标

青年员工第三年“一岗多能”培养目标见表 6-2。

表 6-2　第三年“一岗多能”自动化岗位培养目标表

自动化第一岗位预期目标	
精通	（1）组织实施间隔 C 级检修工作和测控装置技改工作。 （2）变电站主流监控系统后台画面及数据库信息修改方法。 （3）站控层五防、间隔层五防、电气五防闭锁逻辑。 （4）变电站自动化网络（站控层网络、电力调度数据网）。 （5）正确执行常规站和智能站测控检验二次安全措施。 （6）RJ45 型网线接口的制作。 （7）班组各日常工作流程、故障缺陷汇报流程。 （8）变电站监控系统实时库信息修改

续表

熟悉	（1）大型工作前现场踏勘内容，编制踏勘报告。 （2）光字牌亮时处理原则和方法、设备异常处理。 （3）监控系统 UPS 和直流供电系统回路。 （4）电力二次系统安全防护及等级保护。 （5）Linux 系统常用命令。 （6）主变压器温度指示控制器相关变送原理和主变压器调挡控制原理。 （7）典型遥信上送异常处理。 （8）典型遥测上送异常处理。 （9）典型遥控异常处理。 （10）其他常见故障和异常处理方法
了解	（1）SF_6 断路器及液压操作机构闭锁及信号机理。 （2）典型断路器、隔离开关控制回路。 （3）复杂事故处理工作流程和汇报流程。 （4）防误闭锁逻辑及带电闭锁装置原理和作用。 （5）了解电气闭锁回路相关原理和元器件回路。 （6）了解掌握五类解锁的流程。 （7）OMS 系统自动化申请工作流程。 （8）主站系统（OPEN3000）Web 页面查询告警信息。 （9）主站系统（OPEN3000）Web 页面查看前置信息。 （10）主站系统（OPEN3000）Web 页面查看遥测曲线
自动化第二岗位预期目标	
精通	（1）110kV 及以下测控装置的检验规程和检修工作流程。 （2）测控装置三遥（遥测、遥信、遥控）核对。 （3）变电站主流监控系统查询历史告警信息。 （4）数据通信网关机重启工作流程。 （5）110kV 及以下控制、信号、测量等二次回路图。 （6）按图查线，判断其回路接线的正确性
熟悉	（1）单间隔检修工作前现场踏勘内容，编制踏勘报告。 （2）根据图纸对控制回路故障、保护装置故障进行检查处理。 （3）对二次回路错接线的查找和纠错。 （4）熟悉设备异常处理相关流程。 （5）具备一般设备异常的处理能力。 （6）自动化网络（站控层网络、电力调度数据网、网络安全）。 （7）变电站监控系统数据库信息查询方法
了解	（1）整个电网系统运行方式、各个变电站之间的方式配合。 （2）重大事故处理方法、班组考核及管理工作。 （3）变电站设备所存在的重大问题和注意事项。 （4）工区相关工作的最新要求实施等。 （5）220kV 及以下各类型继电保护及自动装置动作原理和用途。 （6）一次与二次设备的运行知识。 （7）主站系统（OPEN3000）Web 页面查询告警信息。 （8）站控层五防、间隔层五防、电气五防闭锁逻辑

三、第五年“一岗多能”培养目标

青年员工第五年“一岗多能”培养目标见表 6-3。

表 6-3　　第五年“一岗多能”自动化岗位培养目标表

自动化第一岗位预期目标	
精通	（1）完成变电站监控系统站控层改造工作方案编写并组织实施。 （2）主变压器温度指示控制器相关变送原理和主变压器调挡控制原理。 （3）后台光字牌的作用。 （4）各种光字牌亮时处理原则和方法。 （5）设备异常处理、二次回路识图等。 （6）审核自动化设备现场运行规程及检验规程。 （7）检验自动化设备报告并分析数据中的异常情况。 （8）具备突发事件应急响应、信息报送、人员力量调配能力
熟悉	（1）完成综合自动化改造工程事前踏勘、危险点分析和预控。 （2）对大型工程进行技术把关并能解决施工中的技术工艺难题。 （3）220kV 及以下单一变电站的事故调查和原因分析。 （4）OMS 系统自动化申请工作流程。 （5）主站系统（OPEN3000）Web 页面查询告警信息。 （6）开关遥控回路原理图，判断其回路接线的正确性。 （7）新变电站投产自动化系统工程验收的相关工作流程
了解	（1）使用专用工具查看数据通信网关机配置。 （2）Linux 系统后台备份。 （3）整个电网系统典型运行方式、各个变电站之间的方式配合。 （4）重大工程的统筹管理方法。 （5）完善复杂事故处理工作流程和严重缺陷汇报流程
自动化第二岗位预期目标	
精通	（1）后台光字牌的作用。 （2）发各种光字牌亮时处理原则和方法。 （3）设备异常处理、二次回路识图等。 （4）主站系统（OPEN3000）Web 页面查询告警信息。 （5）查看前置信息及遥测曲线。 （6）后台 KVM 设备检查及更换。 （7）变电站事故处理方法、重要缺陷的处理方法。 （8）变电站设备所存在的问题和注意事项。 （9）复杂的倒闸操作，对操作中碰到的问题具备现场分析能力。 （10）熟悉变电站设备间电气二次回路。 （11）根据现场能准确判断设备可能存在的问题
熟悉	（1）RJ45 型网线接口的制作。 （2）电力二次系统安全防护及等级保护。 （3）监控系统人员增减及权限密码修改。 （4）新变电站投产运行准备、工程验收的相关工作流程。 （5）省公司、市公司各项管理规定和执行要求等。 （6）班组各项工作的安排管理
了解	（1）主变压器温度指示控制器相关变送原理和主变压器调挡控制原理。 （2）监控系统 UPS 供电系统回路。 （3）Linux 系统常用命令

第三节　培　训　内　容

自动化岗位人员培训内容包括法律法规和技术规范、自动化专业基础、自动化专业技能和自动化典型故障缺陷处理方法等。其中法律法规知识包含电力安全工作规程（电力监控部分）、电力安全工作规程（变电部分）、《中华人民共和国网络安全法》、继电保

护和安全自动装置技术规程和电力二次系统安全防护及等级保护内容；专业基础知识包含变电站自动化基础、变电站自动化网络拓扑、电力调度数据网网络拓扑、测控装置二次回路、断路器信号二次回路等内容；专业技能知识包含变电站主流监控系统程序启动和退出方法、变电站主流监控系统（CSC2000）基本操作、变电站监控系统数据库信息查询方法、变电站监控系统实时库信息修改、主站系统（OPEN3000）Web 页面查询告警信息、主站系统（OPEN3000）Web 页面查看前置信息、主站系统（OPEN3000）Web 页面查看遥测曲线、数据通信网关机重启工作流程、Linux 系统常用命令和 RJ45 型网线接口的制作等内容；典型缺陷处理方法包含典型网络故障诊断方法、典型遥信上送异常处理、典型遥测上送异常处理、典型遥控异常处理和其他异常处理等。

一、法律法规和技术规范

（一）电力安全工作规程（电力监控部分）

电力安全工作规程（电力监控部分）作为自动化及运检岗位专业技术、技能从业人员开展自动化工作必备的基础能力，应在岗位培养时着重加强学习。

电力监控安全工作规程主要包括一般安全要求、电力监控系统运行、在网络与安全设备、主机设备与存储设备、数据库、业务系统、不间断电源 UPS、测控装置、通信网关机和时间同步装置上工作的要求等。

1. 一般安全要求

（1）设备、业务系统接入生产控制大区或安全Ⅲ区应经电力监控系统归口管理单位（部门）批准。

（2）生产控制大区拨号访问和远程运维业务应经电力监控系统归口管理单位（部门）批准方可实施，服务器和用户端均应使用经国家指定部门认证的安全加固的操作系统并采取加密、认证和访问控制等安全防范措施。

（3）电力监控系统上工作应使用专用的调试计算机及移动存储介质，调试计算机严禁接入外网。

（4）禁止除专用横向单向物理隔离装置外的其他设备跨接生产控制大区和管理信息大区。

（5）禁止电力调度数字证书系统接入任何网络。

（6）禁止在电力监控系统中安装未经安全认证的软件。

（7）禁止在电力监控系统运行环境中进行新设备研发及测试工作。

（8）禁止直接通过互联网更新安全设备特征库、防病毒软件病毒库。

（9）电力监控系统投运前，应删除临时账号、临时数据，并修改系统默认账号和默认口令。

（10）电力监控系统设备变更用途或退役，应擦除或销毁其中数据。

（11）电力监控系统的过期账号及其权限应及时注销或调整。

（12）在电力监控系统上进行板件更换、软件升级、配置修改等工作前，应核对型号、规格及软件版本信息等。

（13）需停电检修的电力监控设备，应将设备退出运行、断开外部电源连接、断开网络连接，并做好防静电措施。

（14）更换电力监控设备的热插拔部件、内部板卡等配件时，应做好防静电措施。

（15）工作过程中需对设备部分参数进行临时修改，应做好修改前后相应记录，工作结束前应恢复被临时修改的参数。

（16）在电力监控系统上进行传动试验时，应通知被控制设备的运维人员和其他有关人员，并由工作负责人或由其指派专人到现场监视，且做好防误控等安全措施后方可进行。

2. 电力监控系统运行

（1）电力监控系统的配置文件、业务数据等应定期备份，备份的数据宜定期进行验证。

（2）电力监控系统账号的密码应满足口令强度要求。

（3）运行中发现危及电力监控系统和数据安全的紧急情况时，应采取紧急措施，并立即报告。

3. 在网络与安全设备上工作

（1）网络与安全设备停运、断网、重启操作前，应确认该设备所承载的业务可停用或已转移。

（2）网络与安全设备配置变更工作前，应备份设备配置参数。更改配置时，存在冗余设备的应先在备用设备上修改和调试，经测试无误后再在其他设备上修改和调试，并核对主备机参数的一致性。工作结束前，应验证网络与安全设备上承载业务运行正常。

（3）在安全设备进行工作时，严禁绕过安全设备将两侧网络直连。

（4）网络和安防设备配置协议及策略应遵循最小化原则。

4. 在主机设备与存储设备上工作

（1）在主机与存储设备工作前，应备份设备的业务系统软件、业务数据、配置参数等。

（2）新增、更换非热插拔部件前，应核对设备型号、参数。

（3）升级操作系统版本前，应确认其兼容性及对业务系统的影响。

（4）杀毒软件进行更新和升级时，应确保不影响操作系统及业务系统的功能。

（5）主机更换硬件、升级软件、变更配置文件时，存在冗余设备的，应先在备用设备上修改和调试，经测试无误后，再在其他设备上修改和调试，并核对主备机参数的一致性。工作结束前，应验证主机设备上承载的业务系统运行正常。

（6）存储设备更换硬件、扩充容量、升级软件、变更参数等工作前，应确认所承载业务可停用或已转移。工作结束前，应验证存储设备上承载的业务系统运行正常。

（7）通过控制台或远程终端进行作业时，应输入账号和密码，禁止使用互信登录、保存密码等方式免密登录。

5. 在数据库上工作

（1）数据库的主机操作系统中应设置管理本地数据库的专用账号，并仅赋予该账号启停数据库服务的权限。

（2）数据库应设置、开启用户连接数限制。数据库用户变更后，应取消相应的数据

库账号权限。

（3）数据库版本升级前应测试数据库与操作系统和业务系统间的兼容性。

（4）数据库升级和配置变更前，应备份数据文件、日志文件、控制文件和配置文件。

（5）停运或重启数据库前，应确认所承载的业务可停用或已转移。

（6）在数据库上工作结束前，应验证相关的业务系统运行正常。

6. 在业务系统上工作

（1）业务系统升级或配置更改前，宜进行功能、性能、安全、兼容等方面的测试及验证。

（2）业务系统升级或配置更改前，应备份业务系统软件和配置文件。

（3）业务系统升级或配置更改后，应验证业务系统运行正常，方可投入运行。

（4）业务系统退役后，所有业务数据应妥善保存或销毁。

7. 在不间断电源上工作

（1）新增负载前，应核查电源负载能力。

（2）拆接负载电缆前，应断开相应负载的电源输出开关。

（3）裸露电缆线头应做绝缘处理。

（4）在不间断电源主机设备上工作。

（5）不间断电源主机设备断电检修前，应先确认负荷已经转移或关闭。

（6）不间断电源主机设备检修时，应严格执行停机及断电顺序。

8. 在测控装置上工作

（1）接入常规电流互感器、电压互感器的测控装置在进行带电拆装、调试及定检工作时，应将装置的电压端子开路、电流端子短接。

（2）测控装置更换硬件、升级软件时，应记录相关参数，更换或升级后，应恢复原参数设置，并经测试无误后方可投入运行。

（3）测控装置检验工作开始前，应投入装置检修压板，封锁上传数据。检验工作结束后，应退出检修压板，恢复上传数据。

（4）工作结束前，应与相关调控机构核对业务正常。

9. 在通信网关机上工作

（1）通信网关机更换硬件、升级软件、变更信息点表及配置文件时，应对原软件版本、配置文件及参数、信息点表进行备份。更新完成，检查无误后应重新备份并记录变更信息。

（2）通信网关机的通信规约、信息点表、配置文件等升级或变更时，应先在备用设备上修改和调试，经测试无误后，再在另一设备上修改和调试，并核对主备机参数的一致性。

（3）通信网关机使用的信息点表应经相应调控机构审核通过。

（4）工作结束前，应与相关调控机构核对业务正常。

10. 在时间同步装置上工作

（1）时间同步装置更换硬件、升级软件时，应将本设备设置为备用状态，更换或升级完成，经测试无误后方可投入运行。

（2）工作结束前，应核对被授时设备对时功能正常。

（二）电力安全工作规程（变电部分）

电力安全工作规程（变电部分）作为变电运检员工的上岗考试内容，与变电站自动化专业密切相关，限于篇幅，此部分内容详见《国家电网公司电力安全工作规程（变电部分）》。

（三）中华人民共和国网络安全法

随着国内网络安全事件的频发，各国对网络安全的重视都上升到了国家安全层面。为了保障网络安全，维护网络空间主权和国家安全、社会公共利益，保护公民、法人和其他组织的合法权益，促进经济社会信息化健康发展，我国于 2016 年 11 月 7 日通过了《中华人民共和国网络安全法》。

电力二次系统是对电网进行监测、控制、保护的装置与系统的总称，同时也包括支撑这些系统运行的通信及调度数据网络。二次系统的安全运行直接影响到电网的安全运行，一方面随着近年来网络化应用的增多，二次系统面临的黑客入侵及恶意代码攻击等威胁大增；另一方面电网对二次系统依赖性逐年增大，二次系统的故障对电网的危害也越来越大，严重的甚至会导致大面积电网事故。

因此，变电运检员工必须了解《中华人民共和国网络安全法》中与变电站自动化相关的法律条文，并严格遵守。

（四）继电保护和安全自动装置技术规程

变电站自动化与继电保护均属于二次专业，《继电保护和安全自动装置技术规程》中涉及保护与厂站自动化系统的配合及接口有以下相关内容。

（1）应用于厂站自动化系统中的数字式保护装置功能应相对独立，并应具有数字通信接口能与厂站自动化系统通信，具体要求如下：

1）数字式保护装置及其出口回路应不依赖于厂、站自动化系统能独立运行。

2）数字式保护装置逻辑判断回路所需的各种输入量应直接接入保护装置，不宜经厂、站自动化系统及其通信网转接。

（2）与厂、站自动化系统通信的数字式保护装置应能送出或接收以下类型的信息：

1）装置的识别信息、安装位置信息。

2）开关量输入（例如断路器位置、保护投入压板等）。

3）异常信号（包括装置本身的异常和外部回路的异常）。

4）故障信息（故障记录、内部逻辑量的事件顺序记录）。

5）模拟量测量值。

6）装置的定值及定值区号。

7）自动化系统的有关控制信息和断路器跳合闸命令、时钟对时命令等。

（3）数字式保护装置与厂、站自动化系统的通信协议应符合 DL/T 667 的规定。

厂站内的继电保护信息应能传送至调度端。可在厂、站自动化系统站控层设置继电

保护工作站，实现对保护装置信息管理的功能。

（五）电力二次系统安全防护及等级保护

1. 电力二次系统安全防护方案

为了保护电力二次系统不受黑客和恶意代码攻击，提高系统安全性，国家电力监管委员会（下简称电监会）于 2005 年 2 月 1 日发布了《电力二次系统安全防护规定》，规定中明确了电力二次系统安全防护总体要求及原则性规定，此外，2006 年 12 月 10 日，电监会下发了 34 号令，包括《电力二次系统安全防护总体方案》及省级以上调度、地县级调度、变电站、发电厂、配电等系统的详细防护方案。总体防护方案是对 5 号令的细化，明确了具体的技术措施及各应用系统的具体防护方案。

2. 二次安防总体要求

（1）防范目标。为了防范黑客及恶意代码等对电力二次系统的攻击侵害及由此引发电力系统事故，建立电力二次系统安全防护体系，保障电力系统的安全、稳定运行。

（2）防护对象。电力二次系统安全防护对象主要是电力监控系统和调度数据网络。电力监控系统，是指用于监视和控制电网及电厂生产运行过程的、基于计算机及网络技术的业务处理系统及智能设备等。电力调度数据网络，是指各级电力调度专用广域数据网络、电力生产专用拨号网络等。

（3）总体策略。电力二次系统安全防护工作应当坚持“安全分区、网络专用、横向隔离、纵向认证”的原则，重点强化边界防护，提高内部安全防护能力，保证电力生产控制系统及重要数据的安全。

（4）总体框架。二次系统安全防护体系主要包括技术措施和管理措施。技术上要求按照总体原则，有效分区，部署安全产品，采取相应技术措施，使二次系统达到总体原则要求。管理上主要按照“谁主管、谁负责”的原则，建二次系统安全防护管理体系，明确职责，在系统生命周期全过程贯彻二次安防要求。另外，还需建立常态化的评估机制，建立联合防护及演练制度，完善二次系统安全防护体系。

3. 二次安防总体方案

（1）安全分区。安全分区是二次安防体系的基础，二次应用系统原则上划分为生产控制大区和管理信息大区，生产控制大区又进一步划分为控制区（Ⅰ区）和非控制区（Ⅱ区）。其中，控制区中的业务系统或其功能模块（或子系统）的典型特征为：电力生产的重要环节，直接实现对电力一次系统的实时监控，纵向使用电力调度数据网络或专用通道，安全防护的重点与核心。非控制区中的业务系统或其功能模块的典型特征为：电力生产的必要环节，在线运行但不具备控制功能，使用电力调度数据网络，与控制区中的业务系统或其功能模块联系紧密。具体的业务系统可根据各模块或子系统的特征，将它们部署在相应的安全分区，如 EMS 系统的 SCADA 子系统部署在控制区，Web 子系统部署在管理信息大区。生产控制大区内部应禁用常用的网络服务，各业务系统应部署在不同的 VLAN 上，此外还应根据要求部署 IDS、防火墙、恶意代码防范等安全装置。

（2）网络专用。调度数据网是专为电力生产控制系统服务的，只承载与电力调度、电网监控有关的业务系统。电力调度数据网应当在专用通道上使用独立的网络设备组网，采用基于 SDH/PDH 不同通道、不同光波长、不同纤芯等方式，在物理层面上实现与电力企业其他数据网及外部公共信息网的安全隔离。

（3）横向隔离。在生产控制大区与管理信息大区之间部署经国家指定部门检测认证的电力专用横向单向安全隔离装置，隔离强度应接近或达到物理隔离。生产控制大区内部的安全区之间应采用具有访问控制功能的网络设备、防火墙或者相当功能的设施，实现逻辑隔离。横向隔离装置分为正向型和反向型，只允许纯数据单向传输，不允许常见的 Web、FTP、TELNET 等服务穿越隔离装置，严禁内外网间建立直接 TCP 链接。

（4）纵向认证。纵向加密认证是电力二次系统安全防护体系的纵向防线。采用认证、加密、访问控制等技术措施实现数据的远方安全传输及纵向边界的安全防护。一般调度端及重要厂站侧的控制区域部署纵向加密认证装置。

二、自动化专业基础

（一）变电站自动化基础知识

1. 事件顺序记录 SOE

把发生的事件（开关、保护动作等）按先后顺序记录下来。事件顺序记录主要用来提供时间标记。

2. 单位置遥信、双位置遥信

（1）采用单个遥信信息表示开关、刀闸、设备状态、动作告警等信息。

（2）采用两个遥信信息组合表示开关、刀闸、小车等状态信息。

合位（动合触点）：0　0　1　1。

分位（动断触点）：0　1　0　1。

3. 调制解调器

（1）调制：将数字信号转换成适合信道传输的信号。

解调：将调制信号还原成数字信号。

（2）类型：调频、调相、调幅；自动化中采用调频方式。

（3）中心频率：1700Hz、2880Hz、3000Hz。

（4）波特率：200bit、300bit、600bit、1200bit，常用 600bit。

4. A/D 转换器

将模拟量转换成数字量。

5. 直流采样

将现场不断连续变化的模拟量转换成直流电压信号，再送至 A/D 转换器进行转换，即 A/D 转换器采样的模拟量为直流信号。

特点：

（1）对 A/D 转换器的转换速率要求不高，软件算法简单。

（2）经过整流、滤波后转换为直流信号，抗干扰能力较强。

（3）采用 R－C 滤波电路，时间常数较大，采样实时性较差。

（4）需要变送器转换。

6. 交流采样

对交流电流、电压采集时，输入至 A/D 转换器的是与系统一次电流、电压频率相同、大小成正比的交流电压信号。

特点：

（1）实时性好。

（2）能反映一次电流、电压的实际波形。

（3）P、Q 通过 u、i 计算得到，无需变送器。

（4）对 A/D 转换器的转换速率和采样保持器要求高。

（5）测量准确性不仅取决于模拟量输入通道的硬件，而且还与软件算法有关，因此采样和计算程序相对复杂。

7. 变送器

（1）类型：交流电压变送器、交流电流变送器、功率变送器、直流电压变送器、温度变送器等。

（2）电压、电流、温度变送器输出：0～5V、1～5V、4～20mA。

（3）功率变送器输出：－5～＋5V。

8. 循环传送和问答式传送方式

循环传送方式是以厂站监控设备为主，周期性地以循环的方式向调度端发送数据。

问答式传送方式是以调度端为主，由调度端发出各种命令，厂站端按照接收的命令，向调度端传送数据或执行命令。未接收到调度端命令时，厂站端设备处于等待状态。

9. 厂站端与调度端常用通信规约

（1）循环传送方式：DISA 规约。

（2）问答式传送方式：101、104 规约。

10. 变电站监控系统包含的设备

（1）间隔层设备：测控装置、测控保护装置。

（2）网路层设备：交换机、网关、远动机（总控单元）、前置机、后台机、工程师站、保护管理机、GPS、UPS 等。

（3）辅助设备：光电转换器、延长器、变送器、电源等。

在变电站端，主要由站内自动化网络和电力调度数据网组成。

（二）变电站自动化网络拓扑

站控层设备主要由远动机、后台机、五防机组成。

间隔层设备由各间隔测控装置组成。

对于低压保护测控一体装置，当保测装置厂商与监控后台厂商不同时，需要通过规约转换装置进行协议转换，如图 6－1 中 35kV 南瑞继保保测装置 485 通信需要规约转换后，再与南瑞科技后台通信，而其他南瑞科技的测控则可以直接通信。

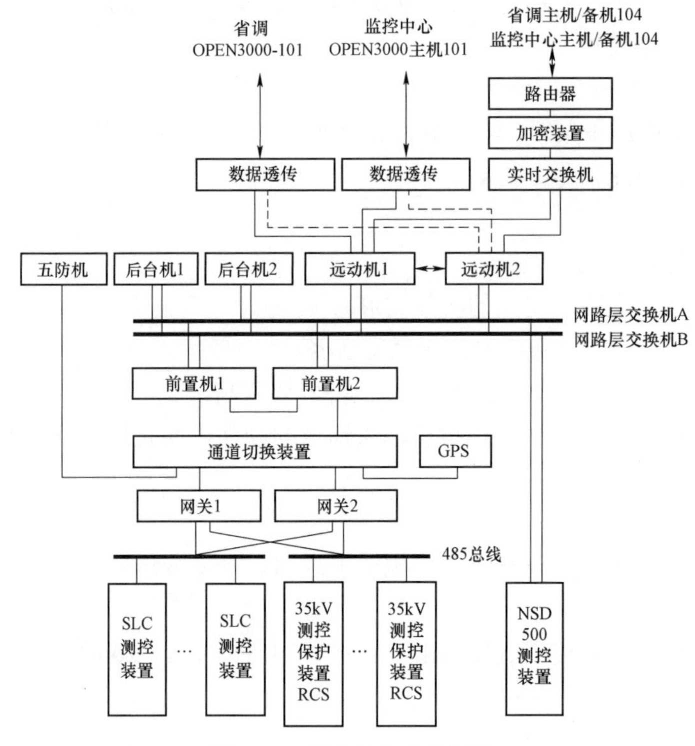

图 6-1　变电站自动化网络

（三）电力调度数据网网络拓扑

电力调度数据网为站内业务数据与主站端通信的关键网络设备，主要通过通信网关机经数据网交换机，经纵向加密装置后，通过路由器进入省调接入网或地调接入网，如图 6-2 所示。

（四）测控装置二次回路

测控装置作为变电站自动化实现遥信、遥测、遥控的关键设备，对于运维检修人员来说，精通其二次回路具有重要意义。本节以国电南自 PSR662U 为例，详细介绍其二次回路，分别讲解电源回路、电流电压回路、外部遥信回路、内部遥信和对时回路、闸刀闭锁回路、遥控回路、指示灯回路等。

1. 电源回路

就测控装置而言，外部供电电源主要有测控装置电源和遥信电源，以往的测控装置控制电源也位于测控屏。

如图 6-3 所示，该装置电源采用直流供电，由直流馈电分屏经电缆至测控屏 0-1D1（CM+）和 0-1D4（CM-），再经过空开 I-1DKK，最后接入装置电源内部插件 6n1X22 和 6n1X24。

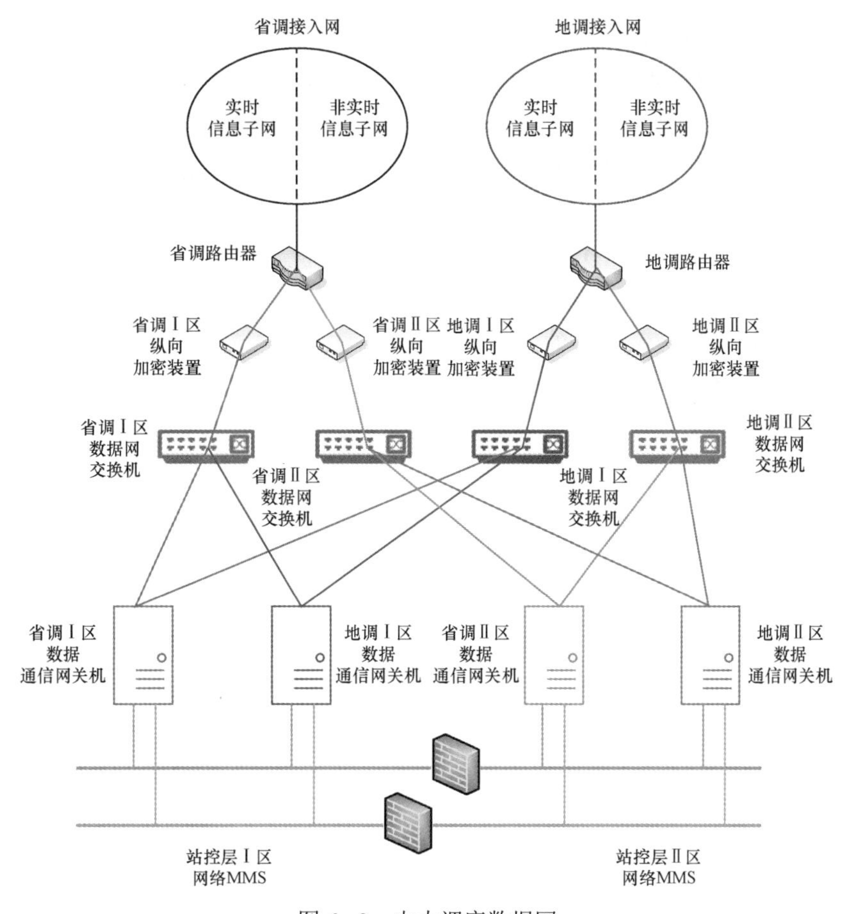

图 6-2　电力调度数据网

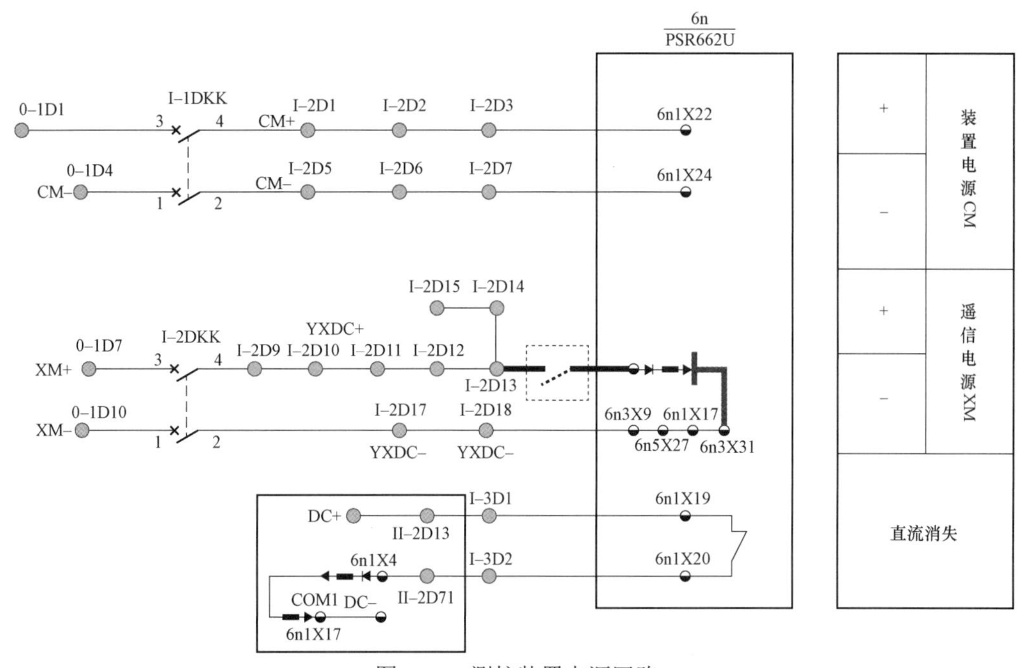

图 6-3　测控装置电源回路

遥信电源回路由直流馈电分屏经电缆至测控屏 0–1D7（XM+）和 0–1D10（XM–），再经过空气开关 I–2DKK，其正电源经外部接点后最终回到装置遥信开入二极管，负电源直接接至装置内部插件端子。由于外部接点既有在保护室内的，也有在户外端子箱、机构箱或汇控柜，其工作环境受天气影响较大，尤其是阴雨打雷潮湿环境，户外接点常常引起直流接地，进而可能引发直流系统故障或者保护装置误动拒动。

图 6–3 中 I–3D1 和 I–3D2 对应装置内部一副直流消失接点，该信号通常通过接入其他测控外部遥信开入，当本装置失电时，由于接点闭合，从而向相邻测控装置报警，达到及时发现测控装置故障的目的。

2. 电流电压回路

测控装置的电流电压回路作为遥测的重要实现部分，其接线正确性直接关系到遥测的采样值是否正确。

就电流回路而言，如图 6–4 所示，I–1D1–I–1D4 分别对应电流的 ABCN 相，同时应注意检查，ABC 相尾端是否短接良好，并与 N 相相接。

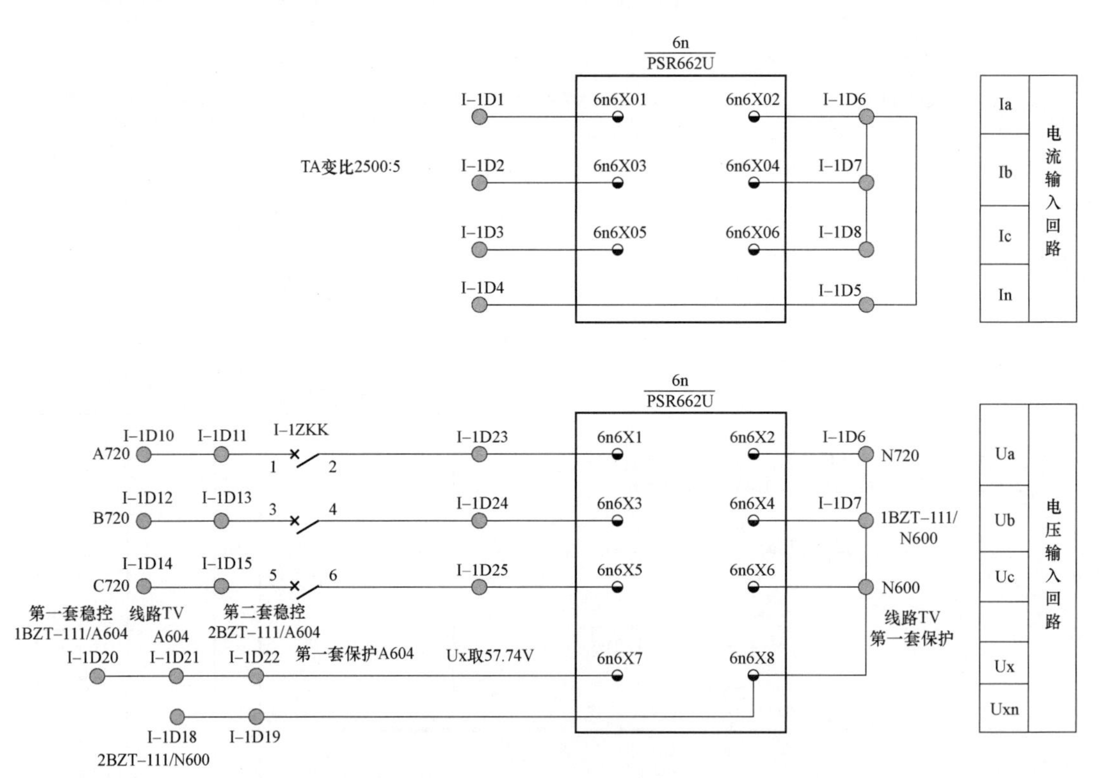

图 6–4　电流电压二次回路图

就电压二次回路而言，母线电压 ABCN 为经过电压切换后的电压，经过母线电压空开 I–1ZKK 接入测控装置。而线路电压仅经过户外线路电压二次空开。需要注意的是，母线电压的 N600 与线路电压的 N600 应当短接，如图中 6n6X2、6n6X4、6n6X6、6n6X8 短接。

同时，还应确保 TA 变比以及线路 TV 变比的正确性。

3. 外部遥信回路

测控装置的遥信回路原理相对简单，但是由于遥信回路众多，且既有室内遥信回路，亦有室外遥信回路，其回路的准确性决定了信号上送以及事故判断的正确性。其二次回路如图 6-5 所示，可以看作由正电源经过外部接点，回到测控装置的二极管正极，最终回到负电源。当某一遥信回路的二极管导通时，则会触发内部数字电路，进而该遥信开入置 1，通过测控装置与监控系统的规约，与监控系统内数据库的遥信点一一对应。同理经过测控装置、远动装置和主站前置的通信规约，与主站 EMS 系统内数据库中的调度信息点一一对应。

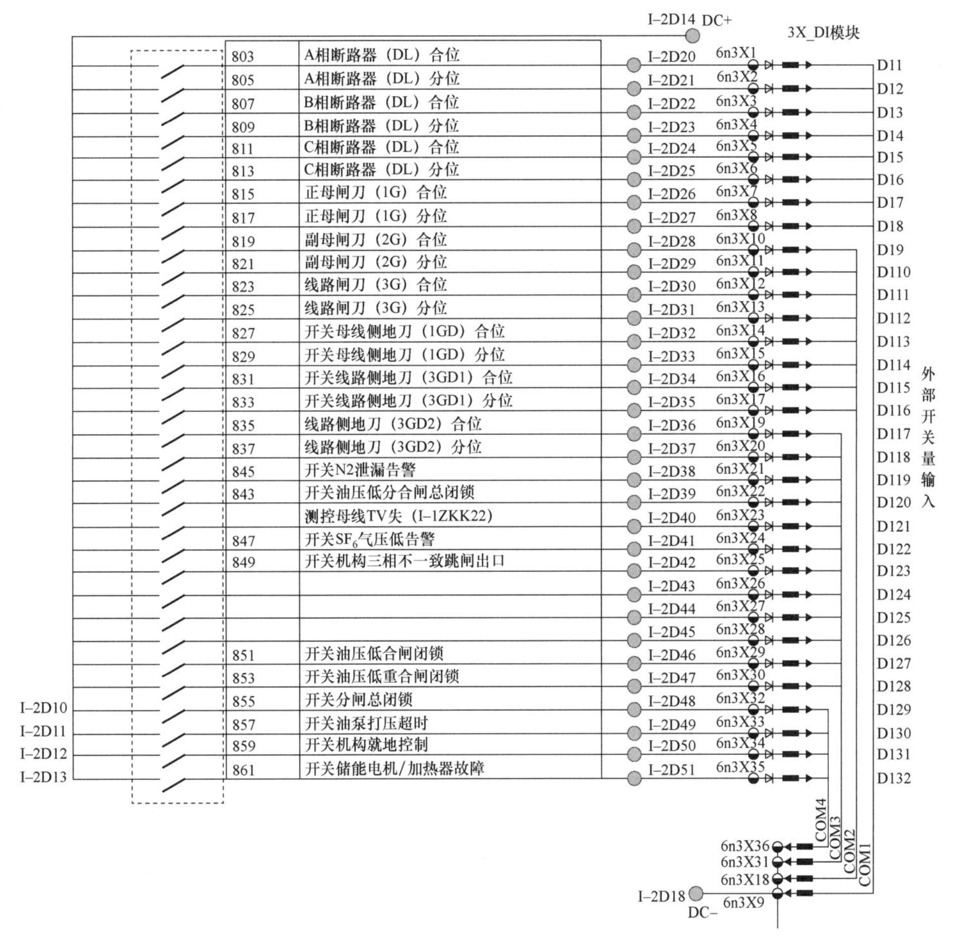

图 6-5　外部遥信开入回路

4. 内部遥信和对时回路

内部遥信回路与外部遥信回路主要区别是供电电源不同。通常外部遥信回路电源为 220VDC 或者 110VDC，内部遥信回路则为 24VDC，且为内部电源。如图 6-6 所示，本例中内部遥信主要有 6KLP1 间隔检修、6QK 测控装置切至就地、6WK 解锁/联锁把手、6TK 同期切换把手。

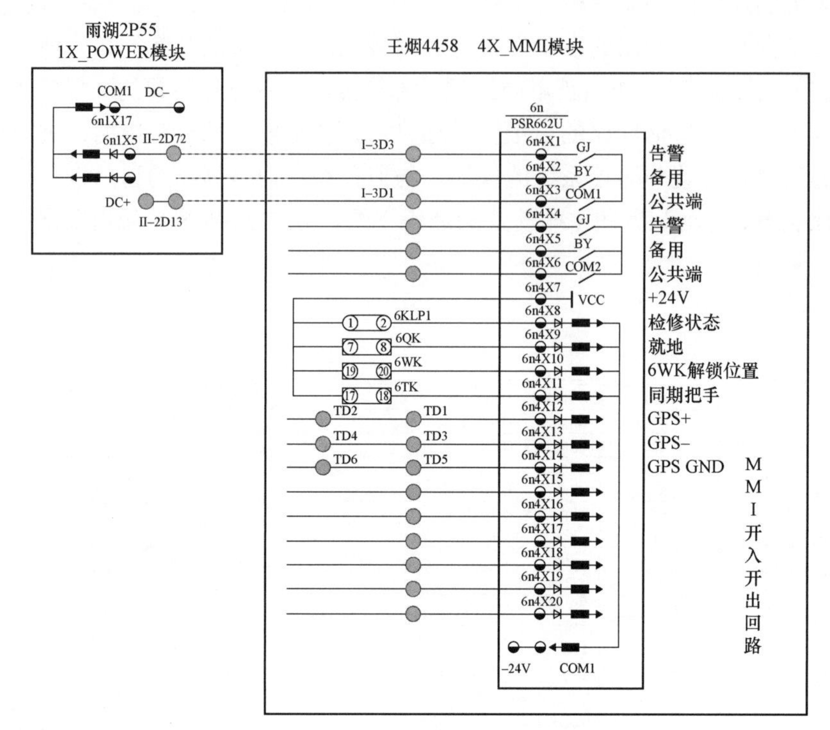

图 6−6　24VDC 内部遥信和对时回路

对时回路为图中 TD1、TD3、TD5 端子，本例中采用 B 码对时。

5. 闸刀闭锁回路

闸刀闭锁原理通常可分为站控层防误闭锁、间隔层防误闭锁、电气防误闭锁、机械防误闭锁。

站控层防误闭锁通过监控后台实现；间隔层防误闭锁通过测控装置内部逻辑器件实现；电气防误闭锁通过各一次设备机构辅助接点的二次回路实现；机械防误闭锁通过一次设备机构内部机械原理实现。

本例中闸刀闭锁回路由图 6−7 中 DO1～DO3 实现，分别对应正母闸刀、副母闸刀、线路闸刀。6WK 为测控装置闸刀联锁/解锁切换把手。装置输出接点 DO1～DO3 由测控装置内部遥信状态根据闭锁逻辑计算判定是否闭合，并最终经过相应闸刀遥控压板出口。

6. 遥控回路

遥控回路的正确性直接关乎一次设备操作的安全性。

图 6−8 中 DO1～DO6 为闸刀遥控开出接点，DO7 为断路器分闸开出接点，DO8 为断路器非同期合闸开出接点，6n6X27 和 6n6X28 对应 DO1 为断路器非同期合闸开出接点。

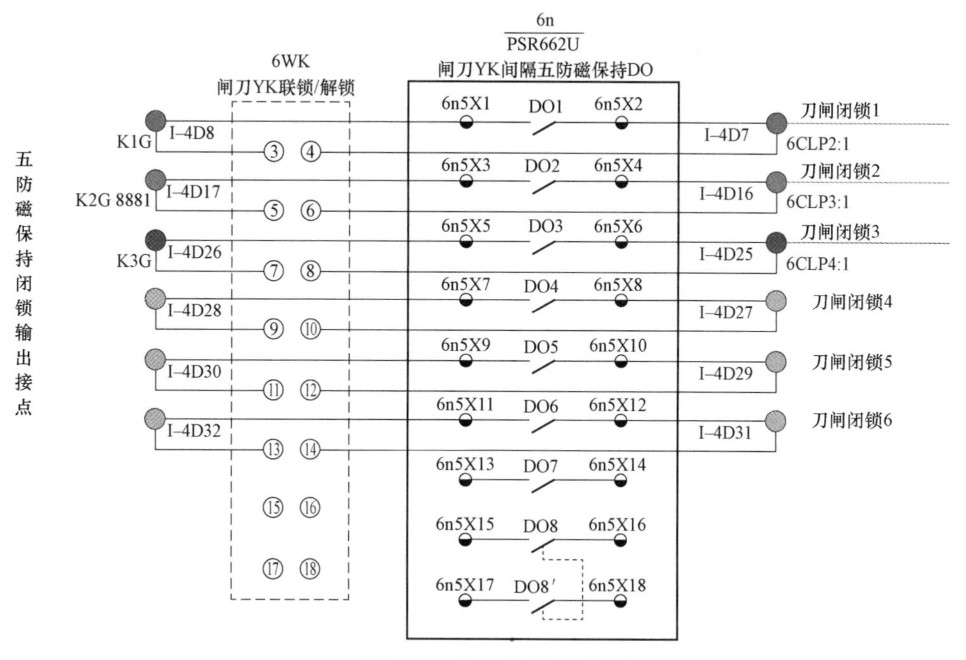

图 6-7　闸刀闭锁回路

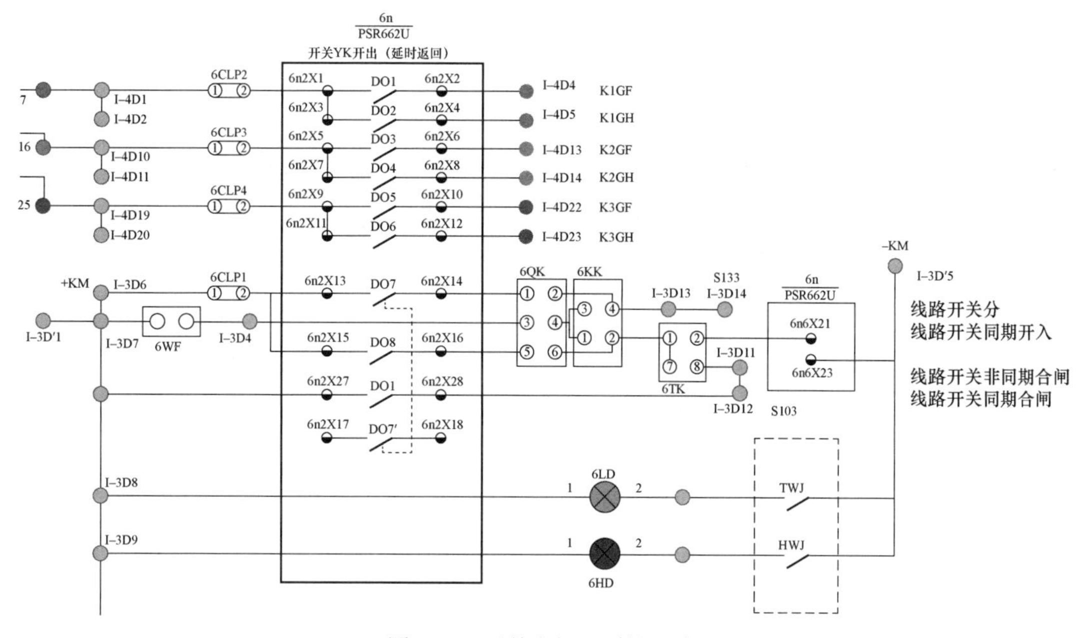

图 6-8　开关和闸刀遥控回路

开关遥控回路电源由通常取自保护屏操作箱的直流控制电源，而闸刀遥控回路电源则取自户外交流闸刀控制电源，应防止交直流互窜。

6CLP1～6CLP4 分别为开关、正母闸刀、副母闸刀、线路闸刀遥控压板，如图 6-9 所示。

6KLP1	6n4X7, 6QK:7	①	②	6n4X8	测控1检修状态
6CLP1	Ⅰ-3D6	①	②	6n2X15, 6n2X13	线路开关遥控
6CLP2	Ⅰ-4D1	①	②	6n2X1	正母闸刀（1G）遥控
6CLP3	Ⅰ-4D10	①	②	6n2X5	副母闸刀（2G）遥控
6CLP4	Ⅰ-4D19	①	②	6n2X9	线路闸刀（3G）遥控
6CLP5		①	②		备用出口
6CLP6		①	②		备用出口
6CLP7		①	②		备用出口
6CLP8		①	②		备用出口

图 6-9　开关、闸刀遥控压板说明

如图 6-10 所示，6QK 为测控装置切至就地把手，6WF 为五防解锁钥匙，6KK 为测控装置手动分合把手，6TK 为同期切换把手。

6QK LW21-16/9.2202A

	远方90		就地0
1-2	X		
3-4			X
5-6	X		
7-8			X

6KK LW21-16Z/403202.2AS

	分45	0	合45
1-2			X
3-4	X		
5-6			X
7-8	X		

6TK LW21-16/4 3503.5A

	非同期45	断开0	同期45
1-2			X
3-4	X		
5-6			X
7-8	X		
9-10			X
11-12	X		
13-14			X
15-16	X		
17-18			X
19-20	X		

图 6-10　远方就地切换把手 6QK、同期把手 6TK 和手动分合把手 6KK

7. 指示灯回路

测控装置指示灯电源取自控制电源，分合灯使用合位和分位接点。对于 220kV 线路间隔，由于为分相机构，其分合灯稍有不同。如图 6-11 所示，当改造后采用三相合一的灯时，需要对二次回路进行改造。图 6-11 中左部分为改造前分相灯，右半部分为三相合一的灯。对于合位灯，需要将三个分相接点串联；对于分位灯，需要将三个分相并接。

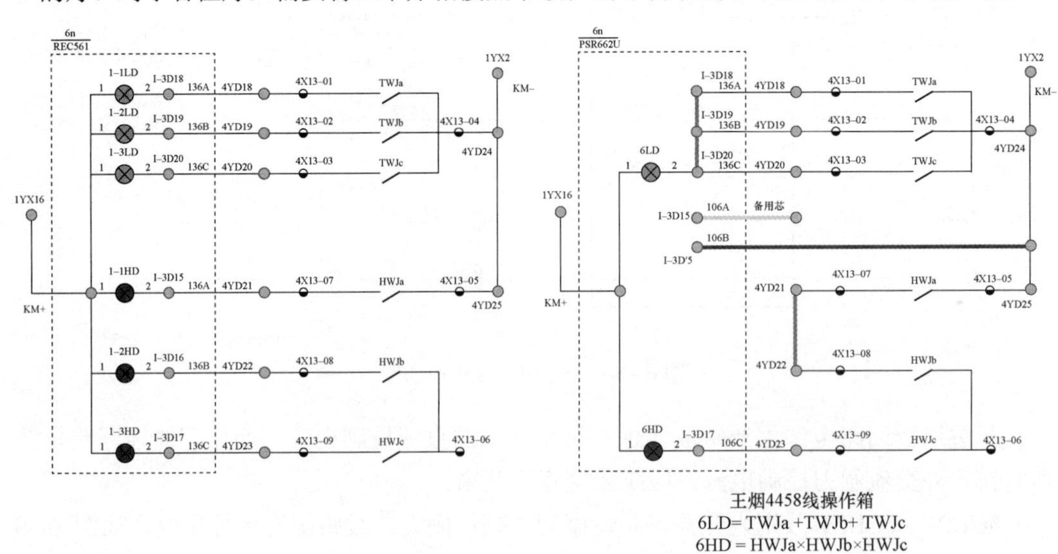

图 6-11　测控装置断路器分合位指示灯分相灯改为三相合一灯

（五）断路器信号二次回路

断路器信号回路与断路器机构的健康状况密切相关。

三、自动化专业技能知识

（一）变电站主流监控系统程序启动和退出方法

以下以 Windows 系统的启动方法为例。启动主机后，等待约 1min，待后台商业数据库启动完毕。

启动监控系统有三种方法：

（1）鼠标右键使用管理员权限打开 CSC2000–V2 SCADA 按钮，可快速启动监控系统。

（2）鼠标右键使用管理员权限打开 CSC2000–V2Console 打开命令提示符窗口，运行命令：startjk，启动监控服务 Daemon，在监控后台服务启动正常后，Daemon 会自动带起监控界面程序。

注意：

（1）监控系统有些应用需要管理员权限启动，因此需要使用管理员权限打开可执行程序或命令窗口。

（2）在监控界面程序启动的情况下，无法退出 Daemon 监控程序，必须先退出监控界面程序，再 Windows 桌面右下角的四方 logo 上选择右键退出。

以上两种方法会屏蔽 Alt+Tab 切换键，想回到计算机桌面，只能通过 Ctrl+Alt+Delete 启动任务管理器实现。

（3）在 Windows 下，也可以通过控制台的方式启动 localm 和 desk，也可以用 scadaexit 关闭监控服务，需要注意在运行 localm 之前，先在同一命令行窗口运行 setclasspath 命令来设置环境变量。

（二）变电站主流监控系统（CSC2000）基本操作

1. 启动菜单

V2 监控的菜单可以从左下角的“开始”按钮打开，监控系统操作所属功能均在此处。

2. 实时告警

监控运行窗口最上方从左至右依次显示“安全运行天数”和“实时告警灯”，当变电站内有信号告警时监控系统会根据信号所属类别自动点亮相应的告警灯，“实时报警”窗口会被自动弹出，如果“实时报警”窗口被关闭，也可用鼠标点击相应的告警灯弹出实时告警窗口。

对于实时告警，可以逐条确认，也可对某一类或全部告警进行“全部确认”，单个确认通过鼠标点击前端图标即可，全部确认通过鼠标右键菜单实现。

实现音响复归，点击实现全部告警确认（见图 6–12），点击 × 实现告警删除。

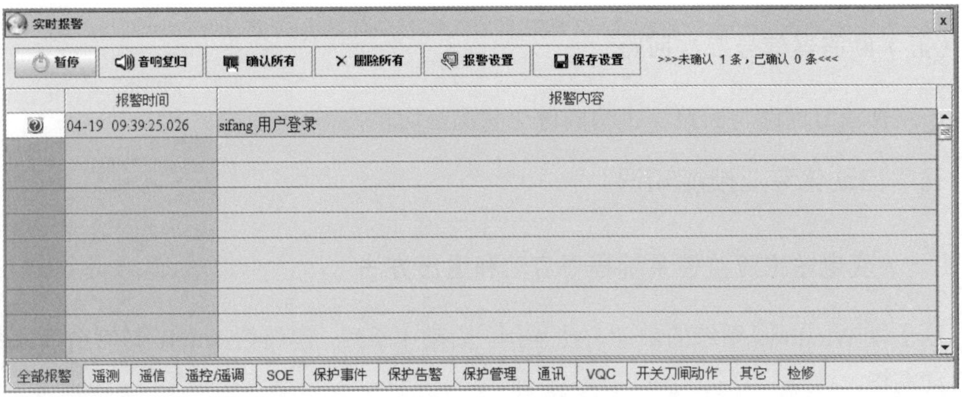

图 6－12　实时告警

在实时报警窗口还可以通过点击鼠标右键进行报警信息的确认和清除。

V2 系统为遥信点提供光字牌的显示告警方式，光字牌变位颜色可自定义，光字牌的闪烁速度可自定义。

系统还具有“光字牌容器”功能，该容器可汇总若干间隔的光字牌信号，可以感知容器内的任一光字牌的状态变化信息并闪烁提示运行人员。运行人员可以通过点击容器光字牌直接打开发生变位的光字牌分图进行查看和确认等操作，层次清晰，操作简单，方便实用。

除提供普通遥信信号的光字牌功能外系统还针对保护事件和保护告警提供“保护事件总”“保护告警总”两个保护信息类总光字牌，当站内任一保护装置发生保护动作或保护告警时相应的总光字牌会被点亮，运行人员通过点击总光字牌可进入到“事件一览”或“告警一览”窗口，该类窗口自动添加了发生事件或告警的间隔及详细的动作信息，在此可根据需要选择查看。

对于画面上的变位闪烁及光字牌的点亮闪烁，都可以通过鼠标右键选择“清闪”菜单进行清闪操作。

3. 遥控

直接左键单击设备，即可进行遥控操作，遥控之前必须要满足如下条件：

（1）该节点是操作员站。

（2）如不是则按“开始→应用模块→系统管理→节点管理→节点应用程序设置”展开设置节点为“操作员站”。

（3）该设备已经匹配了遥控和遥信。

（4）该节点必须容许遥控，通过硬节点来闭锁。

（5）该遥控点所对应的逻辑闭锁遥信通过验证，（可选）即在组态工具中配置的遥控表中的逻辑闭锁点的遥信所对应的值为 1，则该遥控点不能遥控。

（6）控点所在装置容许远方控制。

（7）通过了五防逻辑校验。

当上述条件均满足后，可以出现遥控操作的对话框。

控制操作主要是对断路器及刀闸的分合、软压板的投退、分接头挡位的调节等。

遥控操作是监控系统很重要的一个功能，需要对遥控的执行设定必要的检索条件以保证遥控执行的正确。V2 监控系统提供了丰富灵活的遥控条件配置功能，可以区分不同的控制对象来设定各自的遥控操作条件。配置方式和配置过程简单，各闭锁条件灵活组合，满足各类遥控操作闭锁需求。除此既定的闭锁条件设置外，监控系统还可以自定义遥控执行闭锁条件，通过添加、编辑参与闭锁遥控操作的遥信点之间的逻辑关系来实现闭锁目的。

V2 监控系统还支持与远动主站之间通过信息交互实现遥控操作权限的软闭锁，即在某一时刻只有一方具有控制操作权限，也支持通过硬把手指定遥控操作权限的遥控闭锁方式。

可通过“维护程序→SCADA 应用配置→遥控属性”对遥控进行定义。

4. 设备挂牌

在设备上点击右键，在弹出菜单中选择设备挂牌。出现设备挂牌和摘牌的界面，如图 6-13 所示。上面是设备已经挂的牌，下面是系统所有的牌。在下面选择一个牌，点“挂牌”，即可给设备挂牌。选择上面已挂的牌，点“摘牌”，即可给设备摘牌。

挂牌的内容和性质可以在系统设置（“维护程序→SCADA 应用配置→挂牌编辑”）中定义，牌的形状在元件编辑中自定义，然后与牌名称进行关联，同时进行牌属性和大小的设置，如图 6-14 所示。牌的位置也可以在图形编辑中通过设备的数据偏移来移动，V2 监控可以通过对设备的挂牌实现“屏蔽报文”“禁止遥控”“报警入检修库”等效果。

“屏蔽报文”是针对间隔的。当挂在某个设备的牌选中了该设置，则设备所在的间隔的报文监控系统将不予以处理。该功能主要是为了避免在间隔调试阶段上送大量报警影响系统正常工作。

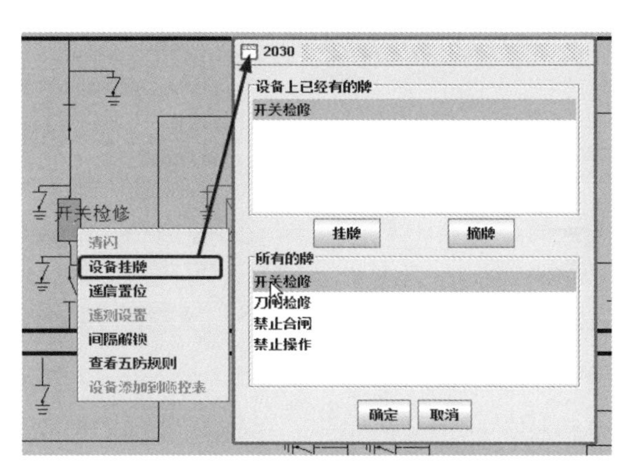

图 6-13 设备挂牌

“禁止遥控”是针对设备的。当挂在某个设备的牌选中了该设置，系统就禁止对该设备进行遥控操作。

“报警如检修库”是针对间隔的。当挂在某个设备的牌选中了该设置，系统就将装置

上送的实时告警信息在“检修”告警窗口内显示。

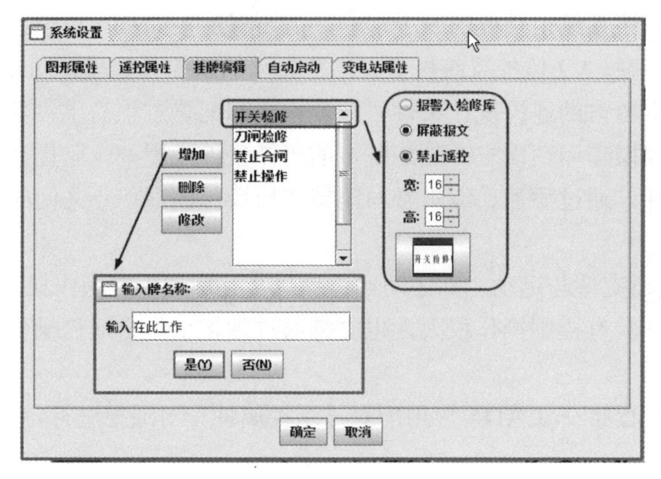

图 6－14　挂牌编辑

5. 遥信置位

在设备上点击右键，在弹出菜单中选择遥信置位，出现遥信置位的界面，如图 6－15 所示。

如果此开关的状态有四态，则在图 6－15 中会出现四个图符，不同的图符对应不同的遥信状态。选择一个图符，点“执行遥信置位”，即对设备遥信位置进行置位。点“取消遥信置位”，即恢复到原来的状态。

6. 遥测设置

在设备上点击右键，在弹出菜单中选择遥测设置，出现遥测设置的界面，如图 6－16 所示。

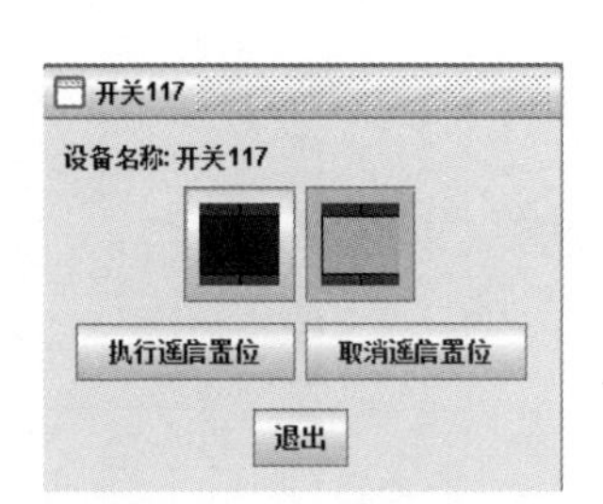

图 6－15　遥信置位

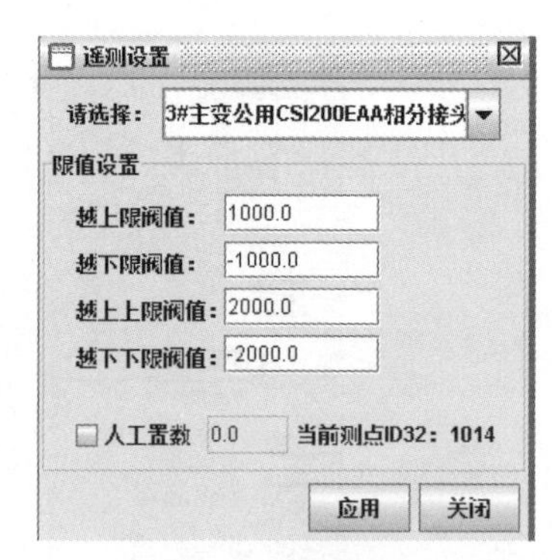

图 6－16　遥测设置

遥测设置的内容有上限、下限、上上限、下下限以及工程值的人工置数，人工置数时必须先选中“人工置数”按钮，再输入具体的数值。状态在界面做修改后，点“应用”按钮即可。

7. 清闪

当有图元闪烁时，单击右键在弹出菜单中选择“清闪”，即可对图元进行清闪。当然

也可以通过画面的提供的清闪按钮进行批量清闪。另外，在图形运行的全局右键菜单中还有“画面清闪”和“全站清闪”。

8. 间隔解锁

间隔解锁是指对当前的操作设备进行五防解锁，遥控完成后恢复原始状态，即间隔五防解锁有效时间是一次遥控操作。在设备上点击右键，在弹出菜单中选择“间隔解锁”。在输入用户名和密码以后，出现间隔解锁的界面，如图 6–17 所示。

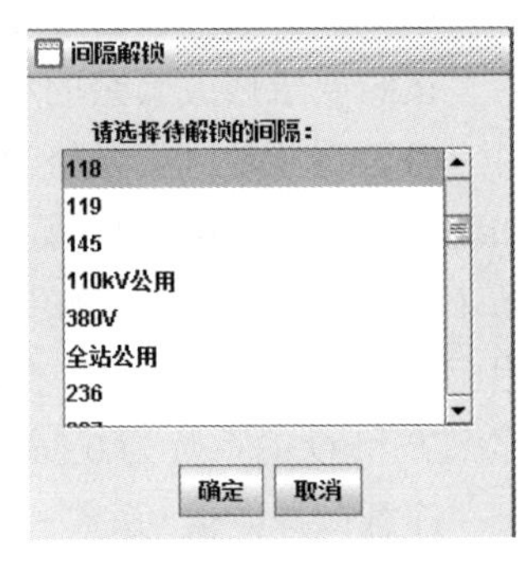

图 6–17　间隔解锁

选择间隔，一般默认选中，确定即可，然后自动进入到遥控界面。

（三）变电站监控系统数据库信息查询方法

监控系统支持对历史告警数据的查询，按照“开始→应用模块→历史及报警→报警历史查询”打开查询窗口，如图 6–18 所示。

图 6–18　告警查询

依次选择“间隔”“报警类型”“查询时间设置”后点击“查询”，可以搜索出历史报警记录，对于查出的历史记录可以通过“导出文件”将报警信息导出，导出信息支持 EXCEL 打开。

（四）变电站监控系统实时库信息修改

实时库信息修改主要针对测控装置，其步骤如下：

第一步：遥测信息修改，主要修改描述、系数、存储周期等。

第二步：遥信信息修改，主要修改描述、遥信类型等。

第三步：遥控信息修改，主要修改描述、遥控类型等。

按照要求修改其余的相应实时库（开始→维护程序→数据库组态）。

（1）遥测量：主要修改名称、系数、存储周期。电压的系数为 TV 变比的系数，比如现场 TV 为 220/100，那么后台实时库这面电压系数就是 2.2，单位 kV；电流系数为现场 TA 变比的系数，比如现场 TA 为 600/5，那么后台实时库这面电流就是 120，单位 A；相应 P 和 Q 的系数为 TV 变比乘 TA 变比除 1000，比如按上述 TV 为 220/100，TA 为 600/5，那么 P 和 Q 的系数为 0.264，单位 MW 和 MVar。

注意：原始值×系数+偏移=工程值。

（2）遥信量：主要修改名称和类型；名称即为现场蓝图确定的描述，类型配置原则为将合位修改为对应一次设备的实际类型，即开关对应断路器，刀闸、地刀对应刀闸，只修改合位对应的类型，分位为默认的通用遥信即可，如图 6–19 所示。

所属间隔	名称	别名	工程值	类型
5011断路器测控	中间继电器123	中间继电器123	0	通用遥信
5011断路器测控	中间继电器124	中间继电器124	0	通用遥信
5011断路器测控	中间继电器125	中间继电器125	0	通用遥信
5011断路器测控	中间继电器126	中间继电器126	0	通用遥信
5011断路器测控	中间继电器127	中间继电器127	0	通用遥信
5011断路器测控	2201断路器合位	(DI 1)	0	断路器
5011断路器测控	2201断路器分位	(DI 2)	0	通用遥信
5011断路器测控	22011刀闸合位	(DI 3)	0	刀闸
5011断路器测控	22011刀闸分位	(DI 4)	0	通用遥信
5011断路器测控	220117地刀合位	(DI 5)	0	刀闸
5011断路器测控	220117地刀分位	(DI 6)	0	通用遥信
5011断路器测控	(DI 7)	(DI 7)	0	通用遥信

图 6–19　开关及刀闸遥信类型

（3）遥控量：主要修改名称和遥信量中描述对应，有双编号要求的填写对应的双编号，类型注意对应正确，如图 6–20 所示。

	ID32	所属厂站ID	双编号	名称	别名	地址1	地址2	地址3	类型
9	273	纵江变		同期节点固定方式	同期节点固定方式	0x6	0x8	0x0	保护压板
10	274	纵江变		同期节点12方式	同期节点12方式	0x6	0x9	0x0	保护压板
11	275	纵江变		同期节点13方式	同期节点13方式	0x6	0xa	0x0	保护压板
12	276	纵江变		同期节点14方式	同期节点14方式	0x6	0xb	0x0	保护压板
13	277	纵江变		同期节点23方式	同期节点23方式	0x6	0xc	0x0	保护压板
14	278	纵江变		同期节点24方式	同期节点24方式	0x6	0xd	0x0	保护压板
15	279	纵江变		同期节点34方式	同期节点34方式	0x6	0xe	0x0	保护压板
16	280	纵江变		就地压板	就地压板	0x6	0xf	0x0	保护压板
17	281	纵江变		解锁压板	解锁压板	0x6	0x10	0x0	保护压板
18	282	纵江变		顺控态	顺控态	0x3	0x80	0x0	其它
19	283	纵江变		设点命令2	设点命令2	0x3	0xc0	0x0	其它
20	284	纵江变		设点命令3	设点命令3	0x3	0xc1	0x0	其它
21	285	纵江变		设点命令4	设点命令4	0x3	0xc2	0x0	其它
22	286	纵江变		设点命令5	设点命令5	0x3	0x81	0x0	其它
23	287	纵江变	2201	2201断路器	RC 4	0x3	0x4	0x0	断路器
24	288	纵江变	22011	22011刀闸	RC 5	0x3	0x5	0x0	刀闸
25	289	纵江变	22017	220117地刀	RC 6	0x3	0x6	0x0	刀闸

图 6–20　开关及刀闸遥控编辑

实时库修改过后都要进行刷新、发布、保存。

注意：实时库信息全部保存在 csc2100_home\project\support 下，点击实时库工具箱里的“保存”，是以文本的形式保存在 csc2100_home\project\support\Rtdb_Data_Txt 里；点击实时库组态右上角“X”，之后保存，是在 support\Rtdb_Data_Txt 里以文本形式保存一份，同时在\support\bak 里以压缩包形式保存一份。

（五）主站系统（OPEN3000）Web 页面查询告警信息

主站 EMS 系统将不同厂站端的站控层业务数据由通信网关机，经电力调度数据网最后汇集在调度端，实现电力系统远程集中监视与控制，从而达到节省人力资源、提高生产效率的目的。

随着无人值守变电站越来越多，EMS 系统的基本 Web 页面查询是运检人员的必备技能。下面以 OPEN3000 为例进行基本功能的介绍。

告警查询界面主要由以下几部分构成（见图 6-21）：

（1）告警查询条件模板，如遥信变位、线路重合闸统计、35kV 告警信息统计、110kV 告警信息统计、事故信息查询、220kV 告警信息统计、220kV 二次遥信、220kV 变电站通道工况、220kV 变电站事故总等。

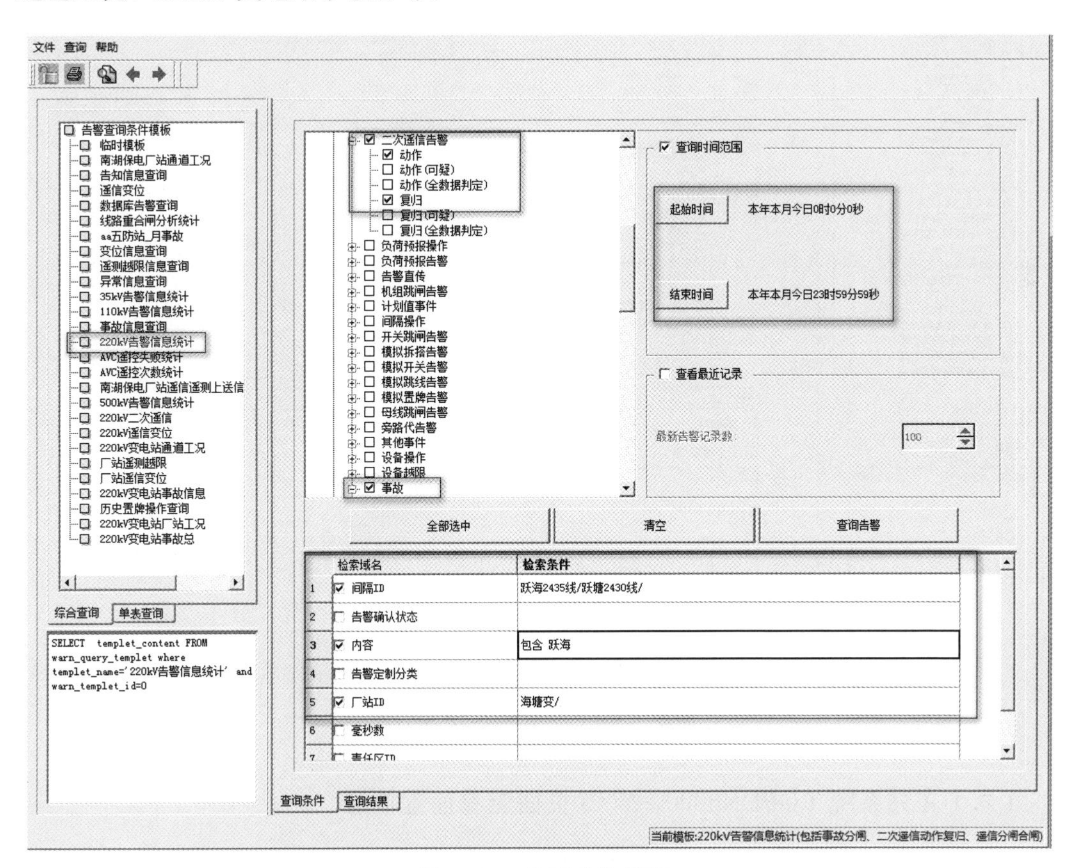

图 6-21　告警查询界面

（2）告警类型选择，如 AGC 系统、DTS 系统、PAS 系统、WAMS 系统、电力系统、前置系统、自动化系统。运检人员常用的告警类型主要为电力系统，其中常用的选项有 SOE、二次遥信告警、开关跳闸告警、微机保护、遥控操作、遥调操作、遥信变位等。

（3）查询时间范围，如起始时间和结束时间。

（4）最新告警记录数限制。

（5）检索域名和检索条件。常用检索域有厂站 ID，对应查询的变电站名称。间隔 ID 对应查询的变电站内相应间隔。内容可选择包含、等于、开头是的命令，与 EXCEL 筛选功能相同。

下面以查询 220kV 海塘变电站跃海线某段时间范围内开关分合闸 SOE 动作报文为例，如图 6-22 所示。

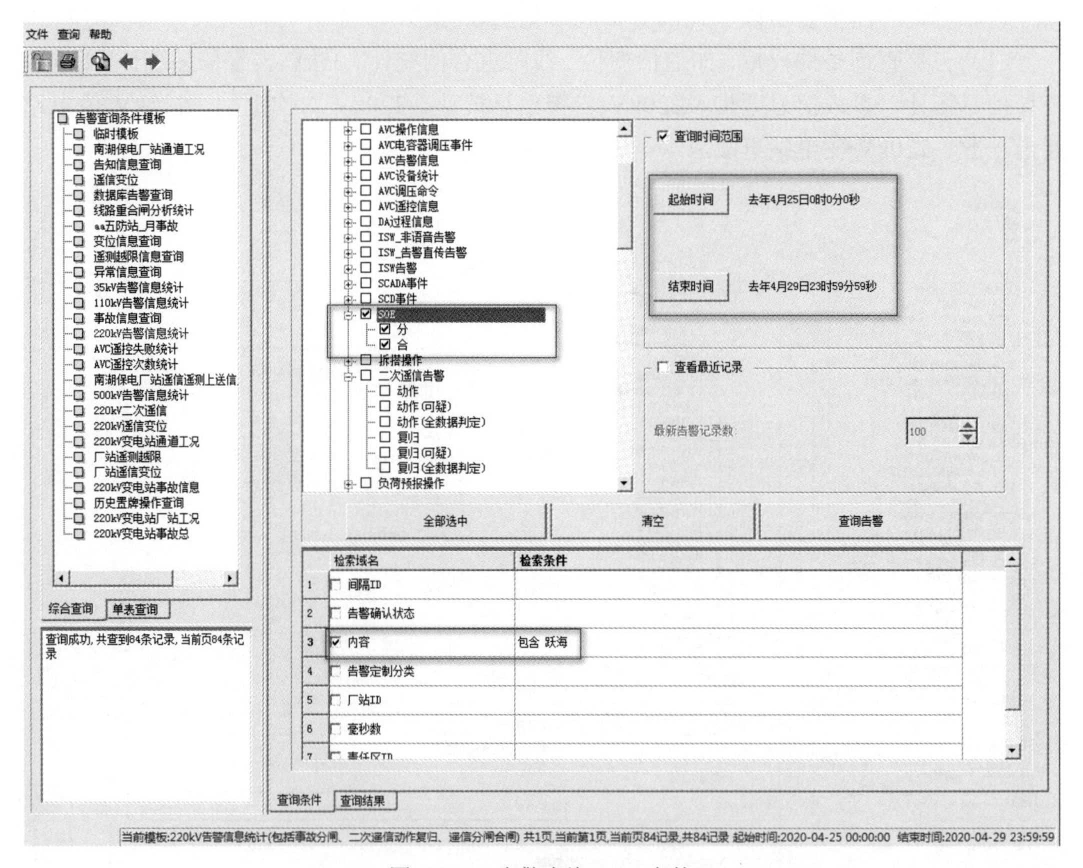

图 6-22　告警查询 SOE 事件

（六）主站系统（OPEN3000）Web 页面查看前置信息

将光标置于画面中对应光字或者一次设备，右键选择图中前置信息，如图 6-23 所示。

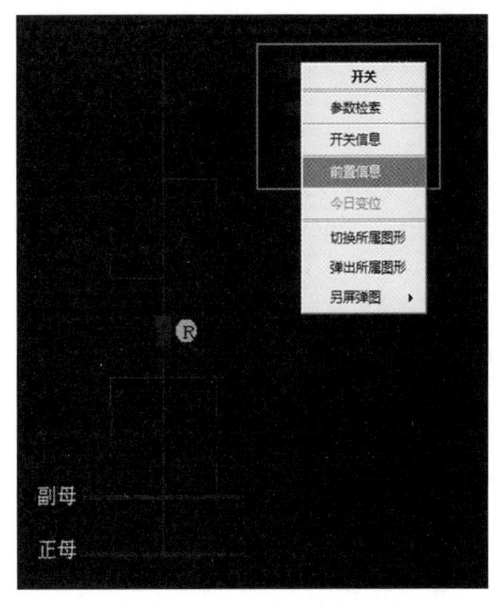

图 6-23　遥信前置信息查询

如图 6-24 所示，对应画面中开关关联的调度信息点号为 830，与调度信息表中点号一致。通过此方法，可以检查遥信转发的前置信息是否关联正确。

前置遥信参数检索

前置信息

通道1名称	海塘变-市局101
通道2名称	海塘变-地调接入网104
通道3名称	海塘变-省调接入网104
通道4名称	海塘变-监控地调104
分发通道	0
所属分组	
厂号	17
点号	830
极性	正极性
是否过滤误遥信	否
是否过滤抖动	否
TASE2变量名称	
TASE2作用域	局部作用域
TASE2数据类型	
TASE2所属传输集1	
TASE2所属传输集2	
TASE2所属传输集3	

图 6-24　遥信前置信息点号

（七）主站系统（OPEN3000）Web 页面查看遥测曲线

同理，将光标置于画面中对应遥测值，如有功 *P*、无功 *Q*、电压 *U*、电流 *I*、直流电压等遥测值，右键选择“图中遥测→今日曲线”，则可获取该遥测值今日历史曲线，如图 6-25 所示。

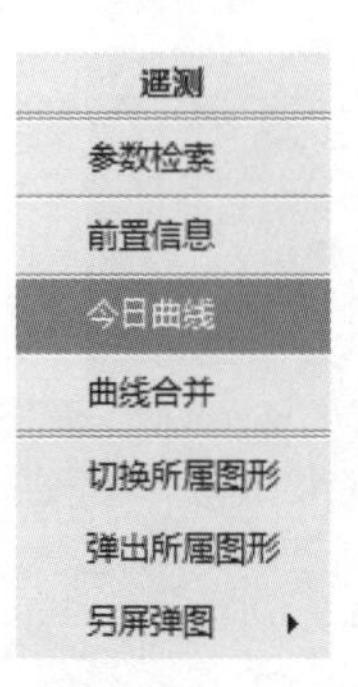

图 6-25　遥测→今日曲线

需要注意的是，由于 EMS 系统中遥测刷新率较低，对于突变的数值无法准确记录。图 6-26 为 9 月 15 日海塘变电站跃海 2435 线电流值。

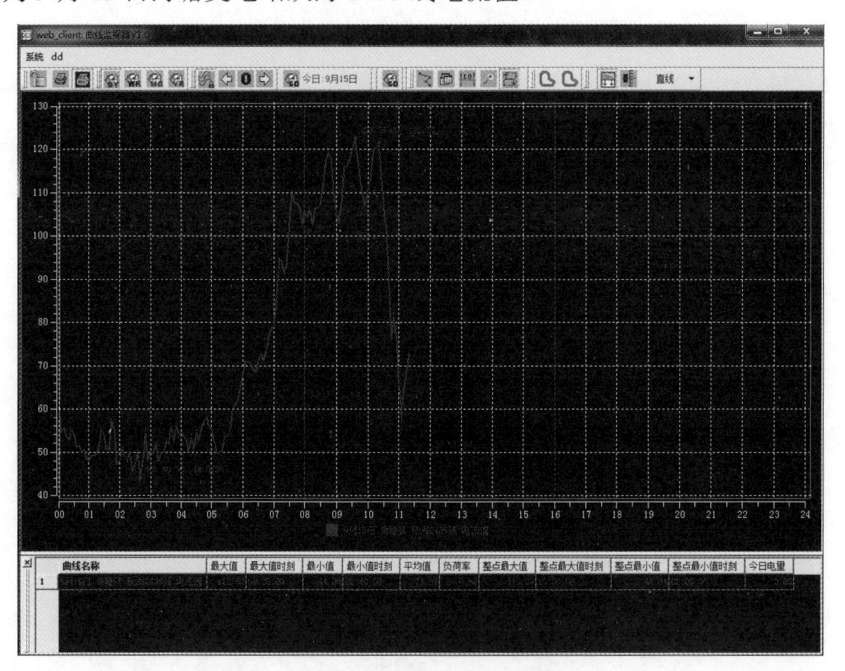

图 6-26　今日遥测曲线

（八）数据通信网关机重启工作流程

在进行数据通信网关机重启或主站遥控核对时，由于需要对不同通道进行切换并逐一核对，可以通过主站接线图中的通道状态进行判断是否切换至相应的通道。

如图 6-27 所示，可以看到海塘变电站市局 101 通道退出，地调接入网 104 通道投入。

数据通信网关机重启时，每次仅允许重启其中一台数据通信网关机，只有当和地调、省调自动化值班员均核对过当前所在通道数据正常后，才允许重启另一台数据通信网关机。

图 6－27　电力数据网通道值班状况

（九）Linux 系统常用命令

随着综合变电站自动化的不断发展，变电站自动化对操作系统的安全提出了更高的要求，因而 Windows 系统已经逐步从变电站自动化系统中退出，取而代之的是 Linux 系统。由于 Linux 系统版本众多，以下以 Ubuntu 操作系统常用命令进行介绍。

1. 文件/文件夹管理

ls：列出当前目录下的所有文件（不显示隐藏文件）。

ls－a：列出当前目录下的所有文件（显示隐藏文件）。

ls－l：列出当前目录下所有文件的详细信息。

cd 或者 cd～：进入用户主目录。

cd..：回到上一级目录。

cd－：返回进入此目录之前所在的目录。

mkdir dirname：新建目录。

rmdir dirname：删除空目录。

rm filename：删除文件。

rm－rf dirname：删除非空目录及其包含的所有文件。

mv file1 file2：将文件 1 重命名为文件 2。

mv file1 dir1：将文件 1 移动到目录 1 中。

find：路径；－name：“字符串”查找路径所在范围内满足字符串匹配的文件和目录。

2. 程序安装与卸载

（1）apt－get：程序安装与卸载命令的标志，需要管理员权限。

（2）install：安装指定程序。举例：sudo apt－get install vim。

（3）remove：卸载指定的程序，一般最好加上“－－purge”执行清除式卸载，并在程序名称后添加*号。举例：sudo apt－get remove－－purge nvidia* 卸载 nvidia 的驱动及其配置文件。

（4）update：更新本地软件源文件，需要管理员权限。举例：sudo apt－get update。

3. 打包/解压

这里需要先解释几个参数，见表 6-4。

表 6-4　　参　数　含　义

参数	含义
-c 建立压缩档案	-z 有 gzip 属性的
-t 查看内容	-j 有 bz2 属性的
-u 更新原压缩包中的文件	-Z 有 compress 属性的
-x 解压	-v 显示所有过程
-r 向压缩归档文件末尾追加文件	-O 将文件解开到标准输出

上表左边 5 个参数是独立的命令，压缩解压都要用到其中一个，可以和别的命令连用但只能用其中一个。右边 5 个参数是根据需要在压缩或解压时可选的。

下面进行举例说明。

（1）压缩。

tar-cvf jpg.tar *.jpg：将目录里所有 jpg 文件打包成 tar.jpg。

tar-czf jpg.tar.gz *.jpg：将目录里所有 jpg 文件打包成 jpg.tar 后，并且将其用 gzip 压缩，生成一个 gzip 压缩过的包，命名为 jpg.tar.gz。

tar-cjf jpg.tar.bz2 *.jpg：将目录里所有 jpg 文件打包成 jpg.tar 后，并且将其用 bzip2 压缩，生成一个 bzip2 压缩过的包，命名为 jpg.tar.bz2。

tar-cZf jpg.tar.Z *.jpg：将目录里所有 jpg 文件打包成 jpg.tar 后，并且将其用 compress 压缩，生成一个 umcompress 压缩过的包，命名为 jpg.tar.Z。

rar a jpg.rar *.jpg rar 格式的压缩，需要先下载 rar for linux。

zip jpg.zip *.jpg zip 格式的压缩，需要先下载 zip for linux。

（2）解压。

tar-xvf file.tar：解压 tar 包。

tar-xzvf file.tar.gz：解压 tar.gz。

tar-xjvf file.tar.bz2：解压 tar.bz2。

tar-xZvf file.tar.Z：解压 tar.Z。

unrar e file.rar：解压 rar。

unzip file.zip：解压 zip。

（3）总结

.tar：用 tar-xvf 解压。

.gz：用 gzip-d 或者 gunzip 解压。

.tar.gz 和.tgz：用 tar-xzf 解压。

.bz2：用 bzip2-d 或者用 bunzip2 解压。

.tar.bz2：用 tar-xjf 解压。

.Z：用 uncompress 解压。

.tar.Z：用 tar–xZf 解压。

.rar：用 unrar e 解压。

.zip：用 unzip 解压。

4. 用户管理

sudo useradd username：创建一个新的用户 username。

sudo passwd username：设置用户 username 的密码。

sudo groupadd groupname：创建一个新的组 groupname。

sudo usermod–g groupname username：把用户 username 加入到组 groupname 中。

sudo chown username：groupname dirname：将指定文件的拥有者改为指定的用户或组。

5. 系统管理

uname–a：查看内核版本。

cat/etc/issue：查看 ubuntu 版本。

sudo fdisk–l：查看磁盘信息。

df–h：查看硬盘剩余空间。

free–m：查看当前的内存使用情况。

ps–A：查看当前有哪些进程。

kill：进程号或者 killall 进程名，杀死进程。

kill–9：进程号，强制杀死进程。

（十）RJ45 型网线接口的制作

当网络通信出现问题，判断双绞线是否有问题可以通过“双绞线测试仪”或用两块三用表分别由两个人在双绞线的两端测试。主要测试双绞线的 1、2 和 3、6 四条线（其中 1、2 线用于发送，3、6 线用于接收），如果发现有一根不通就要重新制作。

（十一）水晶头和以太网接线压头规范

有两种压线方式，线序分别是（注意同一根线两头要用同一种方式，见图 6–28）：

T568B：白橙，橙，白绿，蓝，白蓝，绿，白棕，棕。

T568A：白绿，绿，白橙，蓝，白蓝，橙，白棕，棕。

记忆经验：关键是 3 是白绿，4 是蓝，BA 变化，橙绿换。实际用到的是 1、2 发送数据，3、6 接收数据。

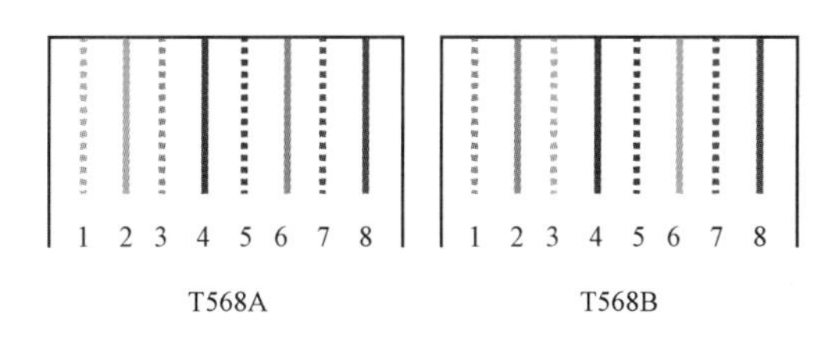

图 6–28　以太网双绞线线序

以太网双绞线是由超五类双绞线、水晶头（RJ45 接头）组成，制作中应保证装配质量。具体步骤及要求如下：

（1）将双绞线的外皮除去 20～25mm，注意双绞线绝缘皮不要破损。

（2）将双绞线反向缠绕开，将裸露出的双绞线用专用钳剪下，只剩约 15mm 的长度，并铰齐线头，根据标准排线方法。

（3）将双绞线的每一根线依序放入 RJ45 接头的引脚内，确定双绞线的每根线已经放置正确之后，就可以用 RJ45 压线钳压接 RJ45 接头。

（4）使用测试仪测试：打开电源，将网线插头分别插入主测试器和远程测试器，主机指示灯从 1 至 8 逐个顺序闪绿灯，确认无短路和开路现象。

四、典型缺陷处理方法

（一）典型网络故障诊断方法

变电站综合自动化系统依靠以太网技术实现数据的传输，网络层设备的安全稳定运行是实现变电站自动化的前提与保障。

网络层设备主要由站控层设备的以太网卡、间隔层设备的以太网卡、交换机和以太网线组成。

站控层设备实时检测与间隔层设备的连通状况，一旦网络层设备出现故障，站控层设备都会以间隔层设备通信中断的告警方式提示，但故障存在于哪个网络层设备需要通过一定的方法进行查找并排除。

1. 常用命令

（1）ping 命令：ping+目的主机 IP。

这个命令用来检测一帧数据从当前主机传送到目的主机所需要的时间。它通过发送一些小的数据包，并接收应答信息来确定两台计算机之间的网络是否连通。当网络运行中出现故障时，采用这个实用程序来预测故障和确定故障源是非常有效的。如果执行 ping 不成功，则可以预测故障出现在以下几个方面：网线是否连通、网络适配器配置是否正确、IP 地址是否可用等。

（2）ipconfig 命令。

ipconfig 一般用来检验人工配置的 TCP/IP 设置是否正确。了解计算机当前的 IP 地址、子网掩码和缺省网关，是进行测试和故障分析的必要项目。

2. 部分装置通信中断

部分装置通信中断可以排除交换机与站控层设备网络连接故障的可能性。故障部分应该在交换机与间隔层设备的连接部分。

第一步：排查交换机端口。

查看连接中断设备的交换机端口的指示灯，如果是常亮或不亮都属异常情况。将网线从该端口拔出并倒换到某一正常工作端口或备用端口上，如果通信恢复则判断为交换机端口故障，如未排除继续下一步。

第二步：排查网线。

第三步：排查网卡。

将装置从变电站网络上脱离，并与一台独立的专用调试电脑连接，在调试电脑上执行 ping 命令。若 ping 通则表明变电站网络存在 IP 地址冲突现象；若 ping 不通，则装置通信插件损坏。

3. 全部装置通信中断

全站装置通信中断基本可以判定是站控层设备网卡、交换机或二者之间的网线有故障。

第一步：排查交换机。查看交换机的指示灯，如果是全部常亮或不亮则表明交换机故障。该现象如果不存在则将连接站控层设备的网线从端口拔出并倒换到某一正常工作端口或备用端口上，如果通信恢复则判断为交换机端口故障，如未排除继续下一步。

第二步：排查网线。用两块三用表分别由两个人在双绞线的两端测试，如网线正常进行下一步。

第三步：排查网卡。使用 ping 命令 ping 本地的 IP 地址，检查网卡和 IP 网络协议是否安装完好。如果无法 ping 通，只能说明 TCP/IP 协议有问题。这时可以在计算机的“控制面板”的“系统”中，查看网卡是否已经安装或是否出错。如果在系统中的硬件列表中没有发现网络适配器，或网络适配器前方有一个黄色的“！”，说明网卡未安装正确。需将未知设备或带有黄色的“！”网络适配器删除，刷新后重新安装网卡，并为该网卡正确安装和配置网络协议，然后进行应用测试。如果网卡无法正确安装，说明网卡可能损坏，必须换一块网卡重试。

通过上述测试确认网卡没有问题，可能是由 IP 地址冲突或计算机内的防火墙导致通信不正常。

4. 不同自动化设备之间的通信中断处理方法

根据站内自动化设备的不同类型，可以大致分为站内监控后台、测控装置、调度主站、远动装置、智能终端、合并单元，以上自动化设备按照自相应的网络拓扑进行连接，当遇到两种设备之间的通信中断时，可采用如下排查方法。

（1）监控和测控通信中断。

故障现象。

1）监控画面中装置通信状态指示灯显示中断。

2）遥测数据不刷新。

3）遥控开关、刀闸、压板等执行不成功。

排查方法。

1）检查网线是否连接正常（ping 命令、排除虚接）。

2）检查 IP 地址是否正常（测控和监控后台 IP 应在同一网段）。

3）检查监控 61850 通信子系统是否运行正常（61850 进程正常启动）。

4）检查测控装置配置文件是否下装正确（IEDNAME 等参数是否与监控中显示的一致）。

5）检查测控 61850 进程是否启用（出厂菜单设置、datamapout 文件是否生成）。

6）检查监控和远动的报告实例号是否正常（一般监控为1、远动为3）。

7）检查SCD文件中相应装置参数是否与所提供参数一致，核实无误后，重新导出文件并下装（下装配置文件后，注意重启装置）。

（2）远动和测控通信中断。

故障现象。

1）远动机“运行工况”→“通信状态”菜单中显示装置通信中断。

2）telnet登录远动机接入插件，”I”命令查看装置通信状态为中断。

排查方法。

1）检查网线是否连接正常（远动61850接入插件是否有网线连接到交换机，是否有网线虚接）。

2）检查远动61850接入插件IP地址是否正确（远动61850接入插件、测控和监控后台IP应在同一网段，需要召唤远动装置配置）。

3）检查远动61850通信子系统是否运行正常（61850接入插件中tffs0a文件夹中有61850cfg文件夹，且文件夹中的文件齐全，csssys.ini等）。

4）远动61850接入插件中，若没有csssys.ini文件，需要telnet登录接入插件，执行C 2，3命令，生成通信子系统文件csssys.ini，重启远动机。

5）通信还有问题，就用系统配置器重新导出远动文件，重新下装文件（下装配置文件后，注意重启装置）。

（3）测控和智能终端、合并单元通信中断。

故障现象。

1）测控装置液晶面板显示有通信中断告警信息，按“复归”按钮会自动弹出。

2）智能终端、合并单元装置GO/SV告警指示灯点亮。

排查方法。

1）检查光纤是否连接正常（光口交换机上的指示灯、合并单元、智能终端装置插件上的指示灯点亮）。

2）检查MAC地址等通信参数是否正常（测控装置“运行值”→“通信状态”菜单中有相应提示）。

3）检查合并单元、智能终端装置配置文件是否下装正常（配置工具连接，召唤配置查看）。

4）检查测控装置配置文件是否下装正确（SFTP登录测控管理板查看文件大小、名称是否有异常）。

5）检查SCD文件中相应装置参数是否与所提供参数一致，核实无误后，重新导出文件并下装（下装配置文件后，注意重启装置）。

（4）远动和调度主站通信中断。

故障现象：远动装置液晶面板显示通信中断。

排查方法。

1）检查远动装置远动插件与模拟主站的接线正确（没有虚接）。

2）检查远动配置工具中远动的通信参数（IP 地址、路由、网关、RTU 链路地址）配置正确（需要召唤装置配置）。

（二）典型遥信上送异常

1. 监控后台遥信异常

故障现象。

（1）开关刀闸位置显示不对。

（2）光字牌信号不变化。

（3）遥信显示错位。

（4）遥信变位不及时。

排查方法。

（1）排除监控与测控通信中断，测控与智能终端、合并单元通信中断的可能性。

（2）检查图元和实时库是否关联正确。

（3）检查监控实时库遥信表的类型是否设置正确，特别是开关、刀闸。

（4）检查监控实时库遥信表的标志位中是否取消了扫描使能，是否取反。

（5）检查是否挂检修牌。

（6）检查相关遥信是否处于人工置数状态。

（7）检查虚端子是否连接正确。

（8）装置常规开入定值设置了长延时。

（9）智能终端的开入设置了长延时。

（10）智能终端的外部输入没有接线或是接线错误。

2. 远动遥信异常

故障现象：开关刀闸位置或是其他遥信显示不对。

排查方法：远动装置与模拟主站通信正常。

（1）首先保证监控与测控通信正常，监控上遥信信息显示无误。

（2）检查远动机中 RTU 点表是否与调度提供的点表顺序一致。

（3）检查远动机中 RTU 遥信表是否有取反。

（4）检查测控或是智能终端、合并单元装置是否投检修压板。

（三）典型遥测上送异常

1. 监控后台遥测异常

故障现象。

（1）监控画面遥测数据不刷新。

（2）监控画面遥测数据不显示。

（3）监控画面遥测数据显示不正确。

排查方法。

（1）排除监控与测控通信中断，测控与智能终端、合并单元通信中断的可能性。

（2）检查监控实时库遥测表扫描使能是否投入。

（3）检查监控实时库相应遥测数据是否处于人工置数状态。

（4）检查监控实时库相应遥测数据死区和变化死区是否设置过大。

（5）检查监控实时库相应遥测数据上下限值是否设置小于实际值。

（6）检查监控实时库相应遥测数据系数是否为 1。

（7）检查监控图形界面中遥测值是否与实时库关联正确。

（8）检查 SCD 中和导出的配置文件中虚端子连线是否正确。

（9）检查测控装置运行菜单下遥测值显示是否正常。

（10）检查合并单元交流端子接线是否正确。

（11）检查合并单元变比设置是否正确。

2. 远动遥测异常

故障现象：调度端遥测数据显示不对。

排查方法：远动装置与主站通信正常。

（1）首先保证监控与测控通信正常，监控上遥测信息显示无误。

（2）检查远动机中 RTU 点表是否与调度提供的点表顺序一致。

（3）检查远动机中 RTU 遥测表系数和死区值设置的合理性。

（4）检查测控装置或合并单元是否投检修压板。

（5）遥测数据类型配置错误。

（四）典型遥控异常

遥控操作不成功主要存在以下几种情况和处理方法。

1. 一次设备遥控操作五防回答超时

监控的五防系统有一体化和外接其他五防厂家设备两种情况。遥控过程中报五防回答超时对于一体化五防一定是 WFSERVER 进程未运行导致。如果是外厂家五防需要按以下步骤进行排查：

（1）遥控五防回答超时。

（2）遥信点存在于监控与五防的对位点表，修改双方对位。

（3）接口协议为交互式，在五防机上开五防票，五防回答超时。

（4）监控与五防机连接线连通，重做连接线并保证连通。

（5）五防机收到遥控申请，监控发送参数与五防机的对应接收参数不匹配。

（6）五防机回答遥控申请，五防软件工作异常，请五防厂家人员处理。

（7）五防发送参数与监控机的对应接收参数不匹配。

2. 遥控选择不成功

（1）报选择失败：表示网络是通的，装置远方就地灯显示就地状态，切换一下远方就地键即可。

（2）报选择超时：首先要查看装置是否处于通信中断状态，如果是则按排除网络故障的方法进行排除。如果通信正常则是因为监控网卡与装置网卡不属同一网段，可能是

A/B 网线插反或网卡 IP 地址设置错误导致。装置报文是组播方式上送的，所以当装置的 IP 地址和监控的 IP 地址不在一个网段时，并不影响监控接收报文，但是遥控时采用点对点的单播通信方式，所以不能遥控。

3. 遥控合闸不成功

（1）监控报遥控失败：注意观察测控上送的合闸失败事件报文是马上送出的还是延时（25s）送出的。立即上送，说明控制逻辑压板未投；延时上送，说明 PLC 逻辑执行了，但未执行到遥控返回继电器。检查 PLC 逻辑是否正确以及是否编写了遥控返回继电器。

（2）监控报遥控超时：如果测控上送的事件报文正常，则判断是外回路原因。如：出口压板未投，或设备实际已动作，而辅助节点未送上来。检查装置的报告里出口动作的记录。

（3）若合闸是经过同期合闸时，注意要投对相应压板以及注意同期条件是否满足。

（4）若 PLC 实现了五防闭锁功能，请注意五防逻辑条件是否满足。

4. 监控后台遥控异常

故障现象。

（1）监控后台遥控选择不成功。

（2）监控后台遥控执行不成功。

（3）监控后台禁止遥控。

（4）监控后台同期遥合不成功。

排查方法。

（1）排除监控与测控通信中断，测控与智能终端通信中断的可能性。

（2）检查监控图形界面图元关联是否正确。

（3）检查监控所控设备是否处于人工置数状态。

（4）检查监控所控设备是否处于挂牌检修状态。

（5）检查监控所控设备是否五防闭锁。

（6）检查监控实时库中遥信遥控类型是否正确。

（7）检查测控装置远方就地灯显示就地状态。

（8）检查测控、智能终端、合并单元检修压板是否投入。

（9）检查测控装置“控制逻辑压板”是否投入。

（10）检查远方就地把手是否在正确的位置，测控上相应开入变位。

（11）检查测控装置同期功能压板、同期定值、控制字是否设置正确。

（12）检查合并单元交流端子接线，测控采样是否正确。

（13）检查合并单元对时是否异常。

（14）检查智能终端端子接线是否正确。

5. 远动遥控异常

故障现象：主站遥控不成功。

排查方法：先确认监控后台遥控正常。

（1）排除远动与测控通信中断，测控与智能终端通信中断的可能性，不考虑主站的错误。

（2）检查远动 RTU 点配置与调度提供的点表一致。
（3）RTU 链路地址配置正确。
（4）检查测控装置远方就地灯显示就地状态。
（5）检查测控、智能终端、合并单元检修压板是否投入。
（6）检查测控装置“控制逻辑压板”是否投入。
（7）检查远方就地把手是否在正确的位置，测控上有相应的开入变位。
（8）检查测控装置同期功能压板、同期定值、控制字是否设置正确。
（9）检查合并单元交流端子接线，测控采样是否正确。
（10）检查合并单元对时是否异常。
（11）检查智能终端端子接线是否正确。

（五）其他常见故障和异常处理方法

1. 对时异常
（1）监控后台机对时异常。
故障现象：监控后台机显示时间不准确。
排查方法：检查监控后台对时设置。
（2）远动机对时异常。
故障现象：远动机显示时间不准确。
排查方法：检查远动装置 B 码对时接线。
（3）测控装置对时异常。
故障现象：测控装置面板显示时间不准确。
排查方法：检查测控装置管理板和开入板接线。
（4）智能终端、合并单元对时异常。
故障现象：装置对时异常灯点亮。
排查方法：检查装置对时光纤接线。
2. 测控同期实验异常
故障现象：同期合闸不成功。
排查方法：
（1）检查非同期合闸是否成功（排除回路问题）。
（2）检查同期定值。
（3）检查同期压板投退是否正确。
（4）检查同期控制字。
（5）检查接线是否正确。
（6）检查加量在装置上是否显示正确。
3. 监控图形拓扑异常
故障现象：监控不能正常拓扑着色。
排查方法：

（1）检查监控后台机 tpmain 进程是否启用。

（2）主接线图类型是否为“主接线图”。

（3）图形是否连接正常。

（4）母线是否正确关联遥测，并修改 ID32 序号。

4. 合并点计算异常

（1）监控合并点计算异常。

故障现象：

1）合并母点信号显示不对。

2）公式进程频繁启动退出。

排查方法：

1）检查监控后台公式编辑。

2）检查节点管理中公式进程有没有启动。

3）检查实时库中虚点对应“类型”及“标记”设置是否正确。

（2）远动合并点计算异常。

故障现象：合并母点信号在调度端显示不对。

排查方法：检查远动 RTU 表中合并点编辑（合并点标记是否唯一，属性标签是否正确）。

第四节 实 践 案 例

综合自动化变电站随着投入运行时间的增长，实际工作中的各类问题出现得越来越多，如控制室占地面积广、比较烦琐的系统维护工作、较低的运行可靠性、花费较高的物力和人力成本去维护正常工作，并随着变电站的自动化和无人值守日渐普及和盛行，自动化系统的故障和问题也日渐突显出来。

下面介绍常见的几类自动化系统故障，包括通信网络类故障、数据采集故障、误报警故障和与其他厂家装置不匹配故障。

通过对自动化系统常见问题的归纳分析，找出引起故障的主要原因，在分析自动化系统出现的各种各样的故障与问题后，最大限度地起到缩短故障存在时间的效果，以便确保自动化系统中设备运转的正常。

在设备运行状况正常的情况下，现场的工作人员都能够把握，并且进行专业的操作。但是，变电站一旦发生故障就很难处理，而且这些故障一般都没有规律性的处理方式，需要依靠大量的经验才能够解决这些故障，因此工作经验非常重要。但是对刚上岗的工作人员来说，这确实是一个难题，唯一的办法就是要经常进行故障模拟，通过这种方式培训新工作人员，使其能够在发生故障的时候提高处理能力，尽可能地减小系统所受到的损失。

一、220kV 某某变电站远动机故障分析

本培训案例介绍远动机电源双重化、监控系统 UPS 和直流供电系统回路、远动机备

份数据恢复、电力调度数据网通道切换、三遥核对、复杂事故处理工作流程和缺陷汇报流程。通过工作流程的学习，掌握紧急缺陷处理模式下应关注的风险点和处理方法。

在事件经过中，自动化第一岗位人员应精通调度数据网通道中断定位，第二岗位人员应熟悉设备异常处理相关流程。在事件原因分析的直接原因分析中，自动化第一岗位人员应熟悉二次回路错接线的查找和纠错；间接原因分析中自动化第二岗位人员应熟悉电源双重化、监控系统UPS和直流供电系统回路。在事故处理中，自动化第一岗位人员应精通三遥核对工作流程，了解班组所在相关设施、备品备件存放情况，第二岗位人员应熟悉电力调度数据网通道切换。在对策和建议中，自动化第一岗位人员应熟悉复杂事故处理工作流程、危险点分析及控制措施，第二岗位人员应了解相关试验规程及标准。

（一）事件经过

20××年×月×日12时23分，监控中心告知220kV某某变电站全站信息上送中断。现场查看地调接入网远动机（远动主机一）与省调接入网远动机（远动主机二）装置电源正常，液晶面板花屏（正常运行时液晶已花屏），通过站内监控后台机测试两台远动机的网络连接均中断，地调自动化值班员测试与两台远动机的网络连接均中断，如图6-29、图6-30所示。两台远动机逐一重启后，两台远动机仍无法正常工作，经厂家咨询后确认两台远动机已损坏。

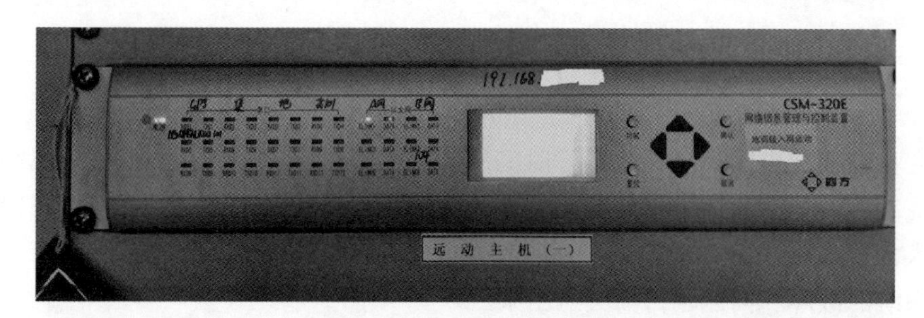

图6-29　地调接入网远动机

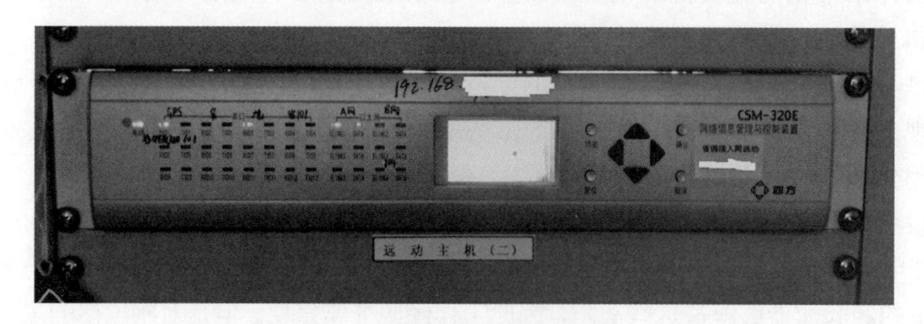

图6-30　省调接入网远动机

（二）事件原因分析

1. 直接原因分析

220kV某某变电站正在进行220kV甲子1001线和乙戊1002线的保护装置与测控装

置改造，工作日期为20××年1月3日至20××年1月15日。20××年1月4日上午，按计划进行旧保护屏电缆拆除工作。12时20分左右，在拆除整理旧屏（甲子1001线第二套保护屏）电缆时，由于屏顶直流小母线–KM1上螺栓松动，电缆牵扯震动导致由该小母线供电至自动机房的直流电源短时失电，造成两台远动机掉电重启，是本次事件的直接原因。

现场检查发现，自动化机房的直流电源KM1从直流馈电屏一，先经过直流及其他测控屏，再经过嘉塘第一套保护屏转接到甲子1001线第二套保护屏屏顶，再从甲子1001第二套保护屏屏顶用电缆接到自动化机房远动机屏端子排，如图6–31所示。

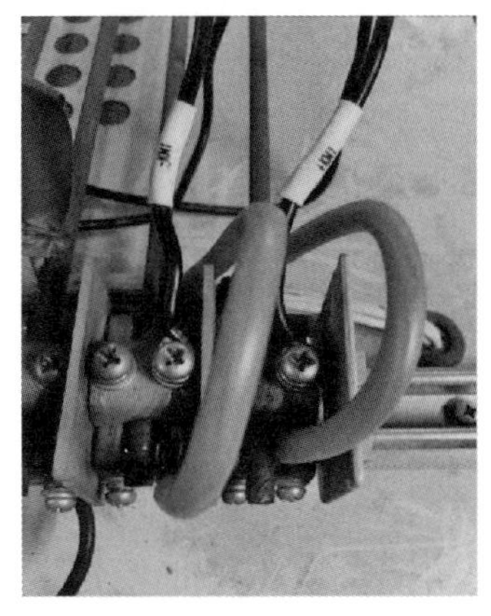

图6–31 屏顶小母线接线图

由于屏顶接线工艺不良，多股线未采取压线鼻子的做法，直接将多股线接在螺栓上，且螺栓在长期运行后有所松动，因此在甲子1001第二套保护屏拆旧时造成牵扯震动脱出，仅靠电缆自身弯曲应力接触小母线，因而导致失电。

2. 间接原因分析

220kV某某变电站采用2010年出厂的CSM–320EP装置（见图6–32），运行时间久，期间曾出现过多次死机，需要检修人员重启该装置才得以恢复正常。该站CSM–320EP远动机在本次事故之前一年曾出现过装置死机现象，经多次重启后恢复正常。220kV某B变电站、220kV某C变电站，近两年也曾发生过单台CSM–320EP装置死机现象，当检修人员通过拉空开重启后未能恢复正常，经更换备品后恢复正常。

据北京四方公司（以下简称四方）的技术人员反映，该型号装置如果强行断电会有很大概率使其主板损坏，导致其重启后通道数据无法恢复。由于该设备运行时间长，硬件设备老化，软件在实时性和可扩展性方面存在缺陷，断电重启后通道无法恢复，导致全站数据上送调度主站中断，是造成此次事件的间接原因。

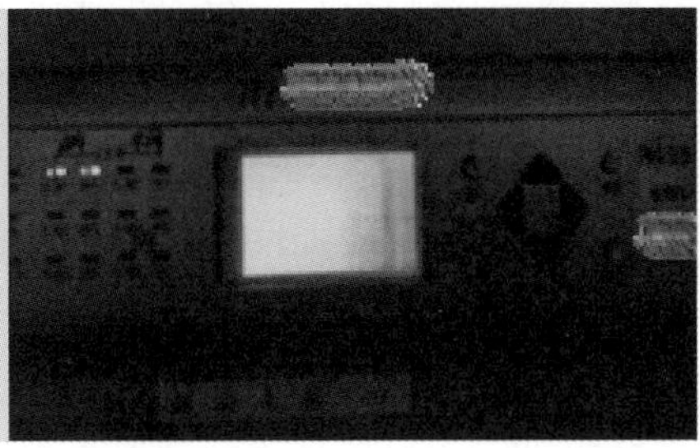

图6–32 CSM–320EP远动机

（三）事件处理

两台远动机出现故障后，通过逐一重启，未能恢复正常。确定两台远动机损坏后，秀东变电运检室紧急组织抢修人员利用仓库内备品CSM–320EW，并联系四方厂家赶赴现场。CSM–320EW为CSM–320EP的升级版，旧远动机备份文件可直接利用，仅需导入远动机备份文件可恢复数据通信。

20××年×月×日 18 时 10 分，抢修人员与四方厂家开始消缺工作。在新远动机接入数据网之前，已告知地调自动化值班与省调自动化值班将 220kV 某某变电站数据封锁与网安装置置检修，运行人员已将全站测控装置切至就地，地调监控人员已将站内 AVQC 策略退出运行。

19 时 20 分，新的地调接入网远动机恢复工作。地调 104 通道分别与地调自动化值班、省调自动化值班核对遥信、遥测数据及遥控点号均正确。

20 时 30 分，新的省调接入网远动机恢复工作。省调 104 通道分别与地调自动化值班、省调自动化值班核对遥信、遥测数据及遥控点号均正确。

20 时 50 分，地调监控人员分别通过地调 104 通道和省调 104 通道对站内电容器逐一进行遥控试验，均正确动作。

21 时 55 分，远动机消缺工作结束，地调 104 通道和省调 104 通道均恢复正常。101 通道由于两种型号的远动机差异，待后续处理。未遥控的其余间隔结合以后工作实际验证。办理工作票并做好试验现场安全和技术措施。

（四）对策和建议

开展四方同类型远动设备（CSM–320EP）排查，对运行年份久、设备缺陷频发的老旧设备制订更换计划，确保设备长时间安全稳定运行。如遇到 CSM–320EP 装置损坏情况，可用 CSM–320EW 装置进行替换，CSM–320EW 稳定性有一定提升。如果条件允许，建议进行站控层改造，升级为最新的 CSC1321 系列装置，稳定性、处理性能会有大幅度的提高，同时也支持接入最新的 61850 等规约。

加强保护改造工作安全管控和过程管理。认真组织踏勘，编写施工方案，重点关注拆旧工作，对相关回路进行详细排摸，不得影响运行设备安全。

加强员工作业技能培训，特别是对拆旧工作的工作流程、危险点分析与控制等进行培训，确保不发生类似事件，保证作业安全。

二、某 A 变电站 2 号主变压器差动动作情况

本案例介绍主变压器差动动作事故分析。通过一起主变压器差动动作的实际案例介绍，掌握 GIS 现场交流耐压试验前的准备工作和相关安全、技术措施、技术要求及测试数据分析判断。

在事件经过中，自动化第一岗位人员应精通监控后台历史告警信息检索，熟悉事故后一二次设备变位信号的逻辑，了解复杂事故处理工作流程。在设备信息中，自动化第二岗位人员应了解班组所在相关设备台账和设备周期台账情况。在现场检查处理环节中，自动化第一岗位人员应精通继电保护与电网安全自动化装置现场工作保安规定，自动化第二岗位人员应精通数据通信网关机重启工作流程，熟悉检验自动化设备报告并分析数据中的异常情况，了解危险点分析及控制措施、相关试验规程及标准。在原因分析中自动化第一岗位人员应熟悉继电保护原理。

（一）事件经过

20××年××月××日。

06:39:31.575，0ms，2 号主变压器差动保护启动。

06:39:31.593，18ms，差动速断动作。

06:39:31.609，34ms，比率差动动作。

06:39:31.643，68ms，2 号主变压器 10kV 开关分。

06:39:31.673，98ms，10kV 备自投启动。

06:39:31.675，100ms，2 号主变压器 35kV 开关分。

06:39:38.675，7100ms，10kV 备自投跳 2 号主变压器 10kV 开关。

06:39:38.775，7200ms，10kV 备自投动作。

06:39:38.834，7259ms，10kV 母分开关合。

（二）设备信息

设备名称：35kV 某 D 变电站 2 号主变压器，投运日期：××年××月××日。上次检修日期：××年××月××日，上次全面巡视时间：××年××月××日。

（三）现场检查处理情况

检修人员到达现场并许可工作票后，根据后台变位信息对 2 号主变压器保护（见图 6－33～图 6－36）和 10kV 备自投（见图 6－37）进行检查，站内无独立故障录波器，现场 2 号主变压器保护装置动作情况：2 号主变压器差动保护动作，2 号主变压器高后备保护启动，2 号主变压器低后备保护和非电量保护均无启动报告。

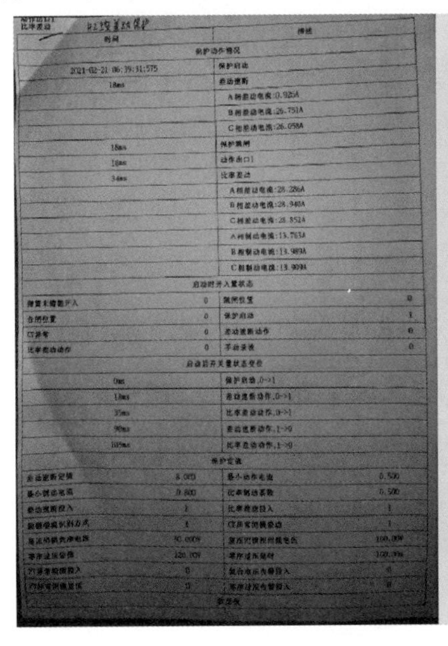

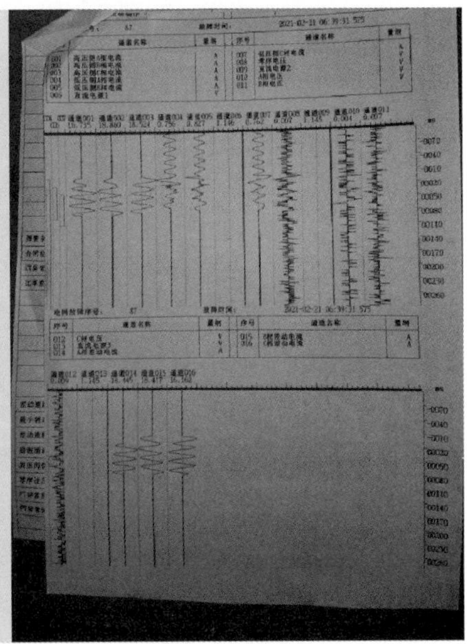

图 6－33　2 号主变压器差动保护动作报告打印

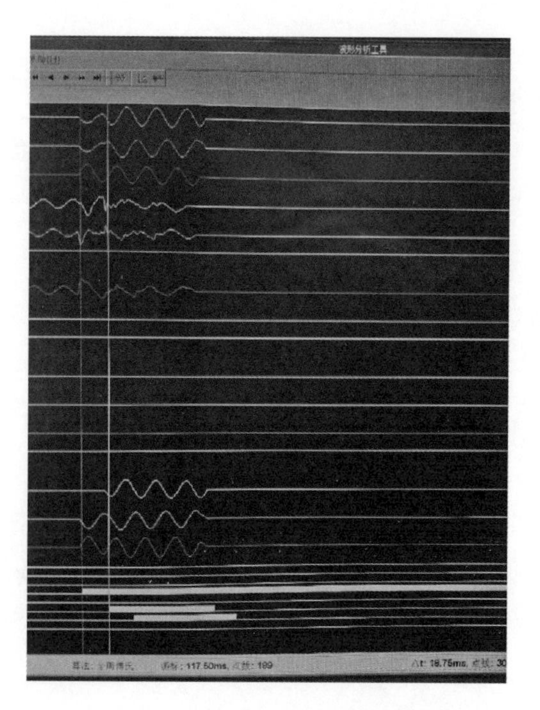

图 6-34　2 号主变压器差动保护 18ms 差动速断动作时波形图

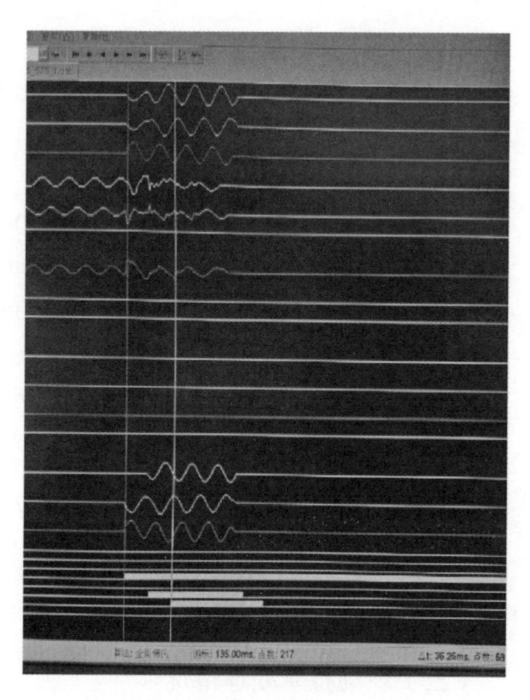

图 6-35　2 号主变压器差动保护比率差动动作时波形图

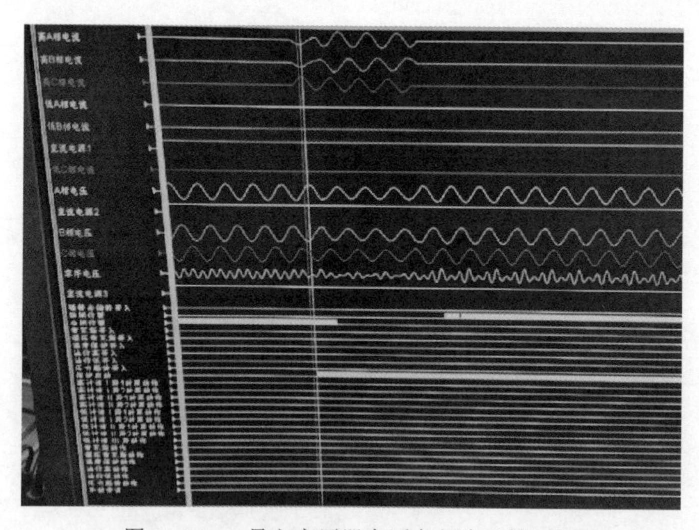

图 6-36　2 号主变压器高后备仅启动波形图

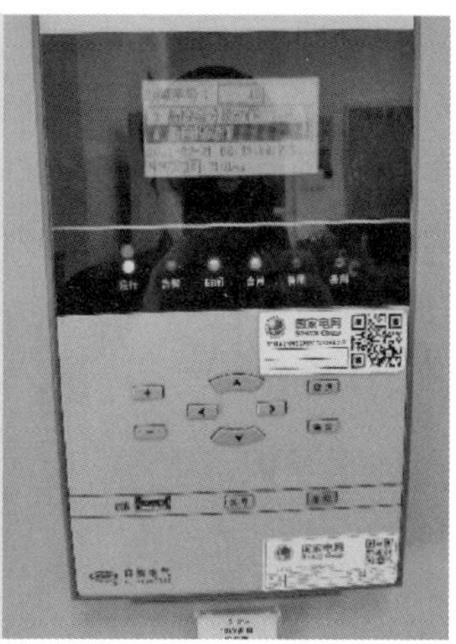

图 6－37　备自投动作报告

经检查保护定值、监控后台 SOE 事件变位信息时序与 2 号主变压器保护和 10kV 备自投定值单一致。

（四）原因分析

经现场检查，初步分析为 2 号主变压器低压侧发生 bc 相间短路故障发展为三相短路故障。

由电流相位关系可知，故障起始时刻低压侧发生 bc 相间短路故障。由低压侧 TA 三相电流可知，低压侧电源可忽略，故障点电流近似由高压侧产生。高压侧一次电流由高压侧 TA 变比（400/5）换算可得，最大相 C 相电流约为 2400A。忽略低压侧电源影响，低压侧故障点电流经转角和变比换算，可知故障相电流约为 6940A。

三、某 C 变电站 110kV 线路间隔开关故障跳闸无法重合闸及控回断线检查处理

本案例介绍某线路间隔开关跳闸重合闸失败，并常发控制回路断线的检查处理过程。通过本案例的介绍，使运检人员掌握自动化、继电保护和一次变电检修三个专业的相关安全、技术措施、技术要求。

在事件经过中，自动化第一岗位人员应精通主站系统（OPEN3000）Web 页面查询告警信息，熟悉设备异常处理、二次回路识图，了解测试仪器的选择；自动化第二岗位人员应精通突发事件应急响应、信息报送、人员力量调配能力。

在设备信息和上次检修中，自动化第一岗位人员应了解班组所在相关设备台账和设备周期台账情况。

在现场检查情况处理中，自动化第一岗位人员应精通系统查询历史告警信息，熟悉根据图纸对控制回路故障、保护装置故障进行检查处理。自动化第二岗位人员应精通按图查线，判断其回路接线的正确性，熟悉变电站主流监控系统后台画面及数据库信息查询方法。

在原因分析和提升措施中，自动化第一岗位人员应精通变电站事故处理方法、重要缺陷的处理方法，熟悉复杂事故处理工作流程、危险点分析及控制措施。第二岗位人员应精通根据现场能准确判断设备可能存在的问题，了解相关试验规程及标准。

本案例涉及继电保护、自动化和变电检修三个专业，且控制回路断线这一故障信号具有典型性，下面就该案例进行详细讲解。

（一）事件经过

20××年××月××日 11 点 7 分，某 C 变电站 110kV 某线路间隔开关跳闸，重合闸保护动作，开关未重合，现场后台控制回路断线光字常亮，无法复归，保护装置跳位灯和合位灯均不亮。

经查为线路 A 相接地故障、故障测距为 7.4km。

110kV 某线路保护动作情况：1118ms 零序过流Ⅱ段保护动作，2178ms 重合闸动作，但实际开关没有重合闸，并报出“断路器控制回路断线”故障。

（二）设备信息

保护装置：RCS941。

开关型号：SSCB02。

生产厂家：上海思源高压开关有限公司。

出厂日期：20××年 1 月。

投产日期：20××年 5 月 24 日。

（三）上次检修情况

110kV 某线路间隔 C 检时间为 20××年 3 月 12 日，未超检修周期。

（四）现场检查处理情况

1. 监控后台及保护室内现场检查情况

利用主站 EMS 系统检索 SOE 告警信息，如图 6-38 所示。

告警内容 /			
	11时03分38秒871		线保护动作 动作(SOE) (接收时间
	11时03分38秒875		线开关控制回路断线 动作(SOE) (
	11时03分38秒889		线开关 开关合位分闸(SOE) (接收
	11时03分38秒903		线开关 开关分位合闸(SOE) (接收
	11时03分39秒928		线保护重合闸动作 动作(SOE) (接
	11时03分46秒439		线保护装置异常 动作(SOE) (接收
	11时08分44秒816		线保护重合闸动作 复归(SOE) (接
	11时08分44秒817		线保护动作 复归(SOE) (接收时间

图 6-38　监控事故信息

结合现场运行人员反馈的信息，由于现场开关实际为分位，正常情况下保护装置分位灯应点亮，合位灯不亮。由于重合闸动作，但是现场并未合闸，初步预判为断路器合闸回路断线。

到达现场并在工作许可后，检查后台光字和报文与缺陷情况一致。检查保护装置，除控回断线常报以外，未出现其他闭锁开入信息。检查发现保护动作并跳开开关，但是保护重合闸动作后（见图6–39），开关并未重合成功。

图6–39　保护重合闸报文

另发现线路闸刀后台画面不正确，由于线路闸刀一次设备状态为分位，主站EMS系统画面也为分位，判断为后台监控系统问题，于是检查实时数据库中对应间隔线路闸刀工程值也为分位，则确定为画面问题，检查画面并无人工置数，查看原始图源关联后，发现关联错误间隔，修改为本间隔后，后台画面与实际位置一致。

检查故障录波器文件中录波报告，由于站内测控和保护装置对时不一致，录波报告时间以保护装置时间为准。找到录波时间与保护动作时间一致的报告，录波文件名为××0909110708_741_F。筛选事故间隔的对应采样通道信息，保护重合闸动作信号也收到。由于后台重合闸动作（见图6–39）和录波重合闸动作信息（见图6–40）均有，则考虑保护重合闸动作出口接点损坏可能性较小，优先排查从保护端子排至断路器机构之间的合闸回路问题。检查保护屏端子排合闸监视回路和分闸监视回路，发现均为正电，初步怀疑为保护外部回路合闸回路问题。

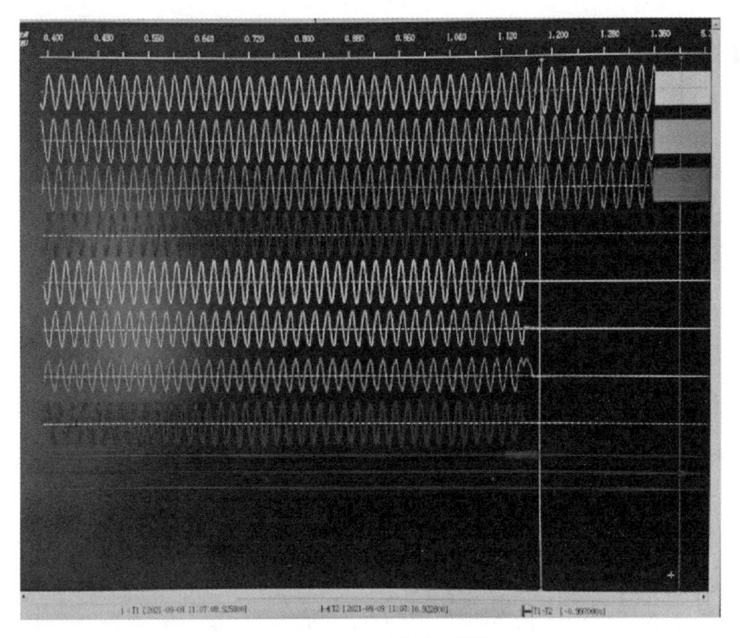

图6–40　录波波形图

2. 外回路一次设备现场检查情况

在汇控柜端子排测量跳位、合位监视回路均为正电，初步判断为断路器内部控制回路问题。对图 6-41 所示断路器控制回路图进行分析，断路器远方合闸回路由以下几部分构成：

断路器机构远方/就地切换把手 ZK1 常闭接点：3，4 接点。

联锁继电器 LSJ 常闭接点：21，22。

防跳继电器 FTJ 常闭接点：21，22。

气压闭锁继电器 DBJ 常闭接点：21，22。

断路器位置辅助接点 DL：11，12 和 DL：21，22.

行程开关 CK1：1，2 和 CK2：1，2 并接。

合闸线圈 HQ。

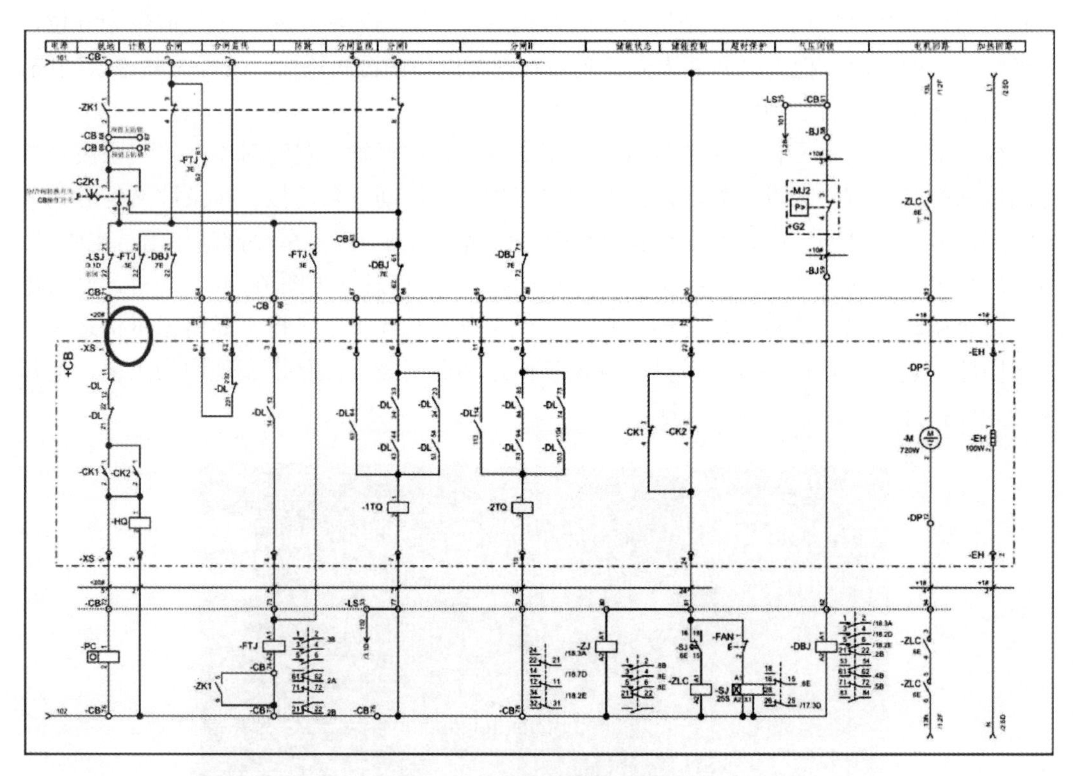

图 6-41　断路器控制回路图

优先考虑合闸线圈 HQ 过流烧毁的可能，断开控制电源后，测量断路器线圈为 229Ω，由于本站采用 DC220V 作为控制电源，合闸线圈电阻应为 231.9Ω±6%Ω，因而排除线圈问题。

检查行程开关 CK_1 和 CK_2，当合闸弹簧未储能时，行程开关 CK1 和 CK2 的 3-4 接点接通，1-2 接点断开，已储能则相反。由于合上控制电源后，合闸弹簧已储能，因而测量行程开关 CK1 和 CK2 的 1-2 接点均为导通状态，进一步排除该行程开关问题。

现场断路器为分位，检查断路器位置辅助接点 DL：11，12 和 DL：21，22 均导通，

进一步排除断路器位置辅助接点问题。

现场检查气压闭锁继电器 DBJ 常闭接点：21，22，为导通状态，即气压值合格，与现场情况一致。

由于断路器机构远方就地把手 ZK1 为远方状态，故 ZK1 常闭接点 3–4 为导通状态，检查为正电，排除此接点问题。

现场检查防跳继电器并未触发，其接点接通状态与实际一致，排除此接点问题。

测量发现合闸回路中仅剩联锁接点 LS 上端头正电、下端头负电，判断为 LSJ 继电器问题。LSJ 由 LS1、LS2、LS3 三副继电器并联组成，分别对应线路闸刀、正母闸刀、副母闸刀内部闭锁接点，逐一检查 LS1、LS2 和 LS3，确定为 LS3 继电器引起闭锁。LS3 由副母闸刀内部三副并接接点 HJ\TJ\CK14 组成，最终检查发现为行程开关 CK14 的动合触点导通引起合闸回路闭锁。

检查一次设备副母闸刀机构箱表面防水措施完善，均打过密封胶，并且内部无受潮进水痕迹，如图 6–42 所示。

图 6–42　副母闸刀机构箱内部无受潮

现场将副母闸刀手动、电动操作孔挂锁板进行临时绑扎处理，控制回路断线信号消失，开关动作正常，保护进行整组试验，传动均正确，如图 6–43 所示。

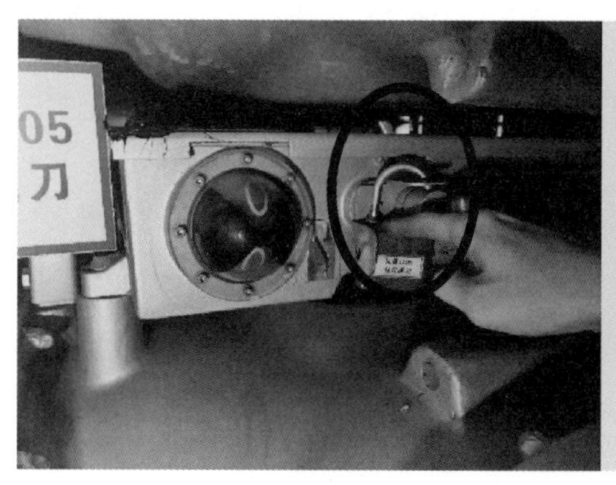

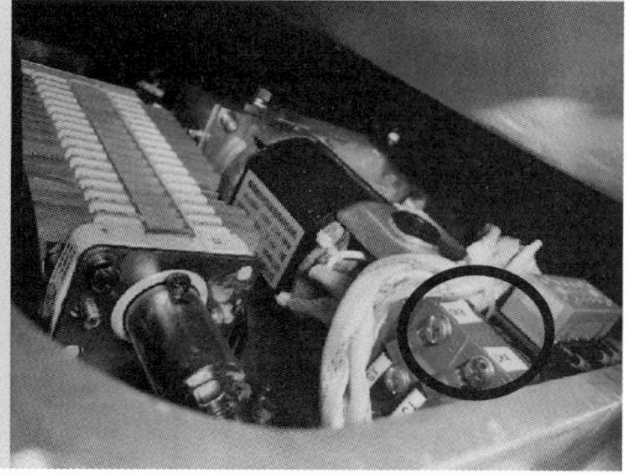

图 6–43　副母闸刀机构箱手动、电动闭锁板和内侧行程开关

（五）原因初步分析

开关在切除线路短路故障时，产生较大的震动，导致副母闸刀手动、电动操作孔挂锁板发生细微偏移，造成其 CK14 接通，从而引起副母闸刀闭锁合闸继电器 LS3 动作，引起闸刀闭锁断路器合闸继电器 LS 动作，进而导致合闸回路闭锁，报“断路器控制回路断线”信号。

为避免 GIS 闸刀切除电弧导致发生 GIS 气室爆炸重大事故，思源 GIS 厂家在设计时，对断路器合闸回路引入闸刀对断路器闭锁回路，即同间隔的线路闸刀（LS1）、正母闸刀（LS2）、副母闸刀（LS3）在电动分闸（TJ 继电器）、电动合闸（HJ）、手动操作（CK14）过程中均对断路器进行合闸闭锁。

本次开关在切除故障后报“控制回路断线”导致开关无法重合的原因：设备厂家设计不合理。

（1）思源 GIS 厂家闸刀断路器闭锁回路设计不合理，闸刀闭锁点过多，且稳定性不够。

（2）闭锁回路采用的元器件误动可能性大。其闸刀手动、电动操作孔挂锁板微动开关固定不牢固存在误动可能，引起合闸闭锁。

（六）下阶段的提升措施

（1）对某 C 变电站 110kV 某线路副母闸刀手动、电动操作孔挂锁进行临时固定，避免因巨大震动导致 CK14 接点误动。

（2）运行人员对思源 GIS 隔离开关手动、电动操作孔挂锁进行排查。

（3）约谈思源 GIS 技术部门，要求厂家出具专项整改方案，开展合闸回路闭锁回路专项整治。